普通高等教育"十二五"规划教材（高职高专教育）

电气控制与PLC技术

主编　赵红顺　高　丹

编写　王　青　马仕麟　邹剑翔

主审　范永胜

中国电力出版社

CHINA ELECTRIC POWER PRESS

内 容 提 要

本书为普通高等教育"十二五"规划教材（高职高专教育）。

本书采用项目教学、任务驱动方式组织教材内容。全书共有 8 个项目 20 个任务，主要内容包括三相异步电动机单向起动控制、正反转控制、减压起动控制、制动与调速控制，直流电动机电气控制，C6140T 型卧式车床电气控制电路分析与故障检修，X6132 型万能铣床电气控制电路分析与故障检修、电气控制电路设计，三相异步电动机的 PLC 控制、工业控制系统的 PLC 设计等，内容覆盖典型控制电路原理分析、安装接线与调试、典型机床电气控制电路分析与故障检修、电气控制电路设计、PLC（三菱FX2N）基本指令应用及 PLC 控制系统的设计等。本书将元器件认识与检测、电路分析与接线及故障检修、PLC 指令及编程软件的使用等分解于各个任务中，每个任务中都有相应考核要求和评分标准对技能考核过程进行量化评价，便于过程考核，同时各任务结束后安排了题型丰富的思考与练习题，以利于学生更好地掌握专业知识。

本书可作为高职高专院校电气自动化、电机与电器、机电一体化、机电设备管理与维修、机械制造及自动化等专业的教学用书，也可作为中、高级维修电工考证前培训教材或作为相关专业工程技术人员的岗位培训教材和参考书。

图书在版编目（CIP）数据

电气控制与 PLC 技术/赵红顺，高丹主编. —北京：中国电力出版社，2014.11

普通高等教育"十二五"规划教材. 高职高专教育

ISBN 978 - 7 - 5123 - 6405 - 9

Ⅰ.①电… Ⅱ.①赵… ②高… Ⅲ.①电气控制－高等职业教育－教材 ②plc 技术－高等职业教育－教材 Ⅳ.①TM571.2 ②TM571.6

中国版本图书馆 CIP 数据核字（2014）第 212854 号

中国电力出版社出版、发行

（北京市东城区北京站西街 19 号 100005 http://www.cepp.sgcc.com.cn）

北京丰源印刷厂印刷

各地新华书店经售

*

2014 年 11 月第一版 2014 年 11 月北京第一次印刷

787 毫米×1092 毫米 16 开本 15 印张 368 千字

定价 30.00 元

敬 告 读 者

前　言

　　电气控制与PLC技术课程是高职高专机电类专业的一门专业必修课，课程主要任务是使学生掌握常用低压电器的基本原理、规格及选用，掌握继电器—接触器控制电路的基本原理、电路分析与安装接线调试；能依据机床功能和运动要求分析典型机床电路图，能根据故障现象分析常见电气故障原因并利用仪表检查电路；掌握PLC基本指令与编程方法，使学生具有分析维护设计一般生产机械电气控制系统的初步能力和一定的PLC编程应用能力。

　　本书遵循"教、学、做"一体化的编写思路，采用项目教学、任务驱动方式组织教材内容，以"必需、够用"为度，重视职业技能训练和职业能力培养，理论与实践结合，通过设计不同任务，巧妙地将知识点和技能训练融入各个任务之中，各个项目按照知识点与技能要求循序渐进编排，符合高职学生认知规律，体现了高职高专技能型人才培养的特色。

　　全书各项目以国家维修电工职业技能标准与规范为指导，以培养学生技能为目的，按照从易到难、从简单到复杂的原则进行编排。本书结构合理，通俗易懂，注重学生职业技能的培养，内容贴近实际，实用性、可操作性强，各任务考核标准与国家维修电工职业技能鉴定全面接轨，是一本"双证融通"的理实一体化教材。

　　本书由常州机电职业技术学院赵红顺、高丹担任主编，参与编写工作的还有常州机电职业技术学院王青、马仕麟和邹剑翔老师。其中，项目一～项目三、项目七由赵红顺编写，项目五由王青、邹剑翔编写，项目四由马仕麟编写，项目六和项目八由高丹编写。全书由赵红顺负责统稿工作。

　　本书由河北建筑工程学院范永胜主审，提出了宝贵的修改意见。本书在编写过程中，查阅和参考了相关教材和厂家的文献资料，得到许多教益和启发。统稿过程中，教研室同事给予了很多支持和帮助。编者在此一并表示衷心的感谢。

　　限于编者水平，书中难免有错漏和不妥之处，恳请读者提出宝贵意见，以便修改。

编者

2014 年 7 月

目　　录

项目一　三相异步电动机直接起动控制电路的分析与接线

在实际生产中，大部分生产机械都是由三相异步电动机拖动的。功率小于10kW以下的三相异步电动机一般采用直接起动。直接起动是指电动机起动时直接在三相定子绕组上加上额定电压起动的控制方式。直接起动控制电路简单，操作方便，成本低。

本项目主要对三相异步电动机直接起动的点动控制、自锁控制、正反转控制电路进行分析与安装接线，学会电气控制电路分析方法，完成电气控制电路的安装接线和通电调试。

任务一　三相异步电动机点动控制电路的分析与接线

 【任务导入】

点动控制电路常用于电动葫芦、地面操作的小型行车及某些机床辅助运动的电气控制。要求电路具有电动机点动运转控制功能，即按下起动按钮，电动机运转；松开起动按钮，电动机停转。三相异步电动机点动控制电路原理图1-1所示。

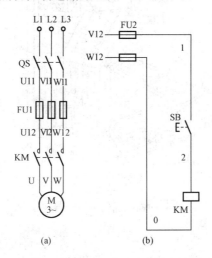

图1-1　三相异步电动机点动控制原理图

(a) 主电路；(b) 控制电路

本任务要求识读图1-1所示三相异步电动机点动控制的电气原理图，完成电路连接，并能进行电路的检查和故障排除。

 【任务目标】

（1）认识刀开关、熔断器、接触器、按钮等电器元件的结构和图形符号，会检测判断其好坏。

（2）根据控制要求会正确选择刀开关、熔断器、接触器、按钮的主要技术参数，确定其型号。

（3）认识三相交流异步电动机的结构和主要铭牌参数，会进行定子绕组首尾端判断及正确选择连接方式。

（4）识读三相交流异步电动机点动控制电路，会按图安装接线和通电调试。

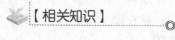 【相关知识】

一、刀开关

1. 刀开关的分类

刀开关的种类很多，常用于手动控制、容量较小、起动不频繁的电器设备及隔离电源。常用的刀开关有开启式负荷开关和封闭式负荷开关。

（1）开启式负荷开关。开启式负荷开关，又称胶盖闸刀开关，是由普通刀开关和熔丝组合而成的一种电器，主要由与操作手柄相连的闸刀、静触点刀座、熔丝、进线接线座及出线接线座组成。其外形、结构和图形符号如图 1-2 所示。这些导电部分都固定在瓷底板上，且用胶盖盖着。所以当开关的闸刀合上时，操作人员不会触及带电部分。

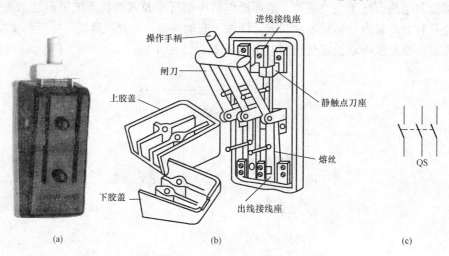

图 1-2 开启式负荷开关的外形、主要结构和图形符号

(a) 外形；(b) 结构；(c) 图形符号

开启式负荷开关按极数不同分单极（单刀）、双极（双刀）和三极（三刀）三种，常用的型号有 HK1、HK2 系列。表 1-1 列出了 HK2 系列部分技术数据。

表 1-1　　　　　　　　　HK2 系列开启式负荷开关的技术数据

额定电压（V）	额定电流（A）	极数	最大分断电流 （熔丝极限分断电流）（A）	控制电动机 功率（kW）	机械寿命 （万次）	电寿命 （万次）
250	10	2	500	1.1	10 000	2000
	15	2	500	1.5		
	30	2	1000	3.0		

额定电压（V）	额定电流（A）	极数	最大分断电流 （熔丝极限分断电流）（A）	控制电动机 功率（kW）	机械寿命 （万次）	电寿命 （万次）
380	15	3	500	2.2	10 000	2000
	30	3	1000	4.0		
	60	3	1000	5.5		

常用的开启式负荷开关型号含义：

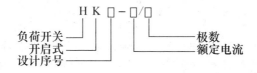

安装时，开启式负荷开关在合闸状态下手柄应该向上，不能倒装和平装，以防止闸刀松动落下时误合闸。接线时，电源进线应接在进线端，用电设备应接在出线端。这样，当拉闸后闸刀与电源隔离，用电器和熔丝均不带电，以保证更换熔丝时的安全。

（2）封闭式负荷开关。封闭式负荷开关又称铁壳开关，其灭弧性能、通断能力和安全防护性能都优于开启式负荷开关，一般用来控制功率在 10kW 以下的电动机不频繁的直接起动。封闭式负荷开关适合用于粉尘飞扬的场所。

2. 开关的选择

选用刀开关时首先根据刀开关的用途和安装位置选择合适的型号和操作方式，然后根据控制对象的类型和大小，计算出相应负载电流大小，选择相应级额定电流的刀开关。

刀开关的额定电压应不小于电路额定电压，其额定电流应不小于电路工作电流。在开关柜内使用的刀开关还应考虑操作方式，如杠杆操作机构、旋转式操作机构等。当用刀开关控制电动机时，其额定电流要大于电动机额定电流的 3 倍。

二、熔断器

熔断器是一种最简单有效的保护电器。在使用时，熔断器串接在所保护的电路中，当电路发生短路故障时，熔体被瞬时熔断而分断电路，起到保护作用。所以熔断器主要用作电路的短路保护。

1. 熔断器的结构与常用产品类型

熔断器主要由熔体（俗称保险丝）和安装熔体的熔管（或熔座）两部分组成。熔体由易熔金属材料如铅、锌、锡、银、铜及其合金制成，通常制成丝状和片状。熔管内装熔体，外壳由陶瓷、绝缘钢纸或玻璃纤维制成，在熔体熔断时兼有灭弧作用。

熔断器常用产品类型有瓷插式、螺旋式、无填料封闭管式和有填料封闭管式等，使用时应根据电路要求、使用场合和安装条件来选择。熔断器型号含义：

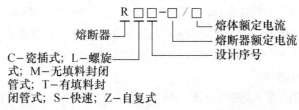

图 1-3 所示是瓷插式熔断器和螺旋式熔断器的主要结构及熔断器的图形符号。

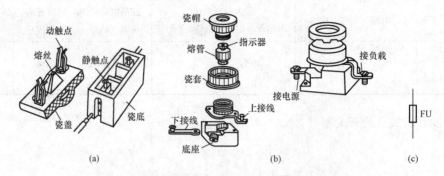

图 1-3　瓷插式、螺旋式熔断器的主要结构和图形符号
(a) RC1A 系列瓷插式熔断器；(b) RL 系列螺旋式熔断器；(c) 图形符号

RC1A 系列瓷插式熔断器，主要由瓷底和瓷盖两部分组成，熔丝用螺钉固定在瓷盖内的动触点上，使用时将瓷盖插入瓷底座。该熔断器使用方便、价格低廉，广泛用于照明和小容量电动机的短路保护。RC1A 系列瓷插式熔断器额定电流为 5～200A，但极限分断能力较差。由于该熔断器为半封闭结构，熔丝熔断时有声光现象，对易燃易爆的工作场合应禁止使用。

RL 系列螺旋式熔断器，主要由瓷帽、瓷套、熔管和底座等组成，熔管内装有石英砂、熔丝和带小红点的熔断指示器。当从瓷帽玻璃窗口观察到带小红点的熔断指示器自动脱落时，表示熔丝已熔断。RL 系列螺旋式熔断器，额定电流为 2～200A。该熔断器体积小、分断能力强，多用于机床电器的短路保护。注意：该熔断器安装接线时，下接线端接电源，上接线端接负载。

有填料封闭管式熔断器和无填料封闭管式熔断器外形如图 1-4 所示。

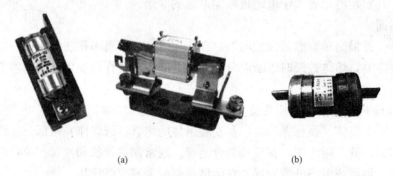

图 1-4　有填料封闭管式和无填料封闭管式熔断器的外形
(a) RT 系列有填料封闭管式熔断器；(b) RM 系列无填料封闭管式熔断器

RT 系列有填料封闭管式熔断器，由熔管、熔体及插座组成。熔管为白瓷质，管内充填石英砂，石英砂在熔体熔断时起灭弧作用；在熔管的一端还设有熔断指示器。RT 系列有填料熔断器额定电流为 50～1000A，适用于交流 380V 及以下、短路电流大的配电装置中，作为线路及电气设备的短路保护。

RM 系列无填料封闭管式熔断器，由熔管、熔体及插座组成。熔管由钢纸制成，两端为黄铜制成的可拆式管帽，管内熔体为变截面的熔片，更换熔体较方便。RM 系列无填料熔断器额定电流为 15～1000A。

RT 系列有填料封闭管式熔断器的分断能力比同容量 RM 系列无填料熔断器的要大 2.5～4 倍。

2. 熔断器的主要技术参数

熔断器的主要技术参数有额定电压、额定电流、极限分断能力和熔断电流。

（1）额定电压。熔断器的额定电压是指能保证熔断器长期正常工作的电压。若熔断器的实际工作电压大于其额定电压，熔体熔断时可能会发生电弧不能熄灭的危险。

（2）额定电流。熔断器的额定电流是指能保证熔断器长期正常工作的电流，是由熔断器各部分长期工作时的允许温升决定的。它与熔体的额定电流是两个不同的概念。熔体的额定电流是指在规定的工作条件下，长时间通过熔体而熔体不熔断的最大电流值。通常，一个额定电流等级的熔断器可以配用若干个额定电流等级的熔体，但熔体的额定电流不能大于熔断器的额定电流值。

（3）极限分断能力。熔断器的极限分断能力是指熔断器在额定电压下所能断开的最大短路电流。

（4）熔断电流。熔断器的熔断电流是指通过熔体使其熔化的最小电流。

表 1-2 是常用熔断器的主要技术参数。

表 1-2　　　　　　　　　　　常用熔断器的主要技术参数

类别	型号	额定电压（V）	额定电流（A）	熔体额定电流（A）	极限分断能力（kA）
瓷插式熔断器	RC1A	380	5	2、5	0.25
			10	2、4、6、10	0.5
			15	6、10、15	
			30	20、25、30	1.5
			60	40、50、60	3
			100	80、100	
			200	120、150、200	
螺旋式熔断器	RL1	380	15	2、4、5、6、10、15	25
			60	20、25、30、35、40、50、60	
			100	60、80、100	50
			200	120、150、200	
	RL6	500	25	2、4、6、10、16、20、25	50
			63	35、50、63	
	RL7	660	25	2、4、6、10、16、20、25	50
			63	35、50、63	
			100	80、100	

续表

类别	型号	额定电压 （V）	额定电流 （A）	熔体额定电流 （A）	极限分断能力 （kA）
有填料封闭管式 熔断器	RT14	380	20	2、4、6、8、10、12、16、20	100
			32	2、4、6、8、10、12、16、20、 25、32	
			63	10、16、20、25、32、40、50、63	
	RT18	380	32	2、4、6、8、10、12、16、20、25、32	100
			63	2、4、6、8、10、12、16、20、25、 32、40、50、63	
无填料封闭管式 熔断器	RM10	380	15	6、10、15	1.2
			60	15、20、25、35、45、60	3.5
			100	60、80、100	10
			200	100、125、160、200	
			350	200、225、260、300、350	
			600	350、430、500、600	
快速熔断器	RLS2	500	30	16、20、25、30	50
			63	35、45、50、63	
			100	75、80、90、100	

3. 熔断器的正确选用

对熔断器的要求：在电气设备正常运行时，熔断器不应熔断；在出现短路时，应立即熔断；在电流发生正常变动（如电动机起动过程）时，熔断器不应熔断；在电气设备持续过载时，应延时熔断。对熔断器的选用主要包括类型选择和熔体额定电流的确定。

选择熔断器的类型时，主要依据负载的保护特性和短路电流的大小。例如，用于保护照明和电动机的熔断器，一般是考虑它们的过载保护，这时，希望熔断器的熔化系数适当小些。所以容量较小的照明线路和电动机宜采用熔体为铅锌合金的 RC1A 系列熔断器。用于车间低压供电线路的保护熔断器，一般是考虑短路时的分断能力。当线路短路电流较大时，宜采用具有高分断能力的 RL 系列熔断器。当线路短路电流相当大时，宜采用有限流作用的 RT 系列熔断器。

熔断器的额定电压要大于或等于电路的额定电压。熔断器的额定电流应不小于熔体的额定电流，熔体的额定电流要依据负载情况而选择。

1）电阻性负载或照明电路。这类负载起动过程很短，运行电流较平稳，一般按负载额定电流的 1～1.1 倍选用熔体的额定电流，进而选定熔断器的额定电流。

2）电动机等感性负载。这类负载的起动电流为额定电流的 4～7 倍，一般选择熔体的额定电流要求如下：

a）对于单台电动机，选择熔体额定电流为电动机额定电流的 1.5～2.5 倍。

b）对于频繁起动的单台电动机，选择熔体额定电流为电动机额定电流的 3～3.5 倍。

c）对于多台电动机，要求

$$I_{FU} \geqslant (1.5 \sim 2.5)I_{Nmax} + \sum I_N \tag{1-1}$$

式中：I_{FU} 是熔体额定电流，A；I_{Nmax} 是容量最大的一台电动机的额定电流，A；$\sum I_N$ 是其余各台电动机额定电流之和。

三、接触器

接触器是一种用于远距离频繁接通或断开交直流主电路及大容量控制电路的自动电器。其主要控制对象是电动机，也可用于控制其他负载。它不仅能实现远距离自动操作和欠电压释放保护功能，而且具有控制容量大、工作可靠、操作频率高、使用寿命长等优点。

接触器按主触点的电流性质通常分为交流接触器和直流接触器两类。在机床电气控制电路中，主要采用的是交流接触器。

1. 接触器的主要结构

接触器主要由电磁机构、触点系统、灭弧装置及辅助部件等组成。CJ10-20 型交流接触器的结构如图 1-5（a）所示。

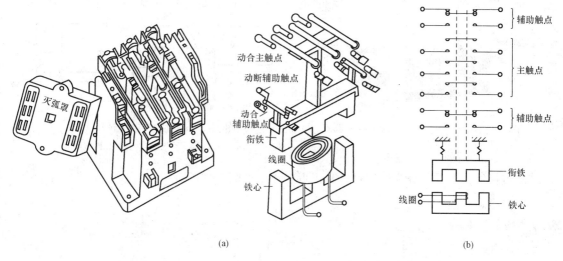

图 1-5　交流接触器的结构和工作原理

（a）主要结构；（b）工作原理

（1）电磁机构。接触器的电磁机构主要由线圈、铁心和衔铁组成。其作用是利用线圈的通电或断电，使衔铁和铁心吸合或释放，从而带动触点闭合或分断，实现接通或断开电路的目的。

接触器的衔铁运动方式有两种，对于额定电流为 40A 及以下的接触器，采用如图 1-6（a）所示的衔铁直线运动的双 E 直动式；对于额定电流为 60A 及以上的接触器，采用如图 1-6（b）所示的衔铁绕轴转动的拍合式。

为了减少工作过程中交变磁场在铁心中产生的涡流及磁滞损耗，避免铁心过热，交流接触器的铁心和衔铁一般用 E 形硅钢片叠压铆成。尽管如此，铁心仍是交流接触器发热的主要部件。为增大铁心的散热面

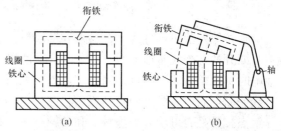

图 1-6　接触器的电磁机构

（a）衔铁直线运动式；（b）衔铁绕轴转动拍合式

积，避免线圈与铁心直接接触而受热烧损，交流接触器的线圈一般做成粗而短的圆筒形，并且绕在绝缘骨架上，使铁心与线圈之间有一定间隙。另外，E 形铁心的中柱端面需留有 0.1～0.2mm 的气隙，以减小剩磁影响，避免线圈断电后衔铁吸住不能释放。

交流接触器在运行过程中，线圈中通入的交流电在铁心中产生交变的磁通，因此铁心与衔铁间的吸力也是变化的。当交流电过零点时，电磁吸力小于弹簧反力，这会使衔铁产生振动，发出噪声。为降低衔铁振动，通常在铁心端面开一小槽，槽内嵌入铜质短路环，如图 1-7 所示。

（2）触点系统。接触器的触点系统由主触点和辅助触点组成。主触点用来接通或断开主电路或大电流电路，接在主电路中；辅助触点一般允许通过的电流较小，接在控制电路或小电流电路中。

触点按接触情况可分为点接触、线接触和面接触三种，如图 1-8 所示。接触面积越大则通断电流越大。为了消除触点在接触时的振动，减小接触电阻，在触点上装有接触弹簧。

图 1-7　交流接触器铁心端面的短路环

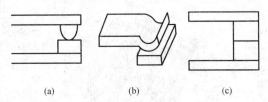

图 1-8　触点的三种接触形式
（a）点接触；（b）线接触；（c）面接触

触点按结构形式可分为桥式触点和指形触点，如图 1-9 所示。

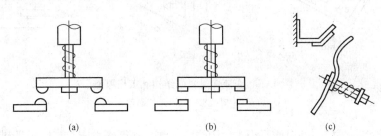

图 1-9　触点的结构形式
（a）点接触桥式触点；（b）面接触桥式触点；（c）线接触指形触点

触点按原始状态可分为动合触点和动断触点。动合触点是指线圈未通电时（原始状态）触点是断开的，当线圈通电后触点才闭合，所以动合触点又称常开触点。动断触点是指线圈未通电时（原始状态）触点是闭合的，当线圈通电后触点才断开，所以动断触点又称常闭触点。线圈断电后所有触点回复到原始状态。

触点按其是否可动分为静触点和动触点。动触点会随着衔铁一起移动，静触点是连接在电路中的。

（3）灭弧装置。接触器在断开大电流或高电压电路时，在动、静触点之间会产生很强的电弧。电弧的产生，一方面会灼伤触点，减少触点的使用寿命；另一方面会使电路切断时间延长，甚至造成弧光短路或引起火灾事故。容量在 10A 以上的接触器中都装有灭弧装置。

低压电器中通常采用拉长电弧、冷却电弧或将电弧分成多段措施，促使电弧尽快熄灭。接触器常用的灭弧装置示意图如图 1 - 10 所示。

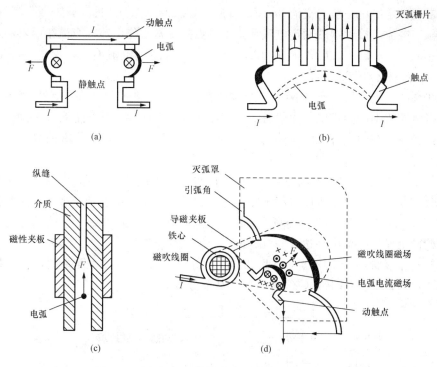

图 1 - 10　接触器常用灭弧装置

(a) 电动力灭弧；(b) 栅片灭弧；(c) 窄缝灭弧；(d) 磁吹灭弧

图 1 - 10 (a) 是利用电动力灭弧，常用于小容量的交流接触器中；图 1 - 10 (b) 是采用灭弧栅片灭弧，常用于中大容量交流电器的灭弧装置中；图 1 - 10 (c) 是利用灭弧罩的窄缝灭弧，灭弧罩通常用陶土、石棉水泥或耐弧塑料制成，常用于中大容量交流电器的灭弧装置中；图 1 - 10 (d) 是磁吹灭弧，常用于直流电器的灭弧装置中。

(4) 辅助部件。接触器的辅助部件有反作用弹簧、缓冲弹簧、触点压力弹簧、传动机构及底座、接线柱等。反作用弹簧的作用是线圈断电后，推动衔铁释放，使各触点恢复原状态。缓冲弹簧的作用是缓冲衔铁在吸合时对铁心和外壳的冲击力。触点压力弹簧作用是增加动、静触点间的压力，从而增大接触面积，以减小接触电阻。传动机构的作用是在衔铁或反作用弹簧的作用下，带动动触点实现与静触点的接通或分断。

2. 接触器的工作原理

接触器的工作原理如图 1 - 5 (b) 所示。当接触器的线圈通电后，线圈中流过的电流产生磁场，使铁心产生足够大的吸力，克服弹簧的反力，将衔铁吸合，通过传动机构带动动断触点断开，动合触点闭合。当接触器线圈断电或电压显著下降时，由于电磁吸力消失或过小，衔铁在弹簧反力的作用下复位，带动各触点恢复到原始状态。常用 CJ10 等系列的交流接触器在 0.85～1.05 倍的额定电压下，能保证可靠吸合。

3. 接触器的主要技术参数和常用型号

接触器的主要技术参数有额定电压、额定电流、线圈的额定电压和额定操作频率等。

（1）额定电压。接触器额定电压是指主触点的正常工作电压。交流接触器的额定电压一般为 127、220、380、660V，直流接触器的额定电压一般为 110、220、440V 及 660V。辅助触点的常用额定电压一般为交流 380V，直流 220V。

（2）额定电流。接触器的额定电流是指主触点的正常工作电流。直流接触器额定电流有 40、80、100、150、250、400A 及 600A，交流接触器额定电流有 10、20、40、60、100、150、250、400A 及 600A。

（3）线圈的额定电压。交流接触器线圈的额定电压一般有 36、127、220V 和 380V 四种，直流接触器线圈的额定电压一般有 24、48、110、220V 和 440V 五种。考虑到电网电压的波动，接触器的线圈允许在电压等于 105％额定值时长期接通，而线圈的温升不会超过绝缘材料的允许温升。

（4）额定操作频率。由于交流接触器线圈在通电瞬间有很大的起动电流，如果通断次数过多，就会引起线圈过热，所以限制了每小时的通断次数，一般交流接触器的额定操作频率最高为 600 次/h。对于频繁操作的场合，就采用具有直流吸引线圈、主触点为交流的接触器。它们的额定操作频率可高达 1200 次/h。

常用的交流接触器有 CJ20、CJX1、CJX2、CJ12 和 CJ10、CJ0 等系列，直流接触器有 CZ18、CZ21、CZ22 和 CZ10、CZ2 等系列。其型号含义：

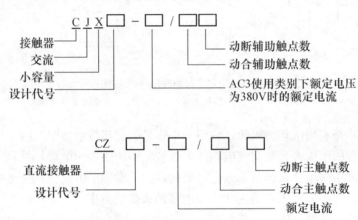

4. 接触器的正确选用

接触器的选用原则有如下几方面：

（1）根据用电系统或设备的种类和性质选择接触器的类型。一般交流负载应选用交流接触器，直流负载应选用直流接触器。如果控制系统中主要是交流负载，直流电动机或直流负载的容量较小，也可都选用交流接触器，但触点的额定电流应选得大些。

（2）根据系统的额定电压和额定电流选择接触器的额定参数。被选用的接触器主触点的额定电压与额定电流应大于或等于负载的额定电压与额定电流。

（3）选择接触器线圈的电压。如果控制线路比较简单，所用接触器的数量较少，则交流接触器线圈的额定电压一般直接选用 380V 或 220V。如果线路比较复杂，使用电器又较多，为了安全起见，线圈额定电压可选低一些，这时需要加一个变压器。直流接触器线圈的额定电压有好几种，所选线圈的额定电压必须和直流控制电路的电压一致。

此外，直流接触器的线圈加直流电压，交流接触器的线圈加交流电压。如果把直流接触器的线圈加上交流电压，因阻抗太大，电流太小，则接触器往往不能吸合。如果把交流接触器的线圈加上直流电压，因电阻太小，会烧坏线圈。

5. 接触器的图形符号

接触器在电路图中的图形符号和文字符号如图 1-11 所示。

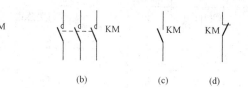

图 1-11　接触器的图形符号
(a) 线圈；(b) 主触点；
(c) 辅助动合触点；(d) 辅助动断触点

四、按钮

按钮是一种手动操作、可以自动复位和发号施令的主令电器，适用于交流电压 500V 或直流电压 440V、电流为 5A 以下的电路中。一般情况下，它不直接操纵主电路的通断，而是在控制电路中发出"指令"，去控制接触器、继电器的线圈通路，再由它们的触点去控制相应电路。

1. 按钮的结构

按钮一般由按钮帽、复位弹簧、桥式动触点、静触点和外壳等组成。图 1-12 为按钮的结构示意图与图形符号。当手指未按下时，按钮动断触点是闭合的，动合触点是断开的；当手指按下时，动断触点断开而动合触点闭合，手指放开后按钮各触点自动复位。

为了便于识别各个按钮的作用，避免误动作，通常在按钮帽上做出不同标记或涂上不同颜色，一般红色作为停止按钮，绿色作为起动按钮。目前常用的按钮有 LA18、LA19、LA20 和 LA25 等系列。

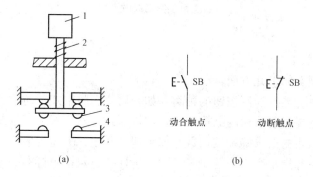

图 1-12　按钮的结构示意图与图形符号
(a) 按钮结构示意图；(b) 图形符号
1—按钮帽；2—复位弹簧；3—动触点；4—静触点

2. 按钮的主要技术参数

LA20 系列按钮技术参数见表 1-3。

表 1-3　　　　　　　　　　　　LA20 系列按钮技术参数

型号	触点数量		结构形式	按钮		指示灯	
	动合	动断		钮数	颜色	电压 (V)	功率 (W)
LA20-11	1	1	按钮式	1	红、绿、黄、白或黑	—	—
LA20-11J	1	1	紧急式	1	红	—	—
LA20-11D	1	1	带灯按钮式	1	红、绿、黄、白或黑	6	<1

续表

型号	触点数量		结构形式	按钮		指示灯	
	动合	动断		钮数	颜色	电压（V）	功率（W）
LA20-11DJ	1	1	带灯紧急式	1	红	6	<1
LA20-22	2	2	按钮式	1	红、绿、黄、白或黑	—	—
LA20-22J	2	2	紧急式	1	红	—	—
LA20-22D	2	2	带灯按钮式	1	红、绿、黄、白或黑	6	<1
LA20-22DJ	2	2	带灯紧急式	1	红	6	<1
LA20-2K	2	2	开启式	2	白红或绿红	—	—
LA20-3K	3	3	开启式	3	白、绿、红	—	—
LA20-2H	2	2	保护式	2	白红或绿红	—	—
LA20-3H	3	3	保护式	3	白、绿、红	—	—

更换按钮时应注意："停止"按钮必须是红色的，"急停"按钮必须是红色蘑菇头按钮，起动按钮呈绿色（若是正反转起动，一个方向呈黑色）。

LA 系列按钮型号的含义：

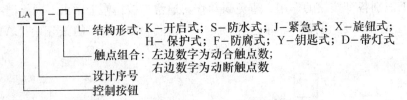

3. 按钮的正确选用

按钮的选用原则有如下几方面：

（1）根据使用场合选择控制按钮的种类，如开启式、防水式、防腐式等。

（2）根据用途选择控制按钮的结构形式，如钥匙式、紧急式、带灯式等。

（3）根据控制回路的需求确定按钮数，如单钮、双钮、三钮、多钮等。

（4）根据工作状态指示和工作情况的要求，选择按钮及指示灯的颜色。

五、三相交流异步电动机

现代各种机械都广泛应用电动机来拖动。电动机按电源种类可分为交流电动机和直流电动机，交流电动机又分为异步电动机和同步电动机两种，其中异步电动机具有结构简单、工作可靠、价格低廉、维护方便、效率较高等优点，是所有电动机中应用最广泛的一种。一般的机床、起重机、传送带、鼓风机、水泵以及各种农副产品的加工机械等都普遍使用三相异步电动机；各种家用电器、医疗器械和许多小型机械则使用单相异步电动机，而在一些有特殊要求的场合则使用特种异步电动机。

1. 结构认识

三相交流异步电动机主要由两部分组成：一是固定不动的部分，称为定子；二是旋转部分，称为转子。图 1-13 为一台三相交流异步电动机的外形和主要结构。

（1）定子。定子由机座、定子铁心、定子绕组和端盖等组成。

定子绕组是定子的电路部分。中小型电动机一般采用漆包线绕制，共分三组，分布在定

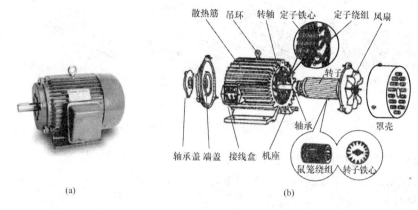

图 1-13 三相异步电动机的外形和主要结构示意图

(a) 外形图；(b) 主要结构示意图

子铁心槽内。它们在定子内圆周空间的排列彼此相隔120°，构成对称的三相绕组，三相绕组共有六个出线端，通常接在置于电动机外壳上的接线盒中。三个绕组的首端接头分别用 U1、V1、W1 表示，其对应的末端接头分别用 U2、V2、W2 表示。三相定子绕组可以连接成星形或三角形，如图 1-14 所示。

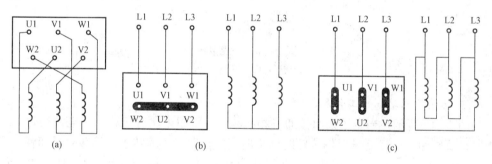

图 1-14 三相电动机定子绕组的接法

(a) 出线端的排列；(b) 星形连接；(c) 三角形连接

定子三相绕组的连接方式（星形或三角形）的选择，和普通三相负载一样，需视电源的线电压而定。如果电动机所接电源的线电压等于电动机的额定相电压（即每相绕组的额定电压），那么，它的绕组就应该接成三角形。通常电动机的铭牌上标有符号 Y/△ 和数字 380/220V，前者表示定子绕组的接法，后者表示对应于不同接法应加的线电压值。

（2）转子。转子由转子铁心、转子绕组、转轴、风扇等组成。

转子铁心为圆柱形，通常由定子铁心冲片剩下的内圆硅钢片叠成，压装在转轴上。转子铁心与定子铁心之间有微小的空气隙，它们共同组成电动机的磁路。转子铁心外圆周上有许多均匀分布的槽，槽内安放转子绕组。

转子绕组有笼型和绕线型两种结构。笼型转子绕组是由嵌在转子铁心槽内的若干铜条组成的，两端分别焊接在两个短接的端环上。如果去掉铁心，转子绕组的外形就像一个笼，故称笼型转子。目前中小型笼型电动机大都在转子铁心槽中绕注铝液，铸成笼型绕组，并在端环上铸出许多叶片，作为冷却的风扇。笼型转子的结构如图 1-15 所示。

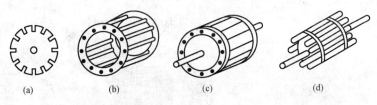

图 1-15 笼型转子结构

(a) 硅钢片；(b) 笼型绕组；(c) 铜条转子；(d) 铸铝转子

绕线型转子的绕组与定子绕组相似，在转子铁心槽内嵌放对称的三相绕组，作星形连接。三相绕组的三个尾端连接在一起，三个首端分别接到装在转轴上的三个铜制滑环上，通过电刷与外电路的可变电阻器相连接，用于起动或调速，如图 1-16 所示。绕线型异步电动机由于其结构复杂，价格较高，一般只用于对起动和调速有较高要求的场合，如立式车床、起重机等。

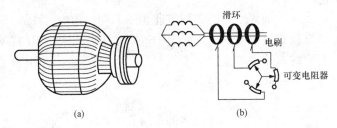

图 1-16 绕线型转子

(a) 转子；(b) 转子外接电阻器

2. 三相异步电动机的工作原理

如图 1-17 所示，当定子绕组接通三相电源后，绕组中便有三相交变电流通过，并在空间产生一旋转磁场。设旋转磁场按顺时针方向旋转，则静止的转子同旋转磁场间就有了相对

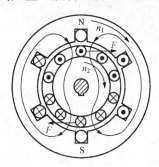

图 1-17 三相交流异步电动机的工作原理

运动，转子导线因切割磁力线而产生感应电动势。由于旋转磁场按顺时针方向旋转，即相当于转子导线以逆时针方向切割磁力线，所以根据右手定则，确定出转子上半部导线的感应电动势方向是出来的，下半部的是进去的。由于所有转子导线的两端分别被两个铜环连在一起，因而相互构成了闭合回路，故在此电动势的作用下，转子导线内就有电流通过，此电流又与旋转磁场相互作用而产生电磁力。力的方向可按左手定则确定。这些电磁力对转轴形成一电磁转矩，驱动电动机旋转。其作用方向同旋转磁场的旋转方向一致，因此，转子就顺着旋转磁场的旋转方向而转动起来。如使旋转磁场反转，则转子的旋转方向也随之而改变。

不难看出，转子的转速 n_2 永远小于旋转磁场的转速（即同步转速）n_1。这是因为，如果转子的转速达到同步转速，则它与旋转磁场之间就不存在相对运动，转子导线将不再切割磁力线，因而其感应电动势、电流和电磁转矩均为零。由此可见，转子总是紧跟着旋转磁场以 $n_2 < n_1$ 的转速而旋转。因此，这种交流电动机被称作异步电动机；又因为这种电动机的

转子电流是由电磁感应而产生的，所以又把它叫作感应电动机。

电动机定子绕组一相断线或电源一相断电，通电后电动机可能不能起动，即使空载能起动，转速慢慢上升时，会有嗡嗡声，冒烟发热，并伴有烧焦味。电动机定子绕组两相断线或电源两相断电，通电后电动机不能转动，但无异响，也无异味和冒烟。

3. 铭牌数据识读

三相异步电动机的机座上都有一块铭牌，上面标有电动机的型号、规格和有关技术数据，要正确使用电动机，就必须看懂铭牌。现以 Y180M-4 型电动机为例，说明其铭牌上各数据的含义，见表 1-4。

表 1-4　　　　　　　　　　三相异步电动机的铭牌数据

三相异步电动机					
型号	Y180M-4	额定功率	18.5kW	额定电压	380V
额定电流	35.9A	额定频率	50Hz	额定转速	1470r/min
接法	△	工作方式	连续	外壳防护等级	IP44
产品编号	××××××	质量	180kg	绝缘等级	B级
××电机厂	×年×月				

（1）型号。型号是电动机类型、规格的代号。国产异步电动机的型号由汉语拼音字母以及国际通用符号和阿拉伯数字组成。如 Y180M-4 中：Y 表示三相笼型异步电动机，180 表示机座中心高 180mm，M 表示机座长度代号（S—短机座；M—中机座；L—长机座），4 表示磁极数（磁极对数 $p=2$）。

（2）接法。接法是指电动机在额定电压下，三相定子绕组的连接方式，Y 或△。一般功率在 3kW 及以下的电动机用 Y 接法，4kW 及以上的电动机为△接法。

（3）额定频率 f_N（Hz）。额定频率是指电动机定子绕组所加交流电源的频率，我国工业用交流电源的标准频率为 50Hz。

（4）额定电压 U_N（V）。额定电压是指电动机在正常运行时加到定子绕组上的线电压。

（5）额定电流 I_N（A）。额定电流是指电动机在正常运行时，定子绕组线电流的有效值。

（6）额定功率 P_N（kW）和额定效率 η_N。额定功率也称额定容量，是指在额定电压、额定频率、额定负载运行时，电动机轴上输出的机械功率。额定效率是指输出机械功率与输入电功率的比值。

额定功率与额定电压、额定电流之间存在以下关系

$$P_N = \sqrt{3}U_N I_N \cos\varphi_N \eta_N \tag{1-2}$$

（7）额定转速 n_N（r/min）。额定转速是指在额定频率、额定电压和额定输出功率时，电动机每分钟的转数。

（8）容许温升和绝缘等级。电动机运行时，其温度高出环境温度的容许值，称为容许温升。环境温度为 40℃，容许温升为 65℃的电动机最高允许温度为 105℃。

绝缘等级是指电动机定子绕组所用绝缘材料允许的最高温度等级，有 A、E、B、F、H、C 六级。目前一般电动机采用较多的是 E 级和 B 级。

容许温升的高低与电动机所采用的绝缘材料的绝缘等级有关。常用绝缘材料的绝缘等级和最高容许温度见表 1-5。

表 1-5			绝缘等级和最高容许温度			
绝缘等级	A	E	B	F	H	C
最高容许温度（℃）	105	120	130	155	180	>180

（9）功率因数 cosφ。三相异步电动机的功率因数较低，在额定运行时约 0.7~0.9，空载时只有 0.2~0.3，额定负载时，功率因数最大。因此，必须正确选择电动机的容量，防止"大马拉小车"，并力求缩短空载运行时间。

（10）工作方式。异步电动机常用的工作方式有连续、短时和断续三种。

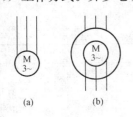

连续工作方式：可用代号 S1 表示，可按铭牌上规定的额定功率长期连续使用，而温升不会超过容许值。

短时工作方式：可用代号 S2 表示，每次只允许在规定时间内按额定功率运行，如果运行时间超过规定时间，则会使电动机过热而损坏。断续工作方式：用代号 S3 表示，电动机以间歇方式运行。如起重机械的拖动多为此种方式。

图 1-18　三相异步电动机的图形符号
（a）笼型转子；（b）绕线转子

三相异步电动机的图形符号如图 1-18 所示。

4. 三相异步电动机定子绕组的首尾端判断

当电动机接线头损坏，定子绕组的六个线头分不清时，不可盲目接线，以免引起电动机的内部故障。因此必须分清六个线头的首尾端后，才能接线。判断三相异步电动机定子绕组的首尾端的方法有直流法、剩磁法和低压交流电源法三种。

（1）直流法。首先用万用表电阻挡判断各相绕组的两个出线端，并进行假设编号。按图 1-19 接线，将万用表拨至直流毫安最小挡，合上开关瞬间，观察万用表指针摆动的方向。若指针正偏，则接电池正极的线头与万用表负极所接的线头同为首端或尾端；如指针反编，则接电池正极的线头与万用表正极所接的线头同为首端或尾端。再将电池和开关接另一相两个线头，进行测试，就可正确判别各相的首尾端。

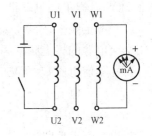

图 1-19　直流法判断首尾端

（2）剩磁法。首先用万用表电阻挡判断各相绕组的两个出线端，并给各相绕组假设编号为 U1、U2，V1、V2 和 W1、W2。按图 1-20 接线，仍然用万用表毫安挡，用手转动电动机转子，若表针不动，说明假设的编号是正确的；若指针有偏转，说明其中有一相首尾端假设编号不对，应逐相对调重测，直至正确为止。

（3）低压交流电源法。首先用万用表电阻挡判断各相绕组的两个出线端，并进行假设编号。按图 1-21 接线，把其中任意两相绕组串联后再与电压表或万用表的交流电压挡连接，第三相绕组与 36V 低压交流电源接通。通电后，若电压表无读数，说明连在一起的两个线头同为首端或尾端；若电压表有读数，连在一起的两个线头中一个是首端，另一个是尾端，任定一端为已知首端，同法可定第三相的首尾端。

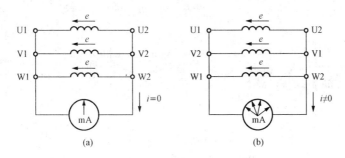

图 1-20 剩磁法判断首尾端

(a) 指针不动说明首尾端假设正确；(b) 指针偏转说明首尾端假设不对

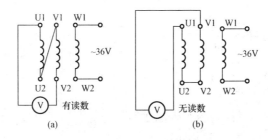

图 1-21 低压交流电源法判断首尾端

(a) 两相绕组的一首端和一尾端相连；(b) 两相绕组的首端或尾端相连

 【任务实施】

点动控制电路原理分析与安装接线

一、电路原理分析

原理图由主电路和控制电路两部分组成。主电路在电源开关 QS 的出线端按相序依次编号为 U11、V11、W11，然后按从上至下、从左到右的顺序递增；控制电路的编号按"等电位"原则从上至下、从左到右的顺序依次从 1 开始递增编号。

识读电路工作过程，就是描述电路中电器的动作过程，可以采用文字叙述法（简称叙述法）或动作流程法（简称流程法）。流程法对于电器的动作顺序清晰，便于理解和分析电路，在实际中比较常用。

（1）叙述法。起动时，合上电源开关 QS，按下按钮 SB，接触器 KM 的线圈通电，接触器的 3 对主触点闭合，电动机接通三相交流电源直接起动运转；松开按钮 SB，接触器 KM 的线圈断电，接触器的主触点断开，电动机断开三相交流电源而停止运转。

（2）流程法。合上电源开关 QS，电路工作过程如下：

1）起动过程。按下 SB→KM 线圈得电→KM 主触点闭合→电动机得电运转；

2）停止过程。松开 SB→KM 线圈失电→KM 主触点断开→电动机断电停转。

二、安装接线与调试

1. 绘制安装接线图

对照图 1-1 所示的三相异步电动机点动控制电路原理图，在电路原理图上标注线号，绘出电动机点动控制电路的安装接线图，如图 1-22 所示。电动机不在安装接线板上，所以图中没有画出，安装板上的元件与外围元件的连接必须通过接线端子 XT 进行连接。

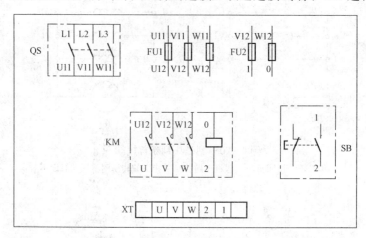

图 1-22　点动控制电路的安装接线图

2. 完成点动控制电路的接线

（1）检查。检查内容主要是利用万用表检查电源开关接通情况、接触器主触点接通情况和按钮的接通情况以及接触器的线圈电阻。

（2）固定电器元件。按照接线图规定的位置将电器元件固定摆放在安装板上，注意使 FU1 中间一相熔断器和 KM 中间一对主触点的接线端子成一直线，以保证主电路的美观整齐。

（3）按图接线。接线时先接主电路，再接控制电路。

主电路从电源开关 QS 的下接线端子开始，所用导线的横截面应根据电动机的额定电流来适当选取。接线时应做到横平竖直，分布对称。

接线过程中避免交叉线、架空线和叠线；导线变换走向要垂直，并做到高低一致或前后一致；严禁损伤线芯和导线绝缘，接点上不能露铜丝太多；每个接线端子上连接的导线根数一般以不超过两根为宜，并保证接线固定；进出线应合理汇集在端子排上。

对螺栓式接点，如螺旋式熔断器的接线，导线连接时，应打羊眼圈，并按顺时针旋转。对瓦片式接点，如接触器的触点、热继电器的热元件和触点进行导线连接时，直线插入接点固定即可。

3. 电路检查及通电试车

（1）不通电检查。按电气原理图或安装接线图从电源端开始，逐段核对线号及接线端子处是否正确，有无漏接、错接之处。检查导线接点是否符合要求，压接是否牢固。用万用表检查线路的通断情况。检查时，应选用倍率适当的电阻挡，并进行校零。

对控制电路检查时，可先断开主电路（使 QS 处于断开位置），再将万用表的两表棒分别搭在 FU2 的两个出线端上（V12 和 W12），此时读数应为"∞"；按下按钮 SB 时，读数应为接触器线圈的电阻值；压下接触器 KM 衔铁，读数也应为接触器线圈的电阻值。

对主电路检查时，可先断开控制电路（拔下 FU2 熔体），再合上 QS，用手压下接触器 KM 的衔铁来代替接触器线圈得电吸合时的情况进行检查，依次测量从电源端（L1、L2、L3）到电动机出线端子（U、V、W）的每一相线路的电阻值，检查是否存在开路或接触不良的现象。

（2）通电试车。通电试车，操作相应按钮，观察电器动作情况。

合上开关 QS，引入三相电源，按下按钮 SB，接触器 KM 的线圈通电，衔铁吸合，接触器的主触点闭合，电动机接通电源直接起动运转；松开 SB 时，KM 的线圈断电释放，电动机停止运行。

操作过程中，如果出现不正常现象，应立即断开电源，分析故障原因，用万用表仔细检查线路，在指导老师认可的情况下才能再次通电调试。

 【技能训练与考核】

三相交流异步电动机点动控制线路的安装接线

一、任务考核

（1）在规定时间内完成三相异步电动机点动控制电路的安装接线，且通电试验成功。

（2）安装工艺达到基本要求，线头长短适当、接触良好。

（3）遵守安全规程，做到文明生产。

二、考核内容及评分标准

1. 电路检查（40 分，每错一处扣 10 分，扣完为止）

（1）主电路检查。合上电源开关 QS，压下接触器 KM 衔铁，使 KM 主触点闭合，使用万用表电阻挡，测量从电源端（L1、L2、L3）到电动机出线端子（U、V、W）的每一相线路的电阻，将电阻值填入表 1-6 中。

（2）控制电路检查。按下 SB 按钮，使用万用表电阻挡，测量控制电路两端（V12-W12）的电阻，将电阻值填入表 1-6 中；压下接触器 KM 衔铁，测量控制电路两端（V12-W12）的电阻，将电阻值填入表 1-6 中。

表 1-6　　　　　　　　　　　　点动控制电路的不通电测试记录

操作步骤	主电路			控制电路（V12-W12）	
	合上 QS，压下 KM 衔铁			按下 SB	压下 KM 衔铁
电阻值（Ω）	L1 相	L2 相	L3 相		

2. 通电试验（60 分）

在使用万用表检测后，接入电源通电试车，考核表见 1-7。

表 1-7　　　　　　　　　　　　点动控制电路的通电调试考核表

序号	配分	得分	故障原因
一次通电成功	60 分		
二次通电成功	（40～50）分		
三次及以上通电成功	30 分		
不成功	10 分		

 【知识拓展】

电气控制系统基础知识

电气控制系统是由许多电器元件按照一定的要求和规律连接而成的。将电气控制系统中各电器元件及它们之间的连接线路用一定的图形表达出来，这种图形就是电气控制系统图。一般其包括电气原理图、电器布置图和电气安装接线图三种。

电气图常用的图形符号、文字符号和接线端子标记必须采用相应国家标准。

在国家标准中，文字符号分为基本文字符号（单字母符号或双字母符号）和辅助文字符号。基本文字符号中的单字母符号按英文字母将各种电气设备、装置和元器件划分为 23 个大类，每个大类用一个专用单字母符号表示。如"K"表示继电器、接触器类，"F"表示保护器件类等，单字母符号应优先采用。双字母符号是由一个表示种类的单字母符号与另一字母组成，其组合应以单字母符号在前，另一字母在后的次序列出。

1. 电气原理图

电气原理图用图形符号和文字符号表示电路中各个电器元件的连接关系和电气工作原理。它并不反映电器元件的实际大小和安装位置。图 1-23 所示为 CW6132 型普通车床的电气原理图。

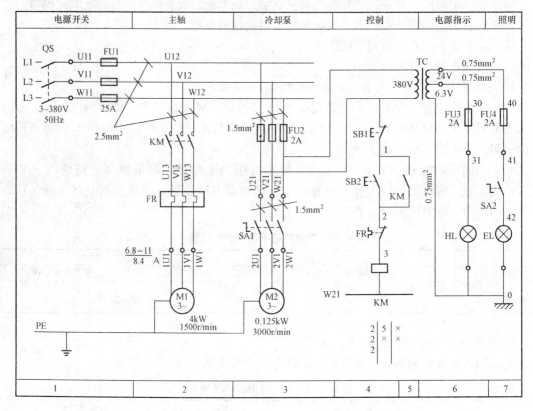

图 1-23 CW6132 型普通车床的电气原理图

（1）绘制电气原理图的原则。

1）电气原理图主要分主电路和控制电路两部分。电动机的通路为主电路，接触器吸引线圈的通路为控制电路。此外还有信号电路、照明电路等。

2）原理图中，各电器元件不画实际的外形图，而采用国家规定的图形符号，文字符号也要符合国家规定。

3）在原理图中，同一电器的不同部件常常不画在一起，而是画在电路的不同地方，同一电器的不同部件都用相同的文字符号标明。例如接触器的主触点通常画在主电路中，而线圈和辅助触点则画在控制电路中，但它们的文字符号都用 KM 表示。

4）同一种电器一般用相同的字母表示，但在字母的后边加上数码或其他字母以示区别。例如两个接触器分别用 KM1、KM2 表示，或用 KMF、KMR 表示。

5）全部触点都按常态给出。对接触器和各种继电器，常态是指未通电时的状态；对按钮、行程开关等，则是指未受外力作用时的状态。

6）原理图中，无论是主电路还是控制电路，各电器元件一般按动作顺序从上到下，从左到右依次排列，可水平布置或者垂直布置。

7）原理图中，有直接联系的交叉导线连接点，要用黑圆点表示；无直接联系的交叉导线连接点不画黑圆点。

在阅读电气原理图以前，必须对控制对象有所了解，尤其对于机械、液压（或气压）、电配合得比较密切的生产机械，单凭电气原理图往往不能完全看懂其控制原理，只有了解了有关的机械传动和液压（气压）传动后，才能搞清全部控制过程。

（2）电气原理图图面区域的划分。为方便阅图，在电气原理图中可将图幅分成若干个图区，图区行的代号用英文字母表示，一般可省略，列的代号用阿拉伯数字表示，其图区编号写在图的下面，并在图的顶部标明各图区电路的作用，见图 1-23。

（3）继电器、接触器触点位置的索引。在继电器、接触器线圈下方均列有触点表以说明线圈和触点的从属关系，即"符号位置索引"，也就是在相应线圈的下方，给出触点的图形符号（有时也可省去），对未使用的触点用"×"表明（或不作表明）。

对于接触器，上述表示法中各栏的含义如下：

左栏	中栏	右栏
主触点所在图区号	辅助动合触点所在图区号	辅助动断触点所在图区号

2. 电器布置图

电器布置图反映各电器元件的实际安装位置，在图中电器元件用实线框表示，而不必按其外形形状画出；在图中往往还留有 10% 以上的备用面积及导线管（槽）的位置，以供走线和改进设计时用；在图中还需要标注出必要的尺寸。图 1-24 所示为 CW6132 型普通车床控制柜的电器布置图。

电器元件的布置应注意如下几点：

（1）体积大和较重的电器元件应装在元件安装板的下方，发热元件应装在上方。

（2）强弱电分开，弱电应屏蔽。

（3）需经常维护、检修、调整的元件的安装位置不宜过高。

（4）布置应整齐、美观、对称。

（5）元件之间应留有一定间距。

3. 电气安装接线图

电气安装接线图反映的是电气设备各控制单元内部元件之间的接线关系。图 1-25 所示为 CW6132 型普通车床的部分电气安装接线图。电气接线图一般按如下几个步骤绘制：

（1）标线号。在原理图上定义并标注每一根导线的线号。主电路线号的标注通常采用字母加数字的方法标注，控制电路线号采用数字标注。控制电路标注线号时可以由上到下、由

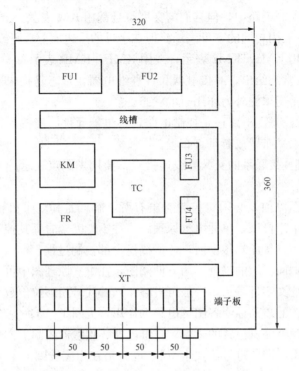

图 1 - 24　CW6132 型普通车床控制柜的电器布置图

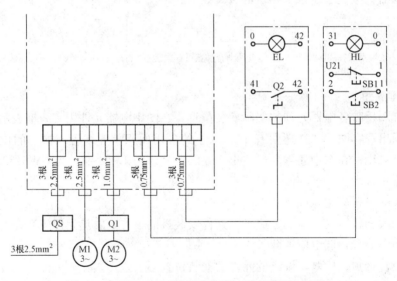

图 1 - 25　CW6132 型普通车床的安装接线图（部分）

左到右的顺序标注线号。线号标注的原则是每经过一个电器元件，变换一次线号（不含接线端子）。

（2）画元器件框及符号。依照安装位置，在接线图上画出元器件电气图形符号及外框。

（3）填充连线的去向和线号。在元器件连接导线的线侧和线端标注线号。

　　绘制好的电气安装接线图应对照电气原理图仔细核对，防止错画、漏画，避免给制作线路和试车过程造成麻烦。

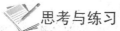思考与练习

1. 判断题

（1）开启式负荷开关安装时，合闸状态手柄应向上。（　　）

（2）刀开关可以用于分断堵转的电动机电源。（　　）

（3）一台额定电压为 220V 的交流接触器在交流 220V 和直流 220V 的电源上均可使用。（　　）

（4）直流接触器比交流接触器更适用于频繁操作的场合。（　　）

（5）异步电动机直接起动时的起动电流为额定电流的 4～7 倍，所以电路中配置的熔断器的额定电流也应按电动机额定电流的 4～7 倍来选择。（　　）

（6）熔体的额定电流应小于或等于熔断器的额定电流。（　　）

（7）电气原理图中同一电器的各个带电部件可以不画在一起。（　　）

2. 单项选择题

（1）交流接触器铁心上设置短路环，目的是（　　）。

A. 减小涡流　　　　　　　　　　　B. 减小磁带损耗

C. 减小振动与噪声　　　　　　　　D. 减小铁心发热

（2）下列各型号熔断器中，分断能力最强的型号是（　　）。

A. RL6　　　　　B. RC1A　　　　　C. RM10　　　　　D. RT14

（3）CJ20-160 型交流接触器在 380V 时的额定工作电流为 160A，故它在 380V 时能控制的电动机的功率约为（　　）。

A. 20kW　　　　　B. 160kW　　　　　C. 85kW　　　　　D. 100kW

（4）直流接触器通常采用的灭弧方法是（　　）。

A. 电动力灭弧　　　　　　　　　　B. 磁吹灭弧

C. 栅片灭弧　　　　　　　　　　　D. 窄缝灭弧

（5）判断交流接触器还是直流接触器的依据是（　　）。

A. 线圈电流的性质　　　　　　　　B. 主触点电流的性质

C. 主触点额定电流　　　　　　　　D. 辅助触点电流的性质

（6）螺旋式熔断器与金属螺纹壳相连的接线端应与（　　）相连。

A. 负载　　　　　　　　　　　　　B. 电源

C. 负载或电源　　　　　　　　　　D. 不确定

（7）同一电器的各个部件在图中可以不画在一起的图是（　　）。

A. 电气原理图　　　　　　　　　　B. 电器布置图

C. 安装接线图　　　　　　　　　　D. 电气原理图和安装接线图

（8）在异步电动机直接起动控制电路中，熔断器额定电流一般应取电动机额定电流的（　　）倍。

A. 4～7 倍　　　　　　　　　　　　B. 2.5～3 倍

C. 1 倍　　　　　　　　　　　　　D. 1.5～2.5 倍

3. 简答题

交流电磁铁的短路环断裂或脱落后，在工作中会出现什么现象？为什么？

任务二　具有自锁的三相异步电动机控制电路的分析与接线

【任务导入】

三相异步电动机单向起动控制电路一般用于单方向运转的小功率电动机控制，如小型通风机、水泵以及皮带运输机等机械设备，要求电路具有电动机连续运转控制功能，即按下起动按钮，电动机运转；松开起动按钮，电动机保持运转；只有按下停止按钮时，电动机才停转。

本任务要求识读图 1-26 所示具有自锁的三相异步电动机单向起动控制电路原理，按工艺完成电路连接，并能进行电路的检查和故障排除。

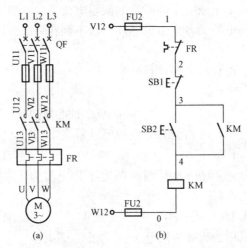

图 1-26　具有自锁的单向起动控制电路原理图

(a) 主电路；(b) 控制电路

【任务目标】

1. 能识别和使用低压断路器和热继电器。

2. 能识读具有自锁的三相异步电动机单向起动控制电路原理图，明确电路中所用电器元件的作用。会根据原理图绘制安装接线图，完成安装接线。

3. 能够对所接电路进行检测和通电试验，并能用万用表检测电路和排除常见电气故障。

【相关知识】

一、低压断路器

低压断路器又称自动空气开关，是一种既能作开关用，又具有电路自动保护功能的低压电器。当电路发生过载、短路以及失电压或欠电压等故障时，低压断路器能自动切断故障电路，有效保护串接在它后面的电气设备。在正常情况下，低压断路器也可用于不频繁接通和断开电路及控制电动机。

1. 低压断路器的结构和工作原理

低压断路器主要由触头、灭弧装置和各种脱扣器等几部分组成。触头是用于通断电路。各种脱扣器用于检测电路异常状态并作出反应，为保护性动作的部件。操动机构和自由脱扣机构是中间联系部件。图 1-27 是塑壳式低压断路器外形、结构示意图和图形符号。

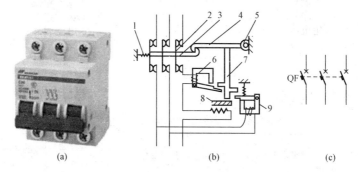

图 1-27 塑壳式低压断路器外形、结构示意图和图形符号

(a) 外形；(b) 结构；(c) 图形符号

1—复位弹簧；2—主触头；3—传动杆；4—锁扣；5—轴；
6—过电流脱扣器；7—杠杆；8—热脱扣器；9—欠电压失电压脱扣器

图 1-27 (b) 中主触头 2 有三对，串联在被保护的三相主电路中。当手动扳动按钮为"合"位置时，主触点 2 保持在闭合状态，传动杆 3 由锁扣 4 钩住。要使低压断路器分断时，扳动按钮为"分"位置，锁扣 4 被杠杆 7 顶开（锁扣可绕轴 5 转动），触头 2 就被弹簧 1 拉开，电路分断。

低压断路器的自动分断，是由过电流脱扣器 6、热脱扣器 8 和欠电压失电压脱扣器 9 使搭钩 4 被杠杆 7 顶开而完成的。过电流脱扣器 6 的线圈和主电路串联，当线路工作正常时，所产生的电磁吸力不能将衔铁吸合，只有当电路发生短路或产生很大的过电流时，电磁吸力才能将衔铁吸合，撞击杠杆 7，顶开锁扣 4，使触头 2 断开，从而将电路分断。

欠电压失电压脱扣器 9 的线圈并联在主电路上，当线路电压正常时，电磁吸力能够克服 9 的弹簧的拉力而将衔铁吸合；如果线路电压降到某一值以下，电磁吸力小于弹簧的拉力，衔铁被弹簧拉开，衔铁撞击杠杆 7 使搭钩顶开，则触头 2 分断电路。

当线路发生过载时，过载电流通过热脱扣器 8 的发热元件而使双金属片受热弯曲，于是扛杆 7 顶开搭钩，使触头 2 断开，从而起到过载保护作用。

根据不同的用途，低压断路器可配备不同的脱扣器。

2. 低压断路器的分类

低压断路器按结构分有万能式（框架式）和塑壳式（装置式）两种。常用塑壳式低压断路器作为电源引入开关或作为控制和保护不频繁起动、停止的电动机开关，以及用于宾馆、机场、车站等大型建筑的照明电路。其操作方式多为手动，主要有扳动式和按钮式两种。万能式（框架式）主要用于供配电系统。

低压断路器与刀开关和熔断器相比，具有以下优点：结构紧凑，安装方便，操作安全，而且在进行短路保护时，由于用过电流脱扣器将电源同时切断，避免了电动机缺相运行的可能。另外，低压断路器的脱扣器可以重复使用，不必更换。

低压断路器型号的含义：

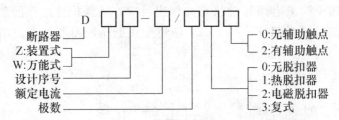

塑壳式断路器常用型号有 DZ5、DZ10、DZ15、DZ20 等系列，DZ15 系列塑壳式低压断路器的主要技术参数见表 1-8。

表 1-8   DZ15 系列塑壳式低压断路器主要技术参数

型号	极数	额定电流（A）	额定电压（V）	额定短路分断能力（kA）	机械寿命（万次）	电寿命（万次）
DZ15-40	1	6、10、16、20、25、32、40	AC220	3	1.5	1.0
	2、3		AC380			
DZ15-63	1	10、16、20、25、32、40、50、63	AC220	5	1.0	0.6
	2、3、4		AC380			

3. 低压断路器的选用

（1）低压断路器的额定电压和额定电流应分别不小于电路的额定电压和最大工作电流。

（2）热脱扣器的整定电流应与所控制负载的额定电流一致。

（3）欠电压脱扣器额定电压应等于线路额定电压。

（4）过电流脱扣器的瞬时脱扣整定电流应大于负载正常工作时的最大电流。

对于单台电动机，DZ 系列低压断路器的过电流脱扣器瞬时脱扣整定电流 I_z 为

$$I_Z \geqslant (1.5 \sim 1.7) I_q \qquad (1-3)$$

式中：I_q 为电动机的起动电流。

对于多台电动机，DZ 系列过电流脱扣器的瞬时脱扣整定电流 I_z 为

$$I_z \geqslant (1.5 \sim 1.7) I_{qmax} + \sum I_N \qquad (1-4)$$

式中：I_{qmax} 为最大一台电动机的起动电流；$\sum I_N$ 为其他电动机额定电流之和。

二、热继电器

热继电器是一种利用电流的热效应原理工作的保护电器，在电路中用作电动机的长期过载保护。电动机在实际运行中，当负载过大、电压过低或发生一相断路故障时，流过电动机的电流都要增大，其值往往超过额定电流；若过载不大、时间较短、绕组温升不超过允许范围，是可以的。但若过载时间较长，绕组温升超过允许值，电路中熔断器的熔体又不会熔断，将会加剧绕组老化，影响电动机的寿命，严重时甚至烧毁电动机。因此，凡是长期运行

的电动机必须设置过载保护。

1. 热继电器的主要结构

热继电器种类较多，双金属片式热继电器由于结构简单、体积较小、成本较低，所以应用最广泛。其结构示意图和图形符号如图 1-28 所示。

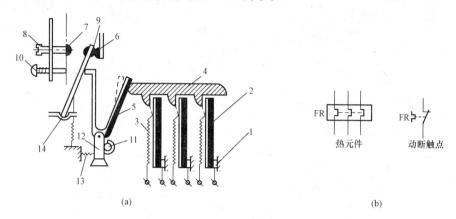

图 1-28　双金属片式热继电器结构示意图和图形符号

(a) 结构示意图；(b) 图形符号

1—双金属片固定端；2—主双金属片；3—热元件；4—导板；5—补偿双金属片；6、7—静触点；8—调节螺钉；9—动触点连杆；10—复位按钮；11—偏心轮；12—支撑件；13—弹簧；14—瓷片

热继电器主要由热元件、触点系统两部分组成。热元件有两个的，也有三个的。如果电源的三相电压均衡，电动机的绝缘良好，则三相线电流必相等，用两相结构的热继电器便能对电动机进行过载保护。电源电压严重不平衡或电动机的绕组内部有短路故障时，就有可能使电动机的某一相的线电流比其余两相的高，两个热元件的热继电器就不能可靠地起到保护作用，这时就要用三相结构的热继电器。

热继电器可以做过载保护但不能作短路保护，因其双金属片从升温到因变形而断开动断触点有一个时间过程，不可能在短路瞬间迅速分断电路。热继电器的热元件串联在接有电动机的主电路中，动断触点串联在控制电路中。

热继电器常用型号有 JR16、JR20 等系列，其型号含义如下：

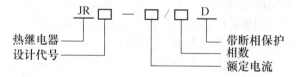

2. 热继电器的主要技术参数

JR20 系列热继电器的额定电流有 10、16、25、63、160、250、400A 及 630A8 级，其整定电流范围见表 1-9。

热继电器的整定电流，是指热继电器长期运行而不动作的最大电流。通常只要负载电流超过整定电流 1.2 倍，热继电器必须动作。整定电流的调整可通过旋转外壳上方的旋钮完成，旋钮上刻有整定电流标尺，作为调整时的依据。

表 1-9　　　　　　　　　　　　JR20 系列热继电器的整定电流范围

型号	热元件号	整定电流范围（A）	型号	热元件号	整定电流范围（A）
JR20-10	1R	0.1～0.13～0.15	JR20-16	6S	14～16～18
	2R	0.15～0.19～0.23	JR20-25	1T	7.8～9.7～11.6
	3R	0.23～0.29～0.35		2T	11.6～14.3～17
	4R	0.35～0.44～0.53		3T	17～21～25
	5R	0.53～0.67～0.8		4T	21～25～29
	6R	0.8～1～1.2	JR20-63	1U	16～20～24
	7R	1.2～1.5～1.8		2U	24～30～36
	8R	1.8～2.2～2.6		3U	32～40～47
	9R	2.6～3.2～3.8		4U	40～47～55
	10R	3.2～4～4.8		5U	47～55～62
	11R	4～5～6		6U	55～63～71
	12R	5～6～7	JR20-160	1W	33～40～47
	13R	6～7.2～8.4		2W	47～55～63
	14R	7～8.6～10		3W	63～74～84
	15R	8.6～10～11.6		4W	74～86～98
JR20-16	1S	3.6～4.5～5.4		5W	85～100～115
	2S	5.4～6.7～8		6W	100～115～130
	3S	8～10～12		7W	115～132～150
	4S	10～12～14		8W	130～150～170
	5S	12～14～16		9W	144～160～176

　3. 热继电器的选用

　（1）一般情况下可选用两相结构的热继电器。对于电网电压均衡性较差，无人看管的电动机或大容量电动机共用一组熔断器的电动机，宜选用三相结构的热继电器。三相绕组作三角形连接的电动机，应采用带断相保护的三相热继电器作过载保护。

　（2）热元件的额定电流等级一般大于电动机的额定电流。热元件选定后，再根据电动机的额定电流调整热继电器的整定电流，使整定电流与电动机的额定电流基本相等。

　热继电器本身的额定电流等级并不多，但其热元件编号很多，每一种编号的热元件都有一定的电流整定范围，故在使用上先应使热元件的电流与电动机的电流相适应，然后根据电动机实际运行情况再做上下范围的适当调节。

　（3）双金属片式热继电器一般用作轻载、不频繁起动电动机的过载保护。对于重载、频繁起动的电动机则可用过电流继电器（延时型）作它的过载保护。因为热元件受热变形需要时间，故热继电器不能作短路保护。

　（4）对于工作时间较短，间歇时间较长的电动机，以及虽然长期工作但过载的可能性很小的电动机（例如排风机），可以不设过载保护。

　注意：即使热继电器选用得当，若使用不当也会造成对电动机过载保护的不可靠，因此，必须正确使用热继电器。对于作点动、重载起动、频繁正反转及带反接制动等运行的电动机，一般不宜用热继电器作过载保护。

【任务实施】

具有自锁的三相异步电动机单向起动控制电路的分析与安装接线

一、电路分析

1. 电路组成

主电路由电源开关 QF、熔断器 FU1、接触器 KM 的三对主触点、热继电器 FR 的三组热元件和电动机组成。其中 QF 引入三相交流电源，FU1 作为主电路短路保护，KM 的三对主触点控制电动机的运转与停止，FR 的三组热元件检测流过电动机定子绕组中的电流。

控制电路由熔断器 FU2、热继电器 FR 的动断触点、停止按钮 SB1、起动按钮 SB2 和接触器 KM 的线圈和辅助动合触点组成。其中 FU2 作为控制电路短路保护，SB2 是电动机起动按钮，SB1 是电动机停止按钮，KM 线圈控制 KM 触点的吸合和释放，KM 辅助动合触点起自锁作用。

2. 电路工作过程

（1）叙述法。起动时，合上开关 QF，按下起动按钮 SB2，接触器 KM 的线圈通电，主触点闭合，电动机接通电源直接起动运转；同时与 SB2 并联的 KM 动合触点也闭合，使接触器线圈经两条路通电，这样当 SB2 松开复位时，KM 的线圈仍可通过 KM 触点继续通电，从而保持电动机的连续运行。这种依靠接触器自身辅助动合触点而使其线圈保持通电的现象称为自锁或自保，这一对起自锁作用的触点称作自锁触点。

要使电动机停止运转，只要按下停止按钮 SB1，将控制电路断开，接触器线圈 KM 断电释放，KM 的动合主触点将通入定子绕组的三相电源切断，电动机停止运转。当按钮 SB1 松开而恢复闭合时，接触器线圈已不能再依靠自锁触点通电，因为原来闭合的自锁触点早已随着接触器的断电而断开。

具有自锁的控制电路还可以依靠接触器本身的电磁机构实现电路的欠电压保护与失电压保护。当电源电压由于某种原因而严重欠电压或失电压时，接触器的衔铁自行释放，电动机停止运转。而当电源电压恢复正常时，接触器线圈不能自动通电，只有在操作人员再次按下起动按钮 SB2 后电动机才会起动。由此可见，欠电压保护与失电压保护是为了避免电动机在电源恢复时自行起动。

（2）流程法。主电路识读如下：

合上 QF，当 KM 主触点闭合时，M 起动运行。

控制电路识读如下：

1）起动过程：

按下 SB2→KM 线圈得电→{ KM 主触点闭合→M 起动运行 / KM 动合触点闭合，自锁

2）停止过程：

按下 SB1→KM 线圈断电→所有触点复位→M 断电停止

二、安装接线与调试

1. 绘制安装接线图

根据图 1-26 绘出具有自锁的三相异步电动机单向起动控制电路安装接线图，如图

1-29 所示。其电器元件的布局与点动控制电路的基本相同，仅在接触器 KM 与接线端子板 XT 之间增加了热继电器 FR。注意：所有接线端子标注编号应与原理图一致，不能有误。

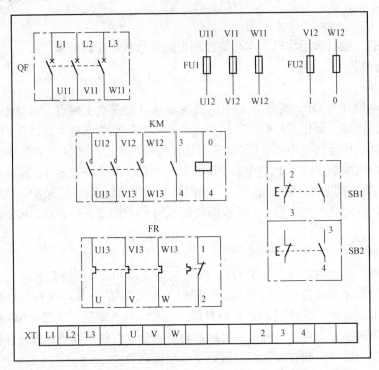

图 1-29　具有自锁的三相异步电动机单向起动控制电路安装接线图

2. 完成具有自锁的三相异步电动机单向起动控制电路的安装接线

3. 电路检查及通电试车

（1）不通电检查。按电气原理图或安装接线图从电源端开始，逐段核对接线及接线端子处是否正确，有无漏接、错接之处。检查导线接点是否符合要求，压接是否牢固。

用万用表检查所接电路的通断情况。检查时，应选用倍率适当的电阻挡，并进行校零。

对控制电路检查时，可先断开主电路，使 QF 处于断开位置，将万用表两表棒分别搭在 FU2 的两个出线端上（V12 和 W12），此时读数应为"∞"；按下起动按钮 SB2 时，读数应为接触器线圈的电阻值；压下接触器 KM 衔铁，读数也应为接触器线圈的电阻值。

对主电路检查时，电源线 L1、L2、L3 先不通电，合上 QF，用手压下接触器的衔铁来代替接触器线圈得电吸合时的情况进行检查，依次测量从电源端（L1、L2、L3）到电动机出线端子（U、V、W）的每一相电路的电阻值，检查是否存在开路或接触不良的现象。

（2）通电试车。操作相应按钮，观察电器动作情况。

L1、L2、L3 三端接上电源，合上开关 QF，引入三相电源，按下起动按钮 SB2，接触器 KM 的线圈通电，衔铁吸合，主触点闭合，电动机接通电源直接起动运转；松开 SB2 时，KM 的线圈仍可通过 KM 动合辅助触点继续通电，从而保持电动机的连续运行。按下停止按钮 SB1 时，KM 的线圈断电释放，电动机停止运行。

操作过程中，如果出现不正常现象，应立即断开电源，分析故障原因，用万用表仔细检查电路，在指导老师认可的情况下才能再通电调试。

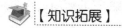**【技能训练与考核】**

具有自锁的三相异步电动机单向起动控制电路的安装接线

一、考核任务

（1）在规定时间内完成具有自锁的三相异步电动机单向起动控制电路的安装接线，且通电试验成功。

（2）安装工艺达到基本要求，线头长短适当、接触良好。

（3）遵守安全规程，做到文明生产。

二、考核内容及评分标准

1. 电路检查（40分，每错一处扣10分，扣完为止）

（1）主电路检查。电源线 L1、L2、L3 先不通电，使用万用表电阻挡，合上电源开关 QF，压下接触器 KM 衔铁，使 KM 主触点闭合，测量从电源端（L1、L2、L3）到电动机出线端子（U、V、W）的每一相线路的电阻，将电阻值填入表 1-10 中。

表 1-10　　　　　　　　具有自锁的单向起动控制电路的不通电测试记录

操作步骤	主电路			控制电路（V12-W12）	
	合上 QF、压下 KM 衔铁			按下 SB2	压下 KM 衔铁
电阻值	L1 相	L2 相	L3 相		

（2）控制电路检查。用万用表电阻挡，按下 SB2 按钮，测量控制电路两端（V12-W12）间的电阻，将电阻值填入表 1-11 中；压下接触器 KM 衔铁，测量控制电路两端（V12-W12），将电阻值填入表 1-11 中。

2. 通电试验（60分）

在使用万用表检测后，接入电源通电试车。通电试车考核表见表 1-11。

表 1-11　　　　　　　　具有自锁的单向起动控制电路的通电试车考核表

序号	配分	得分	故障原因
一次通电成功	60分		
二次通电成功	（40～50）分		
三次及以上通电成功	30分		
不成功	10分		

【知识拓展】

连续与点动运行混合控制电路

机床设备控制中有很多需要使用连续与点动运转混合的控制电路。例如机床设备在正常工作时，一般需要电动机处在连续运转状态，但在试车或调整刀具与工作的相对位置时又需要电动机能点动控制。实现这种工艺要求的电路就是连续与点动运转混合控制电路。点动控制与连续控制的区别在于有无自锁电路。如图 1-30 所示，可实现点动也可实现连续运转的控制电路的主电路与具有自锁的电动机控制电路的主电路相同。图 1-30（a）是用开关 SA

断开与接通自锁电路。合上开关 SA 时，实现连续运转；SA 断开时，可实现点动控制。图
1-30（b）是用复合按钮 SB3 实现点动运转控制，按钮 SB2 实现连续运转控制。

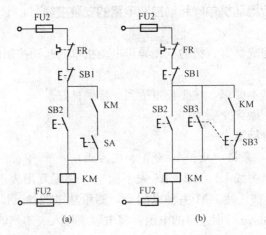

图 1-30　三相异步电动机点动与连续运转混合的控制电路
(a) 用开关 SA 实现；(b) 用复合按钮实现

思考与练习

1. 选择题

(1) 热继电器过载时双金属片弯曲是由于双金属片的（　　）不同。

A. 机械强度　　　　B. 热膨胀系数　　　　C. 温差效应　　　　C. 都不是

(2) 具有自锁的单向起动控制电路中实现电动机过载保护的电器是（　　）。

A. 熔断器　　　　B. 热继电器　　　　C. 接触器　　　　D. 电源开关

(3) 低压断路器不能切除（　　）故障。

A. 过载　　　　B. 短路　　　　C. 失电压　　　　D. 欠电流

(4) 按下按钮电动机起动运转，松开按钮电动机仍然运转，只有按下停止按钮，电动机
才停止的控制称为（　　）控制。

A. 正反转　　　　B. 制动　　　　C. 自锁　　　　D. 点动

(5) 接触器的自锁触点是一对（　　）。

A. 动合辅助触点　　B. 动断辅助触点　　C. 动合主触点　　　D. 动断主触点

2. 判断题

(1) 用低压断路器作为机床电路的电源引入开关，一般就不需要再安装熔断器作短路保
护。（　　）

(2) 热继电器的额定电流就是其触点的额定电流。（　　）

(3) 接触器自锁控制不仅保证电动机连续运转，而且还兼有失电压保护作用。（　　）

(4) 失电压保护的目的是防止电压恢复时电动机自行起动。（　　）

(5) 一定规格的热继电器，其所装的热元件规格可能是不同的。（　　）

3. 简答题

(1) 在三相异步电动机主电路中，若已安装熔断器，为什么还要安装热继电器？

（2）一台长期工作的三相交流异步电动机的额定功率 13kW，额定电压 380V，额定电流 25.5A，试按电动机额定工作状态选择热继电器型号、规格，并说明热继电器整定电流的数值。

（3）试分析图 1-31 所示各电路中的错误，工作时会出现什么现象？并加以改正。

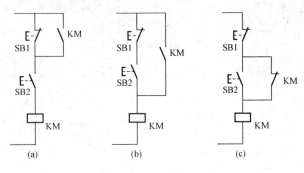

图 1-31 题5图

任务三 三相异步电动机正反转控制电路的分析与接线

单向起动电路只能使电动机朝一个方向旋转，但在实际生产中，许多生产机械往往要求运动部件能实现正反两个方向运动，如机床工作台的前进与后退，主轴的正转与反转，起重机吊钩的上升与下降等，这就要求电动机可以正反转。

当改变通入三相异步电动机定子绕组三相电源的相序，即把接入电动机三相电源进线中的任意两相对调接线，就可使三相异步电动机反转。一般利用两只接触器的主触点改变通入电动机定子绕组电源相序，因两只接触器的主触点分别接通电动机正转电源和反转电源，所以两只接触器不能同时工作。

本任务要求识读具有不同互锁的正反转控制电路的工作原理，按工艺完成电路连接，并能进行线路的检查和故障排除。

【任务目标】

（1）理解互锁的原理、实现方法和在正反转控制电路中的作用。

（2）能识读具有互锁的三相异步电动机正反转控制电路的原理图，明确电路中所用电器元件的作用，会根据原理图绘制安装接线图，完成安装接线。

（3）能够对所接电路进行检测和通电试验，并能用万用表检测电路和排除常见电气故障。

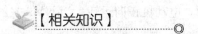

一、接触器互锁的三相异步电动机正反转控制电路分析

为实现电动机的正反转控制，图 1-32（a）所示主电路中利用两个接触器的主触点交换

通入电动机定子绕组电源相序，图 1-32（b）所示控制电路中采用接触器互锁，保证两只接触器的线圈不能同时得电。

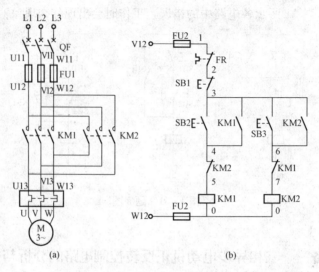

图 1-32　接触器互锁的三相异步电动机正反转控制电路原理图

(a) 主电路；(b) 控制电路

与项目一任务二中的图 1-26 比较，图 1-32（a）所示主电路中多了接触器 KM2 的三对主触点，用于把反相序电源通入电动机定子绕组中，控制电动机的反向运转与停止；图 1-32（b）所示控制电路也多了对接触器 KM2 线圈的控制部分。

1．接触器互锁

主电路中采用 KM1 和 KM2 两只接触器，当 KM1 主触点闭合时，三相电源相序按 L1—L2—L3 接入电动机；而当 KM2 主触点闭合时，三相电源按 L3—L2—L1 接入电动机。所以当两只接触器分别工作时，电动机的旋转方向相反。

电路要求接触器 KM1 和 KM2 线圈不能同时通电，否则它们的主触点同时闭合，将造成 L1、L3 两相电源短路，为此在 KM1 和 KM2 线圈各自支路中相互串接了对方的一副辅助动断触点，以保证 KM1、KM2 线圈不会同时通电。KM1 和 KM2 这两副辅助动断触点在控制电路中所起的作用称为互锁（或联锁）。这种利用两只接触器的动断触点相互串接在对方线圈回路中，以保证两只接触器线圈不会同时得电的控制方法称为接触器互锁，又称电气互锁。

2．电路工作过程分析

用流程法识读电路时，经常采用简化写法，即线圈得电用"＋"表示、线圈断电用"－"表示；而描述触点的通断情况。通常线圈得电时动断触点断开、动合触点闭合，线圈断电时所有触点复位（原始状态）。

电路较复杂时，还必须从主电路分析入手，再分析控制电路的电器动作过程。

图 1-32 所示电路的工作过程识读如下：

（1）主电路识读。合上 QF，当 KM1 主触点闭合时，电动机正向运转；当 KM2 主触点闭合，电动机反向运转。

（2）控制电路识读。

1）正向起动控制过程：

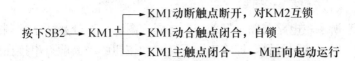

按下SB2 → KM1± →
- → KM1动断触点断开，对KM2互锁
- → KM1动合触点闭合，自锁
- → KM1主触点闭合 → M正向起动运行

2）反向起动控制过程：

先按下SB1 → KM1═ → KM1所有触点复位 → M断开三相电源，停止

按下SB3 → KM2± →
- → KM2动断触点断开，对KM1互锁
- → KM2动合触点闭合,自锁
- → KM2主触点闭合 → M反向起动运行

3）停止过程：

按下 SB1→KM1（或 KM2）线圈断电→KM1（或 KM2）所有触点复位→M断电停止

从电路的工作过程可知，对于这种电路，要改变电动机的转向必须先按下停止按钮，使电动机停止正转，接着按下反转按钮，才能使电动机进行反转，操作不方便，即只能实现"正转—停止—反转"的操作流程。

二、双重互锁的三相异步电动机正反转控制电路分析

具有接触器互锁的三相异步电动机正反转控制电路虽然可以避免主电路的电源短路事故，但是在需要电动机转向时，必须先操作停止按钮，实现"正—停—反"操作，这在某些场合下使用不方便。在实际工作中，通常要求实现电动机正反转操作的直接切换，即要求电动机正向运转时操作正向起动按钮，而如果要求电动机反向运转时可以直接操作反向起动按钮，不需要先按下停止按钮，实现"正—反—停"操作。这种具有双重互锁的控制电路，操作方便，在各种设备中得到了广泛应用。

图 1-33 所示为接触器按钮双重互锁的三相异步电动机正反转控制电路原理图。

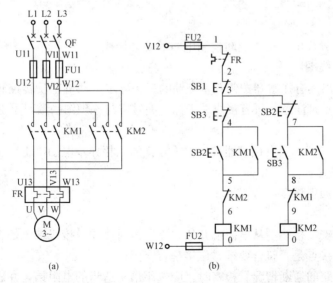

图 1-33 接触器按钮双重互锁的三相异步电动机正反转控制电路原理图
(a) 主电路；(b) 控制电路

1. 按钮互锁

图 1-33 (a) 所示主电路与图 1-32 (a) 相同，图 1-33 (b) 所示控制电路中除了利用接触器互锁，还设置了按钮互锁，即将正、反转起动按钮的动断触点串接在反、正转接触器线圈电路中，起互锁作用。这种利用两只按钮的动断触点互串在对方线圈回路中实现互锁的控制方法称为按钮互锁。按钮互锁可以实现电动机正转到反转的直接切换。

2. 电路工作过程分析

（1）主电路识读。合上 QF，当 KM1 主触点闭合时，电动机正向运转；当 KM2 主触点闭合时，电动机反向运转。

（2）控制电路识读。

1）正向起动过程：

按下SB2 → KM1⁺
- KM1动断触点断开，对KM2互锁
- KM1动合触点闭合，自锁
- KM1主触点闭合 → M正向起动运行

2）反向起动过程：

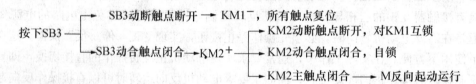

按下SB3
- SB3动断触点断开 → KM1⁻，所有触点复位
- SB3动合触点闭合 → KM2⁺
  - KM2动断触点断开，对KM1互锁
  - KM2动合触点闭合，自锁
  - KM2主触点闭合 → M反向起动运行

3）停止过程：

按下 SB1 → KM1（或 KM2）线圈失电 → KM1（或 KM2）所有触点复位 → M 断电停止

【任务实施】

双重互锁的三相异步电动机正反转控制电路的安装接线

一、绘制安装接线图

根据图 1-33 绘出具有接触器按钮双重互锁的三相异步电动机正反转控制电路的安装接线图，如图 1-34 所示。注意，所有接线端子标注编号应与原理图一致，不能有误。

二、安装接线

根据安装接线图，完成具有接触器按钮双重互锁的三相异步电动机正反转控制电路的安装接线。

三、电路检查及通电试车

1. 不通电检查

按电气原理图或安装接线图从电源端开始，逐段核对接线及接线端子是否正确，有无漏接、错接。检查导线接点是否符合要求，压接是否牢固。

用万用表检查电路的通断情况。检查时，应选用倍率适当的电阻挡，并进行校零，以防短路故障发生。

对控制电路检查时（可断开主电路），可用万用表表棒分别搭在 FU2 的两个出线端上（V12 和 W12），此时读数应为"∞"；按下正转起动按钮 SB2 或反转起动按钮 SB3，读数应

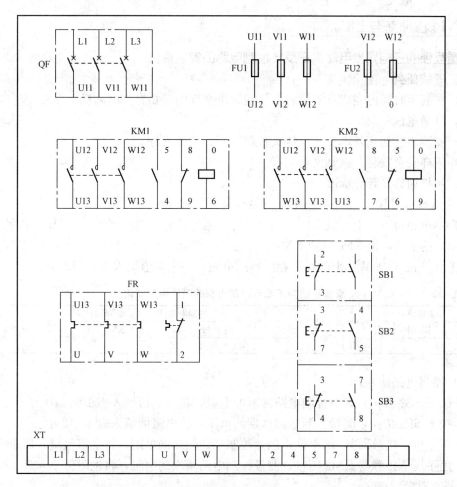

图 1-34 接触器按钮双重互锁的三相异步电动机正反转控制电路安装接线图

为接触器 KM1 或 KM2 线圈的电阻值；用手压下 KM1 或 KM2 的衔铁，使 KM1 或 KM2 的动合触点闭合，读数也应为接触器 KM1 或 KM2 线圈的电阻值。同时按下 SB2 和 SB3 或者同时压下 KM1 和 KM2 的衔铁，万用表读数应为"∞"。

对主电路检查时，电源线 L1、L2、L3 先不要通电，合上 QF，用手压下接触器 KM1 或 KM2 的衔铁来代替接触器得电吸合时的情况进行检查，依次测量从电源端到电动机出线端子上的每一相线路的电阻值，检查是否存在开路现象。

2. 通电调试

操作相应按钮，观察电器动作情况。

电源接 L1、L2、L3 接上电源，合上 QF，引入三相电源，按下按钮 SB2，KM1 线圈得电吸合自锁，电动机正向起动运转；按下按钮 SB3，KM2 线圈得电吸合自锁，电动机反向起动运转；同时按下 SB2 和 SB3，KM1 和 KM2 线圈都不吸合，电动机不转。按下停止按钮 SB1，电动机停止。

操作过程中，如果出现不正常现象，应立即断开电源，分析故障原因，用万用表仔细检查电路，并在指导老师认可的情况下才能再通电调试。

【技能训练与考核】

双重互锁的三相异步电动机正反转控制电路的安装接线

一、考核任务

（1）在规定时间内完成具有接触器按钮双重互锁的三相异步电动机正反转控制电路的安装接线，且通电试验成功。

（2）安装工艺达到基本要求，线头长短适当、接触良好。

（3）遵守安全规程，做到文明生产。

二、考核内容及评分标准

1. 电路检查（40 分，每错一处扣 10 分，扣完为止）

（1）主电路检查。电源线 L1、L2、L3 先不通电，合上电源开关 QF，压下接触器 KM1（或 KM2）的衔铁，使 KM1（或 KM2）的主触点闭合，测量从电源端（L1 或 L2 或 L3）到出线端子（U 或 V 或 W）上的每一相线路的电阻，将电阻值填入表 1-12 中。

表 1-12　　　　　　　　双重互锁的正反转控制电路的不通电测试记录

主电路			控制电路两端（V12-W12）			
L1 相	L2 相	L3 相	按下 SB2	按下 SB3	压下 KM1 衔铁	压下 KM2 衔铁

（2）控制电路检查。

1）按下 SB2 按钮，测量控制电路两端的电阻，将电阻值填入表 1-12 中。

2）按下 SB3 按钮，测量控制电路两端的电阻，将电阻值填入表 1-12 中。

3）用手压下接触器 KM1 衔铁，测量控制电路两端的电阻，将电阻值填入表 1-12 中。

4）用手压下接触器 KM2 衔铁，测量控制电路两端的电阻，将电阻值填入表 1-12 中。

2. 通电试验（60 分）

在使用万用表检测后，接入电源通电试车。试车考核表见表 1-13。

表 1-13　　　　　　　　双重互锁的正反转控制电路的通电试车考核表

序号	配分	得分	故障原因
一次通电成功	60 分		
二次通电成功	（40～50）分		
三次及以上通电成功	30 分		
不成功	10 分		

　【知识拓展】

一、万能转换开关实现三相异步电动机正反转控制电路

1. 万能转换开关

万能转换开关比组合开关有更多的操作位置和触点，是一种能够接多个电路的手动控制电器。由于它的挡位多、触点多，可控制多个电路，能适应复杂电路的要求。LW12 万能转换开关外形及触点示意图如图 1-35 所示由多组相同结构的触点叠装而成，在触点盒的上方有操作机构。由于扭转弹簧的储能作用，操作呈现出瞬时动作的特点，即触点分断迅速，不受操作速度的影响。

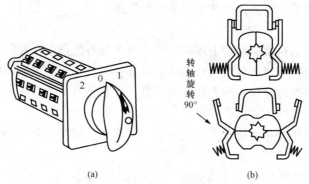

图 1-35　LW12 万能转换开关外形及触点示意图

（a）外形；（b）凸轮通断触点示意图

万能转换开关在电气原理图中的图形符号，如图 1-36 所示。图中虚线表示操作位置，而不同操作位置的各对触点通断状态与触点下方或右侧对应，规定用虚线相交位置上的涂黑圆点表示接通，没有涂黑圆点表示断开；另一种是用触点通断状态表来表示，表中以"×"（或"＋"）表示触点闭合，"无记号"（或—）表示分断。万能转换开关的文字符号是 SA。

2. 万能转换开关实现三相异步电动机正反转控制电路

利用万能转换开关实现电动机正反转的电路如图 1-37 所示。与项目一任务三中具有自锁的电动机单向起动控制电路相比，在主电路中加入万能转换开关 SA，SA 有三个工作位置，四对触头。当 SA 置于上、下方不同位置时，通过其不同触点的接通来改变定子绕组接入三相交流电源的相序，进而改变电动机的旋转方向。

图 1-37 中，接触器作为电路接触器使用，万能转换开关 SA 为电动机旋转方向预选开关，由按钮来控制接触器的线圈，再由接触器主触点来接通或断开电动机三相电源，实现电动机的起动和停止。

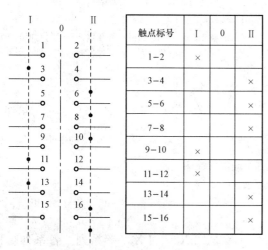

触点标号	I	0	II
1-2	×		
3-4			×
5-6			×
7-8			×
9-10	×		
11-12	×		
13-14			×
15-16			×

图 1-36　万能转换开关的触点通断表示

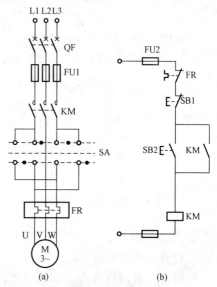

图 1-37　万能转换开关实现三相异步

电动机正反转控制电路原理图

（a）主电路；（b）控制电路

二、行程开关实现工作台自动往复循环控制电路

1. 行程开关

行程开关常用于运料机、锅炉上煤机和某些机床如万能铣床、镗床等生产机械的电气控制。行程开关控制电路可以使电动机所拖动的设备在每次起动后自动停止在规定位置，然后由人控制返回到规定的起始位置并停止在该位置。停止信号是由在规定位置上设置的行程开关发出的。这种控制又称为"限位控制"。

行程开关又称限位开关或位置开关，主要由操作头（感测部分）、触点系统（执行部分）和外壳等组成。行程开关的外形如图 1-38 所示。

行程开关根据操作头的不同分为单滚轮式（能自动复位）、直动式（按钮式，能自动复位）和双滚轮式（不能自动复位，需机械部件返回时再碰撞一次才能复位）。以单滚轮式行程开关为例，当运动机械的撞铁压到行程开关的滚轮时，杠杆连同转轴一起转动，使凸轮推动撞块，当撞块被压到一定位置时，推动微动开关快速动作，使其动断触点分断，动合触点闭合；撞铁移开滚轮后，复位弹簧就使行程开关各部分复位。

图 1-39 所示为直动式行程开关的结构示意图。行程开关的图形符号如图 1-40 所示。

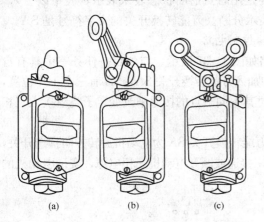

图 1-38　行程开关的外形图
（a）直动式；（b）单滚轮式；（c）双滚轮式

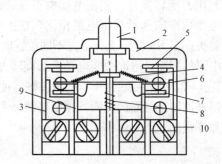

图 1-39　行程开关结构示意图
1—顶杆；2—外壳；3—动合静触点；4—触点弹簧；
5—静触点；6—动触点；7—静触点；8—复位弹簧；
9—动断静触点；10—螺钉和压板

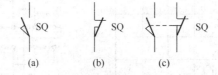

图 1-40　行程开关的图形符号
（a）动合触点；（b）动断触点；（c）复合触点

行程开关的型号含义：

行程开关常用型号有 JLK1、LX19、LX21、LX22、LX29、LX32 等系列。各系列行程开关的基本结构相同，区别仅在于行程开关的传动装置和动作速度不同。使用行程开关时，应根据动作要求和触点数量来选择。

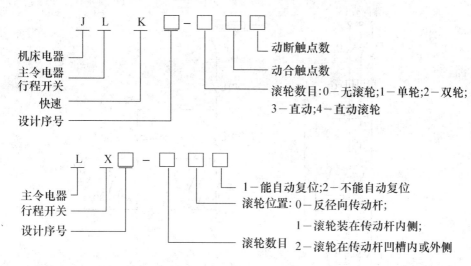

2. 行程开关实现工作台自动往复循环控制电路

有些生产机械，如万能铣床，要求工作台在一定距离内能自动往返，而自动往复通常是利用行程开关控制电动机正反转来实现的。在生产机械中，如机床的工作台、高炉加料设备等，均需自动往复运行，不断循环。图 1-41 为某机床工作台的自动往返控制原理图。图 1-41 (a) 为工作台自动往复移动示意图。工作台的两端有挡铁 A 和挡铁 B，机床床身上有行程开关 SQ1 和 SQ2，当挡铁碰撞行程开关后，将自动换接电动机正反转控制电路，使工作台自动往返运行。SQ3 和 SQ4 为正反向极限保护用行程开关，若换向时行程开关 SQ1、SQ2 失灵，则由极限保护行程开关 SQ3、SQ4 实现限位保护，及时切断电源，避免运动部件因超出极限位置而发生事故。

自动往返循环控制电路［见图 1-41 (b)］识读如下：

(1) 主电路识读：合上电源开关 QS。当 KM1 主触点闭合时，电动机正转，拖动工作台前进向右移动；当 KM2 主触点闭合时，电动机反转，拖动工作台后退向左移动。

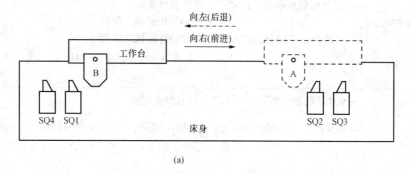

(a)

图 1-41　工作台自动往复循环控制电路（一）

(a) 机床工作台自动往复运动示意图

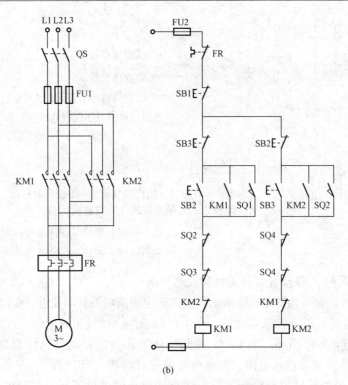

(b)

图 1-41　工作台自动往复循环控制电路（二）

(b) 自动往复循环控制电路

（2）控制电路识读：

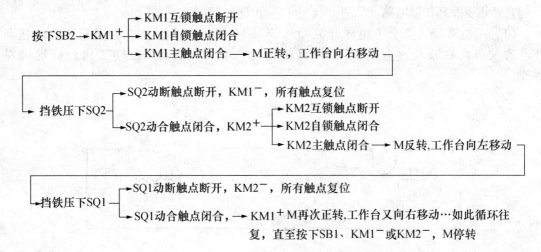

按下 SB1→KM1（或 KM2）线圈失电→KM1（或 KM2）所有触点复位→M 断电停止，工作台停止运动。

思考与练习

1. 选择题

（1）改变通入三相异步电动机电源的相序就可以使电动机（　　）。

A. 停速　　　　　　　　　　　　B. 减速

C. 反转　　　　　　　　　　　　D. 减压起动

（2）甲乙两个接触器，欲实现互锁控制，则应（　　）。

A. 在甲接触器的线圈电路中串入乙接触器的动断触点

B. 在乙接触器的线圈电路中串入甲接触器的动断触点

C. 在两接触器的线圈电路中互串对方的动断触点

D. 在两接触器的线圈电路中互串对方的动合触点

（3）行程开关是一种将（　　）转换为电信号的控制电器。

A. 位移　　　　　　　　　　　　B. 电压

C. 光信号　　　　　　　　　　　D. 电流

（4）自动往返控制电路属于（　　）电路。

A. 自锁控制　　　　　　　　　　B. 点动控制

C. 正反转控制　　　　　　　　　D. 顺序控制

（5）完成工作台自动往返行程控制要求的主要电器元件是（　　）。

A. 接触器　　　　　　　　　　　B. 行程开关

C. 按钮　　　　　　　　　　　　D. 组合开关

（6）在图 1-41 所示电路中，分析行程开关 SQ1、SQ2、SQ3、SQ4 的作用，其中
（　　）用来作右端极限保护，防止工作台越过限定位置而造成事故；（　　）用来左行自动
向右行转换的控制。

A. SQ3、SQ2　　　　　　　　　　B. SQ3、SQ1

C. SQ4、SQ1　　　　　　　　　　D. SQ4、SQ2

2. 判断题

（1）可以通过改变通入三相异步电动机定子绕组的电源相序来实现其正反转控制。
（　　）

（2）在接触器互锁的正反转控制电路中，正、反转接触器允许同时得电。（　　）

（3）要想改变三相交流异步电动机旋转方向，只要将电源相序 U、V、W 改接为 W、
U、V 就可以了。（　　）

（4）在正反转电路中，设置电气互锁的目的是避免正反转接触器线圈同时得电而造成主
电路电源发生短路。（　　）

（5）万能转换开关本身带有各种保护。（　　）

（6）行程开关是一种将位移转换为电信号以控制运动部件位置和行程的低压电器。
（　　）

（7）正反转控制电路中，设置按钮互锁的目的是避免正反转接触器线圈同时得电而造成
主电路电源相间短路。（　　）

（8）具有双重互锁的正反转控制电路中，可以实现"正转—反转"的直接切换。（　　）

3. 简答题

（1）什么是电气互锁？什么是按钮互锁？在电动机正反转控制电路中各起什么作用？

（2）分析图 1-42 所示电路，回答下列问题：

1）说明 SA、$SQ_1 \sim SQ4$ 的作用。

2）识读电路的工作过程。

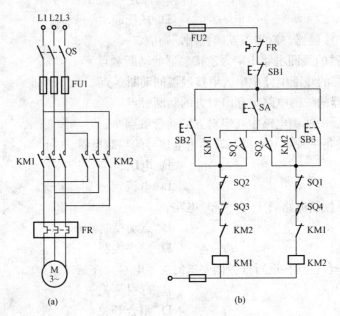

图 1-42　题 3 图

项目二　三相异步电动机减压起动控制电路的分析与接线

　　三相异步电动机接通电源后由静止状态逐渐加速到稳定运行状态的过程，称为起动。若将额定电压直接加到电动机的定子绕组上，使电动机起动运转，称为直接起动，也叫全压起动。直接起动的优点是所用电器元件少，电路简单；缺点是起动电流大，是额定电流的4～7倍。容量较大的电动机采取直接起动时，会使电网电压严重下跌，不仅导致同一电网上的其他电动机起动困难，而且影响其他用电设备的正常运行。因此额定功率大于10kW的三相异步电动机，一般都采用减压起动方式来起动，起动时降低加在电动机定子上的电压，起动后再将电压恢复到额定值，使之在正常电压下运行。

　　减压起动方法有定子回路串电阻起动、星形—三角形减压起动、自耦变压器减压起动、软起动、延边三角形减压起动等。常用的是星形—三角形（简称星—三角）减压起动与自耦变压器减压起动。软起动是一种新技术，正在一些场合推广应用。

任务一　星—三角减压起动控制电路分析与接线

🔍【任务导入】◎

　　星—三角减压起动是指电动机起动时，把定子绕组接成星形，以降低起动电压、限制起动电流，待电动机起动后，再把定子绕组改接成三角形。只有正常运行时定子绕组接成三角形的笼型异步电动机才可以采用星—三角减压起动来达到限制起动电流的目的。Y系列笼型异步电动机功率在4.0kW以上的定子绕组均为三角形接法，可以采用星—三角减压起动。

　　本任务要求识读星—三角减压起动控制电路的工作原理，并对按钮切换的星—三角减压起动控制电路按工艺完成电路连接、电路检查和故障排除。

📋【任务目标】◎

　　（1）理解电动机星—三角减压起动的原理和电动机定子绕组的星形、三角形连接方式。

　　（2）能识读按钮切换的星—三角减压起动控制电路原理图，明确电路中所用电器元件的作用。会根据原理图绘制安装接线图，并按工艺要求完成安装接线。

　　（3）能够对所接电路进行检测和通电试验，并能用万用表检测电路和排除常见电气故障。

📖【相关知识】◎

一、按钮切换的星—三角减压起动控制电路

1. 星—三角减压起动的工作原理

三相异步电动机定子绕组有星形接法和三角形接法，如图2-1所示。正常运行时定子绕组三角形连接的笼型异步电动机，若在起动时接成星形，起动电压从 380V 降到 220V，从而限制了起动电流；待转速上升后，再改接成三角形连接，投入正常运行。我国电网供电电压为 380V，所以当电动机起动时接成星形连接，加在每相定子绕组上的起动电压只有三角形接法的 $1/\sqrt{3}$。

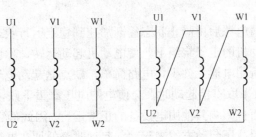

图 2-1　定子绕组星形接法与三角形接法

采用星—三角减压起动方法，起动时定子绕组承受的电压是三角形接法的 $1/\sqrt{3}$ 倍，起动电流是三角形接法时的 1/3，起动转矩也是三角形接法时的 1/3。定子绕组星形接法转换到三角形接法，可以采用按钮手动控制或时间继电器自动控制。图 2-2 所示为按钮切换的星—三角减压起动控制电路原理图。

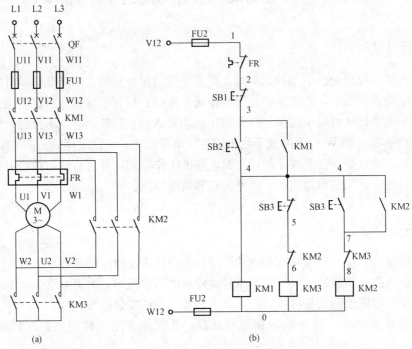

图 2-2　按钮切换的星—三角减压起动控制电路原理图

（a）主电路；（b）控制电路

2. 识读电路组成

主电路中采用 KM1、KM2 和 KM3 三只接触器。当 QF 闭合、KM1 主触点闭合时，接入三相交流电源；当 KM3 主触点闭合时，电动机定子绕组接成星形；当 KM2 主触点闭合时，电动机定子绕组接成三角形。

电路要求接触器 KM2 和 KM3 线圈不能同时通电，否则它们的主触点同时闭合，将造成主电路电源短路，为此在控制电路中 KM2 和 KM3 线圈各自支路中相互串接了对方的一副辅助动断触点，以保证 KM2 和 KM3 线圈不会同时通电。KM2 和 KM3 这两副辅助动断触点在电路中所起的作用也称为电气互锁。

3. 识读电路工作过程

（1）主电路识读。合上电源开关 QF，当 KM1、KM3 主触点闭合时，电动机定子绕组接成星形减压起动；当 KM1、KM2 主触点闭合时，电动机定子绕组接成三角形全压运行。

（2）控制电路识读。

1）减压起动过程：

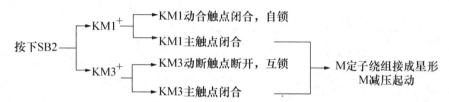

2）全压运行过程：

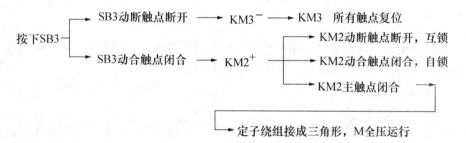

3）停止过程：

$$按下SB1 \longrightarrow KM1^-、KM2^- \longrightarrow 所有触点复位，M停止$$

二、时间继电器控制的星—三角减压起动控制电路

采用按钮切换的星—三角减压起动控制电路操作方便，但电动机要达到全压正常运行状态，必须要操作全压运行按钮，如果操作人员失误会造成电动机长时间的欠电压运行。而采用时间继电器控制，可实现电路从减压起动状态到全压运行的自动转换。图 2-3 所示就是时间继电器控制的星—三角减压起动控制电路原理图。

要对图 2-3 所示电路分析其工作原理，首先要认识图中新出现的电器元件时间继电器 KT，识读其主要结构，学会其参数调整和触点通断情况检测。

1. 时间继电器

时间继电器是指输入信号输入后，经一定的延时才有输出信号的继电器。时间继电器种类很多，常用的有电磁式、空气阻尼式和电子式等。

（1）对于电磁式时间继电器，当电磁线圈通电或断电后，经一段时间，延时触点状态才发生变化，即延时触点才动作。

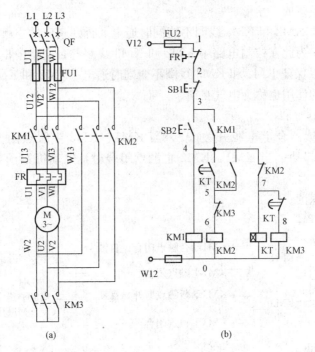

图 2-3　时间继电器控制的星—三角减压起动控制电路原理图

(a) 主电路；(b) 控制电路

（2）直流电磁式时间继电器是用于直流电气控制电路中，只能直流断电延时动作。其优点是结构简单、运行可靠、寿命长，缺点是延时时间短。

（3）空气阻尼式时间继电器是利用空气阻尼作用获得延时，有通电延时型和断电延时型两种。

（4）电子式时间继电器有晶体管式和数字式时间继电器两种。电子式时间继电器的优点是延时范围宽、精度高、体积小、工作可靠。晶体管式时间继电器以 RC 电路电容器充电时其上电压逐步上升的原理构成，有断电延时、通电延时、带瞬动触点延时三种。其电路有单结晶体管电路和场效应管电路两种。

这里以应用广泛、结构简单、价格低廉的空气阻尼式时间继电器为例介绍时间继电器主要结构、工作原理和图形符号。

空气阻尼式时间继电器是利用空气阻尼的原理获得延时的。它主要由电磁机构、触点系统和延时装置三部分组成，电磁机构为直动式双 E 形，触点系统借用 LX5 型微动开关，延时装置采用气囊式阻尼器。其主要结构如图 2-4 所示。

该继电器根据触点延时的特点，又可分为通电延时型与断电延时型两种。根据电路需要，改变空气阻尼式时间继电器电磁机构的安装方向，即可实现通电延时和断电延时的互换。因此，使用时不要仅仅观察时间继电器上的图形符号，还要会用万用表判别通断情况。

以通电延时型空气阻尼式时间继电器为例说明动作原理如下：

当线圈 1 通电后，衔铁 3 吸合，微动开关 16 受压其触点动作无延时，活塞杆 6 在塔形弹簧 8 的作用下，带动活塞 12 及橡皮膜 10 向上移动，但由于橡皮膜下方气室的空气稀薄，形成负压，因此活塞杆 6 只能缓慢地向上移动，其移动的速度视进气孔的大小而定，可通过

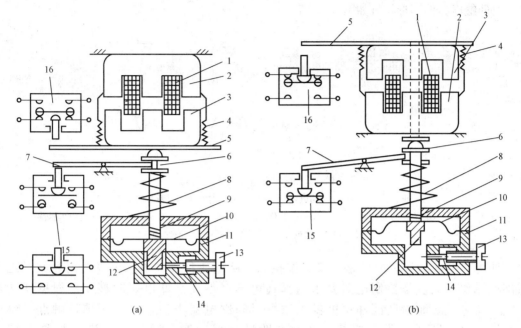

图 2-4　空气阻尼式时间继电器结构示意图

（a）通电延时型；（b）断电延时型

1—线圈；2—铁心；3—衔铁；4—反力弹簧；5—推板；6—活塞杆；7—杠杆；8—塔形弹簧；9—弱弹簧；
10—橡皮膜；11—空气室壁；12—活塞；13—调节螺杆；14—进气孔；15、16—微动开关

调节螺杆 13 进行调整。经过一定的延时后，活塞杆才能移动到最上端。这时通过杠杆 7 压动微动开关 15，使其动断触点断开，动合触点闭合，起到通电延时作用。

当线圈 1 断电时，电磁吸力消失，衔铁 3 在反力弹簧 4 的作用下释放，并通过活塞杆 6 将活塞 12 推向下端，这时橡皮膜 10 下方气室的空气通过橡皮膜 10、弱弹簧 9 和活塞 12 肩部所形成的单向阀，迅速地从橡皮膜上方的气室缝隙中排掉，微动开关 15、16 能迅速复位，无延时。

总结时间继电器的触点动作情况如下：

（1）通电延时型时间继电器是当线圈通电后，瞬动触点立即动作，延时触点经过一定延时再动作；当线圈断电后，所有触点立即复位。

（2）断电延时型时间继电器是当线圈通电后，所有触点立即动作；当线圈断电后，其瞬动触点立即复位，延时触点经过一定延时再复位。

这里的触点动作是指动断触点断开，动合触点闭合。

空气阻尼式时间继电器常用型号有 JS7、JS23 系列。其主要技术参数有瞬时触点数量、延时触点数量、触点额定电压、触点额定电流、线圈额定电压及延时范围等。其型号含义如下：

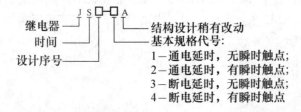

时间继电器的图形符号如图 2-5 所示。

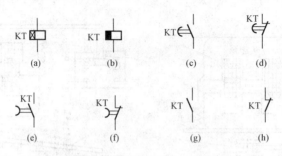

图 2-5　时间继电器的电路符号

(a) 通电延时线圈；(b) 断电延时线圈；(c) 延时闭合瞬时断开的动合触点；
(d) 延时断开瞬时闭合的动断触点；(e) 瞬时闭合延时断开的动合触点；(f) 瞬时断开延时闭合的动断触点；
(g) 动合触点（瞬时动作）；(h) 动断触点（瞬时动作）

时间继电器的选择原则是，首先按控制电路电流种类和电压等级选用时间继电器线圈电压值，其次按控制电路要求选择通电延时型还是断电延时型，再根据使用场合、工作环境、延时范围和精度要求选择时间继电器类型，然后再选择触点是延时闭合还是延时断开，最后考虑延时触点数量和瞬动触点数量是否满足控制电路的要求。

对于延时要求不高的场合，通常选用直流电磁式或空气阻尼式时间继电器。前者仅能获得直流断电延时，且延时时间在 5s 内，故限制了应用。大多情况下选用空气阻尼式时间继电器。

2. 识读电路组成

图 2-3 所示主电路中采用 KM1、KM2 和 KM3 三只接触器，当合上 QF、KM1 主触点闭合时，接入三相交流电源；当 KM3 主触点闭合时，电动机定子绕组接成星形；当 KM2 主触点闭合时，电动机定子绕组接成三角形。

电路也要求接触器 KM2 和 KM3 线圈不能同时通电，否则它们的主触点同时闭合，将造成主电路电源短路，为此在控制电路的 KM2 和 KM3 线圈各自支路中相互串接了对方的一副辅助动断触点，实现电气互锁，以保证 KM2 和 KM3 线圈不会同时通电。KM2 的辅助动断触点串联在 KM3 和 KT 线圈的公共支路中，当电动机在正常全压工作时，使 KT 线圈断电，避免时间继电器长期工作。

在控制电路中利用通电延时型时间继电器的延时触点实现接触器 KM3 与 KM2 线圈得电的切换。

3. 识读电路工作过程

(1) 主电路识读：合上 QF，当 KM1、KM3 主触点闭合时，电动机定子绕组接成星形减压起动；当 KM1、KM2 主触点闭合时，电动机定子绕组接成三角形全压运行。

(2) 控制电路识读：

1) 起动运行过程：

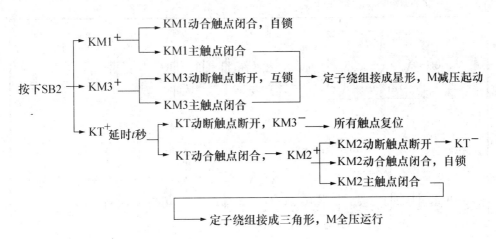

2）停止过程：

按下SB1 ——→ KM1⁻、KM2⁻ ——→ KM1、KM2所有触点复位，其主触点断开，M停止

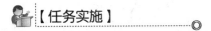【任务实施】

按钮切换的星—三角减压起动控制电路的安装接线

一、绘制安装接线图

根据图 2-2 绘出按钮切换的星—三角减压起动控制电路安装接线图，如图 2-6 所示。其电器元件的布局与具有接触器互锁的电动机正反转控制电路基本相同，多了一个接触器。注意，所有接线端子标注编号应与原理图一致，不能有误。

二、安装接线

按工艺要求完成按钮切换的星—三角减压起动控制电路的安装接线。安装接线时注意如下几点：

（1）按钮内部的接线不要接错，起动按钮必须接动合触点（用万用表的欧姆挡判别）。注意 SB2 要接成复合按钮的形式。

（2）用星—三角减压起动的电动机，必须有 6 个出线端子（即接线盒内的连接片要拆开），并且定子绕组在三角形接法时的额定电压应该等于 380V。

（3）接线时要保证电动机三角形接法的正确性，即接触器 KM2 主触点闭合时，应保证定子绕组的 U1 与 W2、V1 与 U2、W1 与 V2 相连接。

（4）接触器 KM3 的进线必须从三相定子绕组的末端引入，若误将其首端引入，则在 KM3 吸合时会产生三相电源短路事故。

三、电路检查及通电试车

（1）电路断电检查。用万用表检查线路的通断情况。检查时，应选用倍率适当的电阻挡，并进行校零，以防短路故障发生。

对控制电路检查时（可断开主电路），可用万用表表棒分别搭在 FU2 的两个出线端上（V12 和 W12），此时读数应为"∞"；按下起动按钮 SB2，读数应为接触器 KM1 和 KM3 线圈电阻的并联值；用手压下 KM1 的衔铁，使 KM1 动合触点闭合，读数也应为接触器 KM1

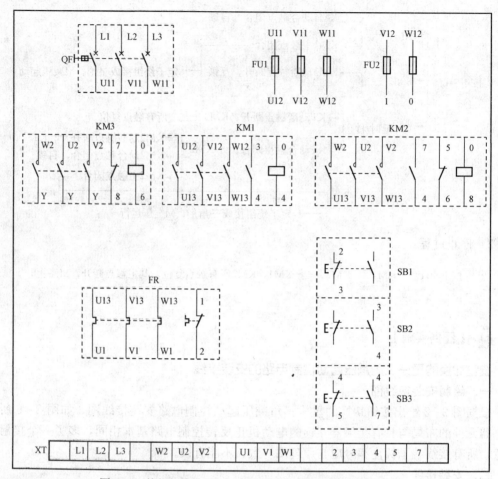

图 2-6　按钮切换的星—三角减压起动控制电路安装接线图

和 KM3 线圈电阻的并联值。同时按下 SB2 和 SB3 或者同时压下 KM1 和 KM2 的衔铁，万用表读数应为 KM1 和 KM2 线圈电阻的并联值。

对主电路检查时，电源线 L1、L2、L3 先不要通电，合上 QF，用手压下接触器 KM1 的衔铁来代替接触器得电吸合时的情况进行检查，用万用表依次测量从电源端到电动机出线端子上的每一相电路的电阻值，检查是否存在开路现象。

（2）通电调试。通电试车，操作相应按钮，观察电器动作情况。

L1、L2、L3 三端接上电源，合上电源开关 QF，引入三相电源，按下按钮 SB2，接触器 KM1 和 KM3 线圈得电吸合，电动机减压起动，再按下按钮 SB3，KM3 线圈断电释放，KM2 线圈得电吸合，电动机全压运行；按下停止按钮 SB1，KM1 和 KM2 线圈断电释放，电动机停止。

操作过程中，如果出现不正常现象，应立即断开电源，分析故障原因，利用万用表仔细检查所接电路，然后在指导老师认可的情况下才能再通电调试。

 【技能训练与考核】

按钮切换的星—三角减压起动控制电路的安装接线

一、考核任务

（1）在规定时间内完成按钮切换的星—三角减压起动控制电路的安装接线，且通电试验成功。

（2）安装工艺达到基本要求，线头长短适当、接触良好。

（3）遵守安全规程，做到文明生产。

二、考核要求及评分标准

1. 电路检查（40 分，每错一处扣 10 分，扣完为止）

（1）主电路测试。电源线 L1、L2、L3 先不通电，合上电源开关 QF，压下接触器 KM1 衔铁，使 KM1 的主触点闭合，测试从电源端（L1 或 L2 或 L3）到出线端子（U1 或 V1 或 W1）的每一相线路的电阻，将电阻值填入表 2-1 中。

表 2-1　　　　　　　按钮切换的星—三角减压起动控制电路的不通电测试记录

主电路			控制电路两端（V12-W12）			
L1 相	L2 相	L3 相	按下 SB2	同时按下 SB2、SB3	压下 KM1 衔铁	同时压下 KM1、KM2 衔铁

（2）控制电路检查。

1）按下 SB2 按钮，测试控制电路两端的电阻，将电阻值填入表 2-1 中。

2）同时按下 SB2、SB3 按钮，测试控制电路两端的电阻，将电阻值填入表 2-1 中。

3）压下接触器 KM1 衔铁，测试控制电路两端的电阻，将电阻值填入表 2-1 中。

4）同时压下接触器 KM1、KM2 衔铁，测试控制电路两端的电阻，将电阻值填入表 2-1 中。

2. 通电试验（60 分）

在使用万用表检测后，L1、L2、L3 三端接上电源，合上 QF，接入电源通电试车。通电调试考核表见表 2-2。

表 2-2　　　　　　　按钮切换的星—三角减压起动控制电路的通电调试考核表

序号	配分	得分	故障原因
一次通电成功	60 分		
二次通电成功	（40～50）分		
三次及以上通电成功	30 分		
不成功	10 分		

 【知识拓展】

定子回路串电阻的减压起动控制电路

电动机在起动时在三相定子回路中串接电阻，使电动机定子绕组的电压降低，待起动结束后将电阻短接，电动机在额定电压下正常运行。这种起动方式不受电动机接线形式的影响，设备简单，因而在中小型生产机械设备的电动机起动中应用较广。

但起动电阻一般采用板式电阻或铸铁电阻，电阻功率大，能量损耗较大；如果起动频繁，则电阻的温度很高。故目前这种减压起动的方法在生产实际中的应用正在逐渐减少。

定子回路串电阻减压起动控制电路原理如图 2-7 所示。

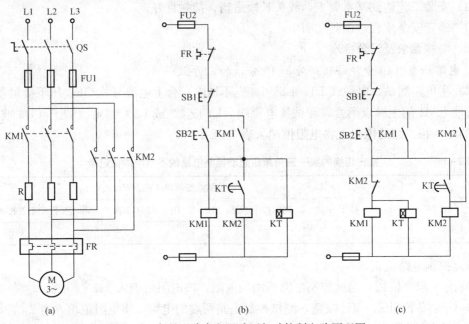

图 2-7　定子回路串电阻减压起动控制电路原理图

(a) 主电路；(b) 控制电路一；(c) 控制电路二

1. 主电路识读

合上 QS，当 KM1 主触点闭合时，电动机 M 串电阻减压起动；当 KM2 主触点闭合时，电动机 M 全压运行。

2. 控制电路识读

(1) 图 2-7 (b) 控制电路一识读如下：

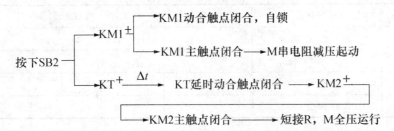

按下 SB1，KM1、KM2、KT 线圈断电，KM1、KM2 主触点断开，电动机 M 停止

图 2-7 (b) 中，电动机全压运行时，接触器 KM1、KM2、KT 线圈都处于长时间通电状态。其实电动机全压运行时，KM1 和 KT 线圈的通电就是多余的。此时 KM1 和 KT 线圈通电不仅消耗电能，同时也会缩短电器的使用寿命以及增加故障发生的机会。图 2-7 (b) 电路解决了这个问题。当 KM2 线圈得电自锁后，其动断触点将断开，使 KM1、KT 线圈断电。

(2) 图 2-7 (c) 控制电路二识读如下：

按下 SB1，KM2 线圈断电，KM2 主触点、辅助触点断开，电动机 M 停止。

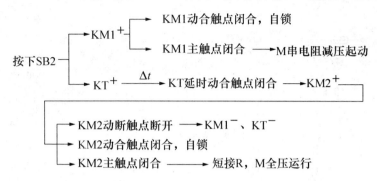

思考与练习

1. 选择题

(1) 通电延时型时间继电器延时动合触点的动作特点是（　　）。

A. 线圈得电后，触点延时断开

B. 线圈得电后，触点延时闭合

C. 线圈得电后，触点立即断开

D. 线圈得电后，触点立即闭合

(2) 空气阻尼式时间继电器断电延时型与通电延时型的结构相同，只是将（　　）翻转180°安装，通电延时型即变为断电延时型。

A. 触点系统　　　　　　　　　　B. 线圈

C. 电磁机构　　　　　　　　　　D. 衔铁

(3) 当三相异步电动机采用星—三角减压起动时，每相定子绕组承受的电压是三角形接法全压起动的（　　）倍。

A. 2　　　　　　　　　　　　　B. 3

C. $1/\sqrt{3}$　　　　　　　　　　　D. 1/3

2. 判断题

(1) 星—三角减压起动适合于各种三相异步电动机的起动。（　　）

(2) 要想使三相异步电动机能采用星—三角减压起动，电动机在正常运行时定子绕组必须是三角形接法。（　　）

(3) 定子绕组是三角形接法的电动机应选用带断相保护装置的三相结构热继电器。（　　）

(4) 三相异步电动机定子绕组接法由电源线电压和每相定子绕组额定电压的关系决定。（　　）

3. 简答题

分析图 2 - 8 所示电路的工作原理。

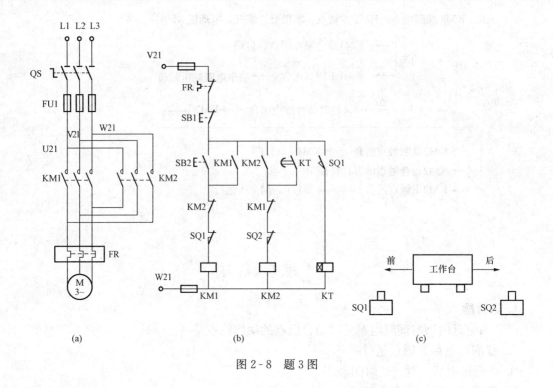

图 2-8　题 3 图

任务二　自耦变压器减压起动控制电路的分析

🔍【任务导入】

　　三相异步电动机自耦变压器减压起动时将自耦变压器一次侧接于电网上，电动机定子绕组接在自耦变压器二次侧上，定子绕组上得到自耦变压器的二次电压，起动完毕后切除自耦变压器，额定电压直接加于定子绕组，使电动机进入全压正常运转。本任务要求识读图 2-9 所示电路的工作原理。

📋【任务目标】

　　（1）学会识别和使用电压继电器、电流继电器和中间继电器。
　　（2）能识读自耦变压器减压起动控制电路原理图，明确电路中所用电器元件的作用。

📖【相关知识】

　　继电器是一种根据电量（电流、电压）或非电量（时间、速度、温度、压力等）的变化自动接通和断开控制电路，以完成控制或保护任务的电器。虽然继电器和接触器都是用来自动接通或断开电路，但是它们仍有很多不同之处。继电器可以对各种电量或非电量的变化作出反应，而接触器只有在一定的电压信号下动作；继电器用于切换小电流的控制电路，而接触器则来控制大电流电路，因此，继电器触点容量较小（不大于 5A），

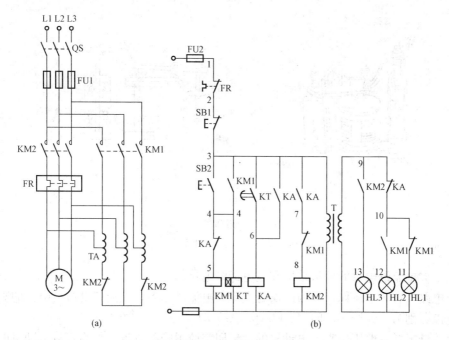

图 2-9   自耦变压器减压起动控制电路原理图
（a）主电路；（b）控制电路

且无灭弧装置。

继电器用途广泛，种类繁多，其中电磁式继电器应用最广泛。电磁式继电器按输入信号不同划分，有电压继电器、电流继电器和中间继电器；按线圈电流种类不同划分，有交流继电器和直流继电器。电磁式继电器反映的是电信号，当线圈反映电压信号时，为电压继电器；当线圈反映电流信号时，为电流继电器。

一、电流继电器

根据线圈中电流的大小通断电路的继电器称为电流继电器。电流继电器的线圈串接在被测电路中，以反映电流的变化；其触点接在控制电路中，用于控制接触器线圈或信号指示灯的通断。由于其线圈串接在被测电路中，所以线圈阻抗应比被测电路的等值阻抗小得多，以免影响被测电路的正常工作，因此，电流继电器的线圈匝数少、导线粗。电流继电器按用途可分为过电流继电器和欠电流继电器。

1. 过电流继电器

过电流继电器正常工作时，线圈流过负载电流，即便是流过额定电流，衔铁处于释放状态、不吸合；只有当线圈电流超过某一整定值时，衔铁才吸合，带动触点动作，其动断触点断开，分断负载电路，起过电流保护作用。通常过电流继电器的吸合电流为（1.1～3.5）I_N。JT4 系列过电流继电器的外形结构和工作原理示意图如图 2-10 所示。

2. 欠电流继电器

欠电流继电器正常工作时，线圈流过负载额定电流，衔铁吸合动作；当电流低于某一整定值时，衔铁释放，于是动合触点、动断触点复位。欠电流继电器在电路中起欠电流保护作用，通常将欠电流继电器的动合触点串接于电路中，当欠电流时，动合触点复位断开电路起

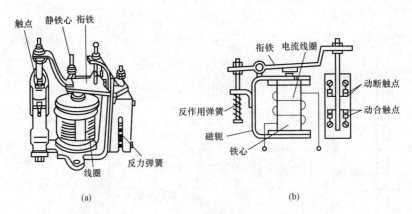

图 2-10　JT4 系列过电流继电器

(a) 外形结构；(b) 工作原理示意

保护作用。欠电流继电器的外形结构和过电流继电器相似。

交流电路没有欠电流保护，因此没有交流欠电流继电器。直流欠电流继电器的吸合电流与释放电流分别为 $(0.3\sim0.65)\ I_N$ 和 $(0.1\sim0.2)\ I_N$。

欠电流继电器一般用于直流电动机的励磁回路监视励磁电流，作为直流电动机的弱磁超速保护或励磁电路与其他电路之间的联锁保护。

电流继电器的图形符号如图 2-11 所示。

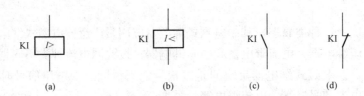

图 2-11　电流继电器的图形符号

(a) 过电流继电器线圈；(b) 欠电流继电器线圈；(c) 动合触头；(d) 动断触头

二、电压继电器

根据线圈两端电压的大小通断电路的继电器称为电压继电器。由于电压继电器的线圈与被测电路并联，反映电路电压大小，所以线圈匝数多、导线细、阻抗大。电压继电器按吸合电压相对额定电压大小可分为过电压继电器和欠电压继电器。

1. 过电压继电器

过电压继电器在电路中用于过电压保护。当过电压继电器线圈为额定电压时，衔铁不吸合，当线圈电压高于其额定电压值时，衔铁才吸合动作，吸合电压为 $(1.05\sim1.2)\ U_N$。

2. 欠电压继电器

欠电压继电器在电路中用于欠电压保护。当欠电压继电器线圈低于其额定电压时，衔铁就吸合，而当线圈电压很低时衔铁才释放。一般直流欠电压继电器吸合电压为 $(0.3\sim0.5)\ U_N$，释放电压为 $(0.07\sim0.2)\ U_N$。交流欠电压继电器的吸合电压与释放电压分别为 $(0.6\sim0.85)\ U_N$ 和 $(0.1\sim0.35)\ U_N$。

电压继电器的图形符号如图 2-12 所示。

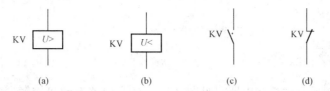

图 2-12 电压继电器的图形符号

（a）过电压继电器线圈；（b）欠电压继电器线圈；（c）动合触点；（d）动断触点

三、中间继电器

中间继电器在结构上是一个电压继电器，是用来转换控制信号的中间元件，触点数量较多。当其线圈通电或断电时，有较多的触点动作，所以可以用来增加控制电路中信号的数量。它的触点的额定电流比线圈的大，所以又可用来放大信号。

图 2-13 所示为 JZ7 系列中间继电器的结构与图形符号。它与小型的接触器相似，触点共有 8 对，无主辅之分，可以组成 4 对动合触点或 4 对动断触点、6 对动合触点 2 对动断触点或 8 对动合触点等形式，多用于交流控制电路。

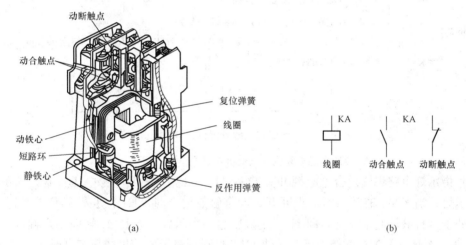

图 2-13 JZ7 系列中间继电器的结构与图形符号

（a）结构示意图；（b）图形符号

中间继电器常用型号有 JZ7 和 JZ14 等系列。表 2-3 所示为 JZ7 系列中间继电器的技术参数。

表 2-3 JZ7 系列中间继电器的技术参数

型号	触点额定电压（V）		触点额定电流（A）	触点数量		额定操作频率（次/h）	吸引线圈电压（V）	吸引线圈消耗功率（VA）	
	直流	交流		动合	动断			起动	吸持
JZ7-44	440	500	5	4	4	1200	12、34、36、48、110、127、220、380、440、500	75	12
JZ7-62	440	500	5	6	2	1200		75	12
JZ7-80	440	500	5	8	0	1200		75	12

【任务实施】

电路分析

1. 识读电路

自耦变压器减压起动控制电路（见图 2-9）的主电路有两只接触器 KM1、KM2，其中 KM1 是减压起动接触器，KM2 是全压运行接触器。主电路中的三相自耦变压器利用 KM2 辅助动断触点接成星形连接，自耦变压器星形连接的电流是自耦变压器一、二次侧电流之差。控制电路中，利用时间继电器实现减压起动与全压运行的切换，KA 是中间继电器。

2. 识读电路工作过程

（1）主电路识读。合上 QS，当 KM1 主触点闭合时，电动机 M 取用自耦变压器二次电压减压起动；当 KM2 主触点闭合时，电动机 M 直接接入电网全压运行。

（2）控制电路识读：

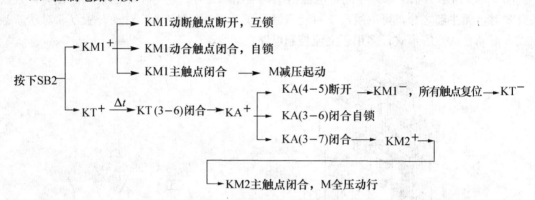

按下 SB1→KM2$^-$、KA$^-$→所有触点复位→电动机断电停止

（3）指示灯电路识读。合上电源开关 QS，HL1 灯亮，表明电源电压正常，即 HL1 是电源指示灯；当 KM1 辅助动断触点断开、动合触点闭合时，HL1 灯灭，HL2 灯亮，显示电动机处于进行减压起动状态，即 HL2 是减压起动指示灯；当 KM2 辅助动合触点闭合时，HL3 灯亮，而此时 KA 动断触点断开，使 HL2 灯灭，显示电动机减压起动结束，进入正常运转状态，即 HL3 是全压运行指示灯。

自耦变压器减压起动适用于起动较大容量的正常工作时绕组接成星形或三角形的电动机，起动转矩可以通过改变抽头的位置得到改变。它的缺点是自耦变压器价格较贵，而且不允许频繁起动。

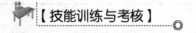

【技能训练与考核】

自耦变压器减压起动控制电路分析

一、考核任务

识读如图 2-14 所示的自耦变压器减压起动控制电路的原理图，口述或用流程法写出该电路的工作过程。

二、考核要求及评分标准

考核要求及评分标准见表 2-4。

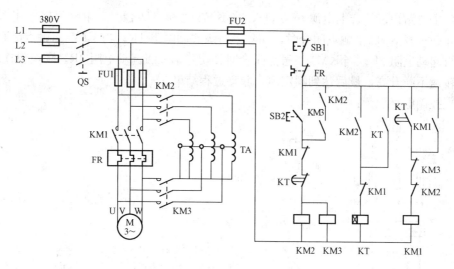

图 2-14 三只接触器控制的自耦变压器减压起动控制电路原理图

表 2-4 自耦变压器减压起动控制电路的识读

序号	项目		配分	评 分 标 准	得分	备注
1	主电路识读		20	主电路功能分析正确，每错误一项扣 5 分		
2	控制电路	减压起动	35	减压起动分析正确，每错误一项扣 5 分		
		全压运行	35	全压运行分析正确，每错误一项 5 分		
		停止	10	停止过程分析正确，每错误一项扣 5 分		
合计总分						

【知识拓展】

三相绕线转子异步电动机转子串电阻起动控制电路

在实际生产中要求起动转矩较大且调速平滑的场合，如起重运输机械，常常采用三相绕线转子异步电动机。绕线转子异步电动机一般采用转子串电阻或转子串频敏变阻器起动，达到减小起动电流，增大起动转矩以及平滑调速的目的。

绕线转子异步电动机采用转子串电阻起动时，在转子回路串入作星形连接的三相起动电阻，起动时将起动电阻值调到最大位置，以减小起动电流，并获得较大的起动转矩；随着电动机转速的升高，逐渐减小起动电阻值（或逐段切除）；起动结束后将起动电阻全部切除，电动机在额定状态下运行。

图 2-15 所示为按时间原则控制的绕线转子异步电动机转子串电阻起动电路原理图。起动前，起动电阻全部接入电路，随着起动过程的结束，利用时间继电器将起动电阻逐段短接。转子电路三段起动电阻的短接是依靠 KT1、KT2、KT3 三只时间继电器和 KM2、KM3、KM4 三只接触器的相互配合来完成的。电路中只有 KM1、KM4 处于长期通电状态，而 KT1、KT2、KT3、KM2、KM3 的五只线圈的通电时间均被压缩到最低限度。这样，节省了电能，更重要的是延长了它们的使用寿命。

电路工作过程识读如下：

（1）主电路识读。合上电源开关 QS，当 KM1 主触点闭合时，电动机转子串入全部电阻进行起动；当 KM2 主触点闭合时，切除第一级起动电阻 1R；当 KM3 主触点闭合时，切除第二级起动电阻 2R；当 KM4 主触点闭合时，切除第三级起动电阻 3R。随电阻逐级切除，电动机转速不断升高，最后达到额定值，起动过程结束。

（2）控制电路识读：

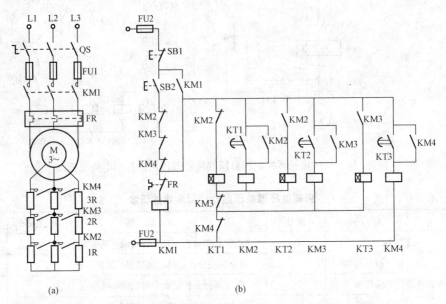

(a)　　　　　　　　　　　　　　　　(b)

图 2-15　时间原则控制的转子串电阻起动控制电路原理图

（a）主电路；（b）控制电路

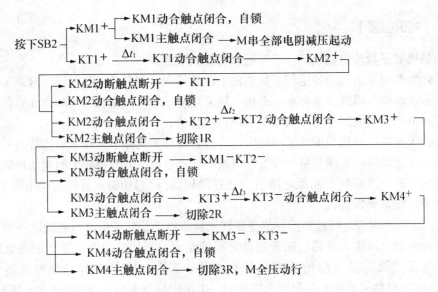

按下 SB1→KM1⁻、KM4⁻→所有触点复位→电动机断电停止

思考与练习

1. 选择题

（1）自耦变压器减压起动适用于定子绕组是（　　）接法的异步电动机。

A. 只能星形　　　　B. 只能三角形　　　C. 星形或三角形均可　D. 视电源电压而定

（2）电压继电器的线圈与电流继电器的线圈相比，具有的特点是（　　）。

A. 电压继电器的线圈与被测电路串联

B. 电压继电器的线圈匝数多、导线细、电阻大

C. 电压继电器的线圈匝数少、导线粗、电阻小

D. 电压继电器的线圈匝数少、导线粗、电阻大

2. 判断题

（1）欠电流继电器在电路正常情况下衔铁处于吸合状态，只有当电流低于规定值衔铁才释放。（　　）

（2）中间继电器本质上是一个电压继电器。（　　）

（3）自耦变压器减压起动的方法适用于电动机频繁起动的场合。（　　）

（4）三相异步电动机采用自耦变压器以80％抽头减压起动时，起动转矩是全压起动的80％。（　　）

项目三　三相异步电动机制动与调速控制电路的分析

由于机械惯性，三相异步电动机从断开电源到完全停止旋转总需要经过一段时间，这就要求对电动机能实现强迫立即停车，即电动机的制动控制。制动停车的方法有机械制动和电气制动。机械制动是指切断电源后，利用机械装置使电动机迅速停转的方法。应用较普遍的机械制动装置有电磁抱闸和电磁离合器两种。电气制动是指在电动机上产生一个与原转子转动方向相反的制动转矩，迫使电动机迅速停车。常用的电气制动方法有能耗制动和反接制动。

在一些机床中，根据加工工件材料、刀具种类、工件尺寸、工艺要求等会选择不同的加工速度，这就要求三相异步电动机的转速可以调节。三相异步电动机的调速方法有机械调速和电气调速。

本项目主要介绍三相异步电动机制动与调速的方法和特点，同时对单向反接制动控制电路、能耗制动控制电路和变极调速控制电路进行电路原理的分析。

任务一　三相异步电动机反接制动控制电路的分析

 【任务导入】

当电动机断开三相交流电源后，因机械惯性不能迅速停止，此时如果立即在电动机定子绕组中接入反相序交流电源，使其产生的转矩方向与电动机的转动方向相反，从而使电动机受到制动迅速停转。这就是反接制动。图3-1所示的三相异步电动机单向反接制动控制电路原理图。

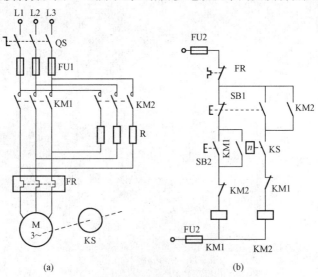

图3-1　三相异步电动机单向反接制动控制电路原理图

(a) 主电路；(b) 控制电路

本任务要求识读三相异步电动机反接制动控制电路图，分析电路工作过程。

【任务目标】

（1）会识别和使用速度继电器。
（2）会分析三相异步电动机反接制动控制电路工作原理。

【相关知识】

速度继电器

识读图 3-1 所示电路的工作原理，首先要认识图中的速度继电器 KS。速度继电器是根据电磁感应原理制成的，其结构主要由转子、定子和触点三部分组成，如图 3-2 所示。

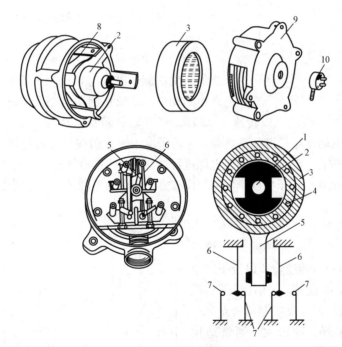

图 3-2　速度继电器结构示意图

1—转轴；2—转子（永久磁铁）；3—定子；4—定子绕组；
5—胶木摆杆；6—簧片；7—触点；8—可动支架；9—端盖；10—连接头

速度继电器的转子是一块圆柱形永久磁铁，它与电动机同轴相连，用以接收转动信号。定子固定在可动支架上，是一个笼型空心圆环，由硅钢片叠成，并装有笼型绕组，定子是套在转子上的，定子上还装有胶木摆杆。触点系统有两组复合触点，每组一个簧片（动触点）和两个静触点。当电动机运转时，转子（磁铁）随着一起转动，相当于一个旋转磁场，定子绕组因切割磁场产生感应电流，此电流又受到磁场力作用，使定子也和转子同方向转动，于是胶木摆杆也转动，推动簧片离开内侧静触点（动断触点分断）而与外侧静触点接触（动合触点闭合）。外侧静触点作为挡块，限制了摆杆继续转动，因此，定子和摆杆只能转动一定角度。由于簧片具有一定的弹力，所以只有当电动机转速大于一定值时，摆杆才能推动簧片；当转速小于一定值时，定子产生的转矩减小，簧片（触点）复位。当调节簧片弹力时，可使速度继电器在不同转速时切换触点改变通断状态。

速度继电器的动作转速一般不低于 140r/min，复位转速约在 100 r/min 以下，该数值可以调整；工作时，允许的转速高达 1000～3600 r/min。由速度继电器的正转和反转切换触点的动作，来反映电动机转向和速度的变化。常用的速度继电器型号有 JY1、JFZ0。它们都有两对动合触点和两对动断触点，触点额定电压为 380V，额定电流为 2A。

速度继电器主要根据电动机的额定转速和控制要求来选择。速度继电器的图形符号如图 3-3 所示，文字符号为 KS。

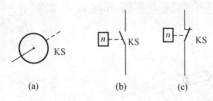

图 3-3　速度继电器的图形符号

(a) 转子；(b) 动合触点；(c) 动断触点

【任务实施】

一、反接制动的原理和实现要求

1. 反接制动的制动原理

反接制动是利用改变电动机电源的相序，使定子绕组产生的旋转磁场与转子惯性旋转方向相反，因而产生制动作用。反接制动电路及原理示意图如图 3-4 所示。当合上 QS 时，电动机以转速 n_2 旋转。当电动机需要停转时，可先拉开正转接法的电源开关 QS，使电动机与三相电源脱离，而转子由于惯性仍按原方向旋转；随后将开关 QS 迅速投向反接制动位置，使 U、V 两相电源进行对调，产生的旋转磁场 ϕ 方向与原来的方向正好相反，因此，在电动机转子中就产生了与原来方向相反的电磁转矩，即制动转矩，使电动机受制动而停止转动。

2. 反接制动的要求

反接制动时，转子与旋转磁场的相对速度接近于 2 倍的同步转速，所以定子绕组中流过的反接制动电流相当于全电压直接起动时电流的 2 倍，因此反接制动特点之一是制动迅速、效果好、冲击大，通常适用于 10kW 以下的小容量电动机。为了减少冲击电流，通常要求串接一定的电阻以限制反接制动电流，这个电阻称为反接制动限流电阻。

反接制动电阻的接线方法有对称电阻接法和不对称电阻接法两种。显然采用对称电阻接法可以在限制制动转矩的同时，也限制了制动电流；而采用不对称电阻接法，只限制了制动转矩，未加制动电阻的那一相仍具有较大的电流，因此一般采用对称电阻接法。

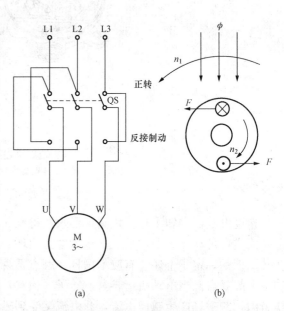

图 3-4　反接制动电路及原理示意图

(a) 电路图；(b) 原理示意图

反接制动的另一个要求是，在电动机转矩速度接近于零时要及时切断反相序的电源，以防止电动机反向起动。采用速度继电器检测电动机的速度变化。

因此，反接制动的特点是制动迅速、效果好，但制动过程中冲击强烈，易损坏传动部件，制动准确性差，制动过程中能量损耗大，不宜经常制动。反接制动一般适用于要求制动迅速、小容量电动机不频繁制动的场合。

二、单向反接制动控制电路的分析

1. 识读电路

图 3-1 中，主电路由两部分构成，其中电源开关 QS、熔断器 FU1、接触器 KM1 的三对主触点、热继电器 FR 的热元件和电动机组成单向直接起动电路，而接触器 KM2 的三对主触点、制动电阻 R 和速度继电器 KS 组成反接制动电路，接触器 KM2 的三对主触点引入反相序交流电源，制动电阻 R 起到限制制动电流的作用，速度继电器 KS 的转子与电动机的轴相连接，用来检测电动机的转速。

控制电路中，用两只接触器 KM1 和 KM2 分别控制电动机的起动运行与制动。SB1 为停止按钮，SB2 为起动按钮，KM1 与 KM2 线圈回路互串了对方的动断触点，起电气互锁作用，避免 KM1 和 KM2 线圈同时得电而造成主电路中电源短路事故。

2. 识读电路工作过程

（1）主电路分析。QS 合上，当 KM1 主触点闭合时，M 直接起动运行；当 KM2 主触点闭合时，M 串电阻反接制动。

（2）控制电路分析。

1）起动过程：

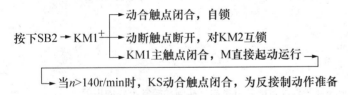

2）反接制动过程：

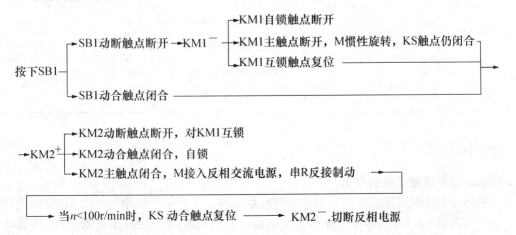

【技能考核】

按时间原则控制三相异步电动机单向反接制动控制电路的识读

一、任务考核

分析如图 3-5 所示的按时间原则控制三相异步电动机单向反接制动控制电路的工作原理。

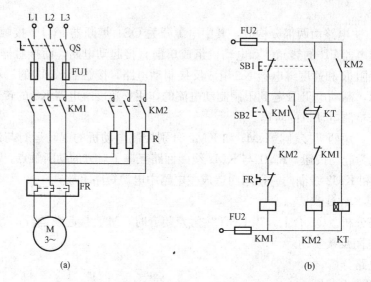

图 3-5　按时间原则控制三相异步电动机单向反接制动控制电路原理图
(a) 主电路；(b) 控制电路

二、考核要求及评分标准

考核要求及评分标准见表 3-1。

表 3-1　　　　按时间原则控制三相异步电动机单向反接制动控制电路的识读

序号	项　目		配分	评　分　标　准	得分	备注
1	主电路识读		20	主电路功能分析正确，每错误一项扣 5 分		
2	控制电路	起动过程	40	起动过程分析正确，每错误一项扣 5 分		
		反接制动过程	40	反接制动过程分析正确，每错误一项扣 5 分		
合计总分						

【知识拓展】

可逆运行反接制动控制电路

三相异步电动机可逆运行反接制动控制电路如图 3-6 所示。图中 KM1、KM2 为电动机正、反转接触器，KM3 为短接制动电阻接触器，KA1～KA4 为中间继电器，KS 为速度继电器，其中 KS-1 为正转闭合触点，KS-2 为反转闭合触点。电阻 R 在起动时作为减压起动用的定子串电阻，停车时又作为反接制动限流电阻。

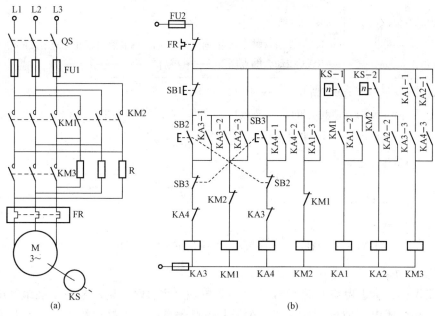

图 3-6　可逆运行反接制动控制电路原理图

（a）主电路；（b）控制电路

1. 识读正向运行反接制动工作过程

（1）主电路识读。合上电源开关 QS，当 KM1 主触点闭合时，电动机定子绕组经电阻 R 接通正相序三相交流电源减压起动；当 KM3 主触点闭合时，短接电阻 R，电动机正向全压运行。

（2）控制电路识读。

1）正向起动过程：

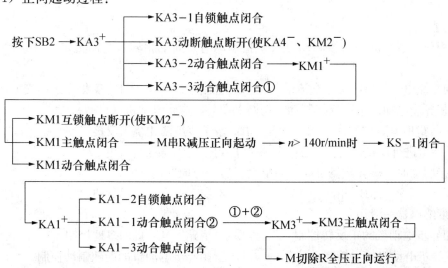

2）反接制动过程：

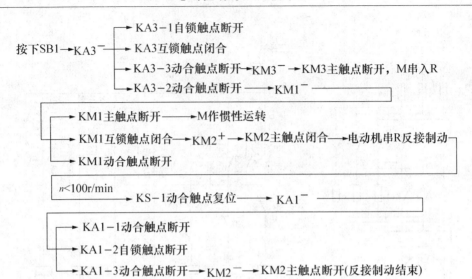

2. 识读反向运行反接制动工作过程

主电路识读：合上电源开关 QS，当 KM2 主触点闭合时，电动机定子绕组经电阻 R 接通反相序三相交流电源减压起动；当 KM3 主触点闭合时，短接电阻 R，电动机反向全压运行。

控制电路识读由读者自行写出。

电动机反向起动和反接制动停车控制电路工作情况与上述相似，不同的是速度继电器起作用的是反向触点 KS-2，中间继电器 KA2、KA4 替代了 KA1、KA3，其余情况相同，在此不再复述。电动机转速从零上升到速度继电器 KS 动合触点闭合这一区间是定子串电阻减压起动。

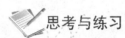 思考与练习

1. 选择题

(1) 三相异步电动机的反接制动方法是指制动时，向三相异步电动机定子绕组中通入（　　）。

A. 单相交流电　　　　B. 三相交流电　　　　C. 直流电　　　　　D. 反相序三相交流电

(2) 三相异步电动机采用反接制动，切断电源后，应将电动机（　　）。

A. 转子回路串电阻　　　　　　　　B. 定子绕组两相绕组反接

C. 转子绕组进行反接　　　　　　　D. 定子绕组送入直流电

(3) 反接制动时，旋转磁场反向，与电动机转动方向（　　）。

A. 相反　　　　　　B. 相同　　　　　　C. 不变　　　　　　D. 不确定

(4) 速度继电器一般用于（　　）。

A. 三相异步电动机的正反转控制　　　B. 三相异步电动机的多地控制

C. 三相异步电动机的反接制动控制　　D. 三相异步电动机的能耗制动控制

2. 判断题

(1) 速度继电器的触点状态决定于其线圈是否得电。（　　）

(2) 电动机采用制动措施的目的是为了停车平稳。（　　）

（3）在反接制动的控制电路中，必须以时间为变化参量进行控制。（　　）

（4）反接制动时，由于制动电流较大，对电动机产生的冲击比较大，因此应在定子回路中串入限流电阻，而且仅适用于小功率异步电动机的制动。（　　）

3. 简答题

（1）在三相异步电动机单向反接接制动控制电路中，若速度继电器触点接错，动合触点错接成动断触点将发生什么现象？为什么？

（2）如何采用时间原则实现电动机单向反接制动控制电路？画出其电气原理图。

（3）简述三相异步电动机反接制动定义、特点和适用场合。

任务二　三相异步电动机能耗制动控制电路的分析

【任务导入】

当电动机断开三相交流电源后，因惯性不能迅速停止，此时如果立即在电动机定子绕组中接入直流电源，使其产生的转矩方向与电动机的转动方向相反，从而使电动机受到制动迅速停转。

本任务要求分析三相异步电动机能耗制动控制电路的工作原理。

【任务目标】

（1）会分析三相异步电动机能耗制动控制电路的工作原理。

（2）会分析电磁抱闸制动电路的工作原理。

【相关知识】

一、能耗制动的制动原理

所谓能耗制动，就是在电动机脱离三相交流电源后，在电动机定子绕组上立即加一个直流电压，利用转子感应电流与静止磁场的作用产生制动转矩，以达到制动目的的制动方法。

图 3-7 所示为能耗制动原理示意图。制动时，先断开电源开关 QS，切断电动机的交流电源，转子因惯性继续转动。随后立即合上开关 SA，电动机的定子绕组接入一直流电源，绕组中流过直流电流，使定子中产生一个恒定的静止磁场，这样将使做惯性转动的转子切割静止磁场的磁力线而在转子绕组中产生感应电流。根据右手定则可判断出感应电流方向上面为⊗，下面为⊙。这样的电流一旦产生，立即又受到静止磁场的作用而产生电磁转矩。根据左手定则，可判断其方向正好与电动机的旋转方向相反，因此是一个制动转矩，能使电动机迅速停止转动。由于这一制动方法实质上是将转子机械能转变成电流，又消耗在转子的制动上，因此称为能耗制动。

二、能耗制动所需的直流电压

对三相异步电动机，增大制动转矩只能靠增大通入电动机的直流电流来实现，而通入电动机的直流电流如果太大，将会烧坏定子绕组。因此能耗制动时所需的直流电压和直流电流的经验计算公式，为

$$I_{DC} = (3 \sim 5)I_0$$

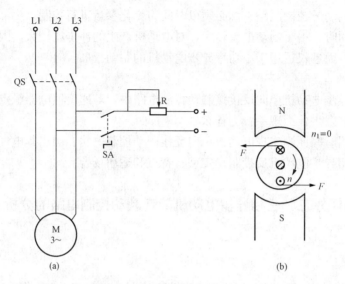

图 3-7　能耗制动电路及原理示意图

(a) 主电路；(b) 原理示意图

或

$$I_{DC} = 1.5I_N$$

$$I_0 = (0.3 \sim 0.4)I_N$$

式中　I_{DC}——能耗制动时所需的直流电流，A；

　　　I_N——电动机的额定电流，A；

　　　I_0——电动机空载时的线电流，A。

三、直流电压的切除方法

当转速降至零时，转子导体与磁场之间无相对运动，感应电流消失，制动转矩变为零，电动机停转，制动结束需要将直流电源切除。直流电源切除方法，有采用时间继电器控制与采用速度继电器控制两种。

按时间原则控制的能耗制动，一般适用于负载转矩和负载转速较为稳定的电动机，这样使时间继电器的调整值比较固定；而按速度原则控制的能耗制动，则适用于那些能通过传动系统来实现负载速度变换的生产机械。

能耗制动的特点是制动平稳，但需附加直流电源装置，设备费用较高，制动力较小，特别是到低速阶段时，制动力矩更小。能耗制动一般只适用于制动要求平稳准确的场合，如磨床、立式铣床等设备的控制电路中。

【任务实施】

一、单相全波整流能耗制动控制电路识读

1. 识读电路

单相全波整流能耗制动控制电路如图 3-8 所示。主电路由两部分构成。其中，电源开关 QS、熔断器 FU1、接触器 KM1 的三对主触点、热继电器 FR 的热元件和电动机组成单向

直接起动电路；接触器 KM2 的三对主触点、控制变压器 TC、单相整流桥 VC 和限流电阻 R 组成能耗制动电路，接触器 KM2 的两对主触点引入直流电源，单相整流桥提供直流电压，控制变压器 TC 的二次侧交流电压经整流桥，变成适当的直流电供能耗制动使用。

因此，电路中采用 KM1 和 KM2 两只接触器。当 KM1 主触点接通时，电动机 M 接通三相电源起动运行；当 KM2 主触点接通时，电动机 M 接通直流电实现能耗制动。

控制电路中，利用 KM1 和 KM2 的动断触点互串在对方线圈支路中，起到电气互锁的作用，以避免两个接触器同时得电造成主电路电源短路。时间继电器 KT 控制 KM2 线圈通电的时间，从而控制电动机通入直流电进行能耗制动的时间。

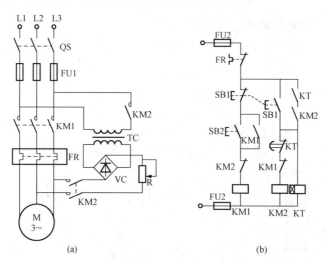

图 3-8　单相桥式整流单向能耗制动控制电路原理图
(a) 主电路；(b) 控制电路

2. 识读电路工作过程

（1）主电路识读。合上 QS，当 KM1 主触点闭合时，M 直接起动运行；当 KM2 主触点闭合时，M 能耗制动。

（2）控制电路识读。

1）单向起动过程：

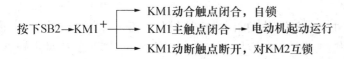

按下 SB2→KM1⁺
- KM1 动合触点闭合，自锁
- KM1 主触点闭合 → 电动机起动运行
- KM1 动断触点断开，对 KM2 互锁

2）能耗制动过程：

图 3-8 中 KT 的瞬动动合触点与 KM2 自锁触点串接，其作用是：当发生 KT 线圈断线或机械卡住故障，致使 KT 动断通电延时断开触点断不开，动合瞬动触点也合不上时，只要按下停止按钮 SB1，就成为点动能耗制动。若无 KT 动合瞬动触点串接 KM2 动合触点，在发生上述故障时，按下停止按钮 SB1 后，将使 KM2 线圈长期通电吸合，使电动机两相定子绕组长期接入直流电源。

所以，在 KT 发生故障后，该电路还具有手动控制能耗制动的能力，即只要使停止按钮处于按下的状态，电动机就能实现能耗制动。

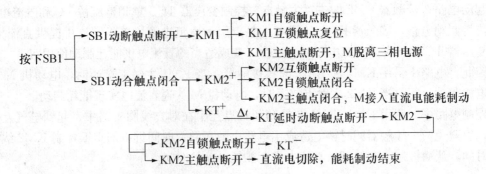

二、单相半波整流能耗制动控制电路分析

对于 10kW 以下电动机，在制动要求不高时，可采用无变压器单相整流能耗制动控制电路，如图 3-9 所示。

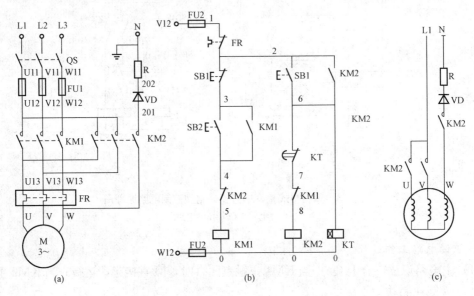

图 3-9 单相半波整流能耗制动控制电路的原理图
(a) 主电路；(b) 控制电路；(c) 能耗制动直流通路

1. 识读电路

主电路由两部分构成。其中，电源开关 QS、熔断器 FU1、接触器 KM1 的三对主触点、热继电器 FR 的热元件和电动机组成单向直接起动电路；而接触器 KM2 的三对主触点、二极管 VD 和限流电阻 R 组成能耗制动电路。该电路整流电源电压为 220V，由 KM2 主触点接至电动机定子绕组，经整流二极管 VD 接至电源中性线 N 构成闭合电路。

与图 3-8 相同，电路中采用 KM1 和 KM2 两只接触器。当 KM1 主触点接通时，电动机 M 接通三相电源起动运行；当 KM2 主触点接通时，电动机 M 接通直流电实现单管能耗制动。

控制电路中，利用 KM1 和 KM2 的动断触点互串在对方线圈支路中，起到电气互锁的作用，以避免两个接触器同时得电造成主电路电源短路。时间继电器 KT 控制 KM2 线圈通电的时间，从而控制电动机通入直流电进行能耗制动的时间。

2. 识读电路工作过程

电路工作过程与图 3-8 所示电路相同，不再重复，读者可自行分析。

【技能考核】

按速度原则控制的三相异步电动机能耗制动控制电路的识读

一、任务考核

分析图 3-10 所示按速度原则控制的三相异步电动机能耗制动控制电路的工作原理。

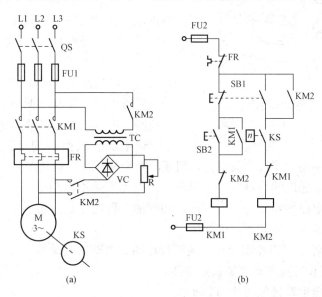

图 3-10　按速度原则控制的三相异步电动机能耗制动控制电路

(a) 主电路；(b) 控制电路

二、考核要求及评分标准

考核要求及评分标准见表 3-2。

表 3-2　　　　　　按速度原则控制三相异步电动机能耗制动控制电路的识读

序号	项　目		配分	评　分　标　准	得分	备注
1	主电路识读		20	主电路功能分析正确，每错误一项扣 5 分		
2	控制电路	起动过程	40	起动过程分析正确，每错误一项扣 5 分		
		能耗制动过程	40	能耗制动过程分析正确，每错误一项 5 分		
合计总分						

【知识拓展】

电磁抱闸机械制动控制

一、电磁抱闸

电磁抱闸是应用普遍的机械制动装置，具有较大的制动力，能准确及时地使被制动的对象停止运动。特别在起重机械的提升机构中，如果没有电磁抱闸，则所吊起的重物会因自重而自动高速下降，会造成设备和人身事故。

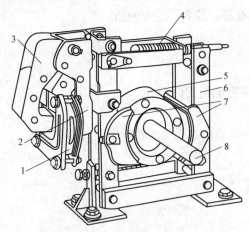

图 3-11　电磁抱闸结构示意图

1—线圈；2—铁心；3—衔铁；4—弹簧；
5—闸轮；6—杠杆；7—闸瓦；8—轴

电磁抱闸结构如图 3-11 所示。

电磁抱闸主要包括制动电磁铁和闸瓦制动器两部分。制动电磁铁由铁心、衔铁和线圈三部分组成，并有单相和三相之分。闸瓦制动器由闸轮、闸瓦、杠杆与弹簧等部分组成。闸轮与电动机装在同一根转轴上。制动强度可通过调整机械结构来改变。

电磁抱闸可分为断电制动型和通电制动型两种。如果弹簧选用拉簧，则闸瓦平时处于"松开"状态，称为通电型电磁抱闸；如果弹簧选用压簧，则闸瓦平时处于"抱住"状态，称为断电型电磁抱闸。断电型电磁抱闸型的性能：当线圈得电时，闸瓦与闸轮分开，无制动作用；当线圈失电时，闸瓦将紧抱闸轮进行制动。

通电型电磁抱闸的性能：当线圈得电时，闸瓦紧紧抱住闸轮制动；当线圈失电时，闸瓦与闸轮分开，无制动作用。

初始状态不同，相应的控制电路也就不同。但无论是通电型电磁抱闸还是断电型电磁抱闸，有一个原则是相同的，即电动机运转时闸瓦应松开，电动机停转时闸瓦应抱住。

常用的电磁抱闸有 MZD1 型单相交流短行程制动电磁铁制动器和 MJS 型三相交流长行程制动电磁铁制动器。

制动电磁铁的图形符号如图 3-12 所示。

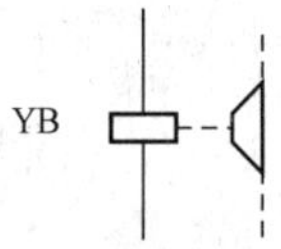

图 3-12　制动电磁铁的图形符号

二、电磁抱闸制动控制电路

1. 电磁抱闸断电制动控制电路

在电梯、起重机、卷扬机等一类升降机械上，采用制动闸断电时处于"抱住"状态的制动装置。其控制电路原理如图 3-13 所示。

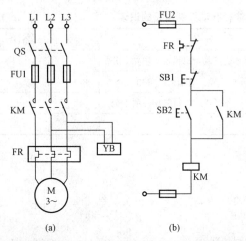

图 3-13　电磁抱闸断电制动控制电路原理图

(a) 主电路；(b) 控制电路

起动过程：起动过程与具有自锁的电动机单向起动控制电路相同。按下 SB2→KM 线圈得电自锁，M 起动运行，同时 YB 线圈得电→制动闸松闸。

制动过程：按下 SB1→KM、YB 线圈断电释放→制动闸抱闸实现制动。

特点：这种制动方法的优点是不会因中途断电或电气故障而造成事故，比较安全可靠；缺点是切断电源后，电动机轴就被制动刹住不能转动，不便调整。

2. 电磁抱闸通电制动控制电路

有些生产机械（如机床等），有时还需要用人工将电动机的转轴转动，因此应采用通电制动控制电路。在机床类等经常需要调整加工工件位置的机械设备，采用制动闸平时处于"松开"状态的制动装置。其控制电路如图 3-14 所示。

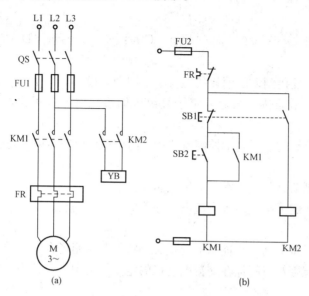

图 3-14　电磁抱闸通电制动控制电路原理图
(a) 主电路；(b) 控制电路

起动过程：SB2↓→KM1⁺→M 起动运行。

制动过程：SB1↓→KM1⁻、KM2⁺→YB⁺→抱闸制动；SB1↑→KM2⁻→YB⁻→松闸停止。

特点：这种制动方法具有以下特点：①在电动机不转动的常态下，电磁抱闸线圈无电流，抱闸与闸轮也处于松开状态。如用于机床，在电动机未通电时，可以用手扳动主轴以调整和对刀。②只有将停止按钮 SB1 按到底，接通 KM2 线圈电路时才有制动作用，如只要停车而不需制动时，可不将 SB1 按到底。这样就可以根据实际需要，掌握制动与否，从而延长电磁抱闸装置的使用寿命。

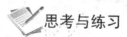 思考与练习

1. 选择题

(1) 三相异步电动机的能耗制动方法是指制动时，向三相异步电动机定子绕组中通入（　）。

A. 单相交流电　　　　　　　　B. 三相交流电
C. 直流电　　　　　　　　　　D. 反相序三相交流电

(2) 三相异步电动机采用能耗制动，切断电源后，应将电动机（　）。

A. 转子回路串电阻　　　　　　B. 定子绕组两相绕组反接
C. 转子绕组进行反接　　　　　D. 定子绕组送入直流电

(3) 能耗制动适用于三相异步电动机（　）的场合。

A. 容量较大、制动频繁　　　　B. 容量较大、制动不频繁

C. 容量较小、制动频繁　　　　　　　D. 容量较小、制动不频繁

（4）图 3-8 中，整流桥的直流输出电压平均值与交流输入电压有效值之间的关系是（　　）倍。

A. 0.45　　　　　　　B. 0.9　　　　　　　C. $\sqrt{2}$　　　　　　　D. $\sqrt{3}$

2. 判断题

（1）能耗制动比反接制动所消耗的能量小，制动平稳。（　　）

（2）能耗制动的制动转矩与通入定子绕组中的直流电流成正比，因此电流越大越好。（　　）

（3）时间原则控制的能耗制动控制电路中，时间继电器整定时间过长会引起定子绕组过热。（　　）

（4）电磁抱闸制动是起重机常用的机械制动方法。（　　）

（5）至少有两相定子绕组通入直流电，才能实现能耗制动。（　　）

3. 简答题

（1）简述三相异步电动机能耗制动的定义、特点及适用场合。

（2）直流电源能否长时间加在交流电动机的定子绕组中？一般采用哪些方法及时断开直流电？

（3）识读图 3-15 所示电路工作过程。

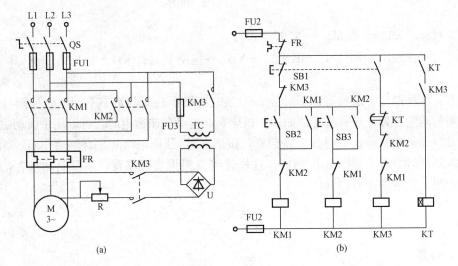

图 3-15　题 5 图
（a）主电路；（b）控制电路

任务三　三相异步电动机变极调速控制电路的分析与接线

【任务导入】

三相异步电动机的转速表达式为

$$n = n_0(1-s) = \frac{60f_1}{p}(1-s)$$

式中：n_0 为电动机同步转速；p 为磁极对数；f_1 为供电电源频率；s 为转差率。

由式可见，对于三相异步电动机而言，调速方法有改变磁极对数 p 的变极调速，改变转差率 s 调速和改变电动机供电电源频率 f 的变频调速三种。

多速电动机就是通过改变磁极对数 p 来实现调速的，通常采用改变定子绕组的接法来改变磁极对数。若绕组改变一次磁极对数，可获得两个转速，称为双速电动机；改变两次磁极对数，可获得三个转速，称为三速电动机。同理有四速、五速电动机，但要受定子结构及绕组接线的限制。当定子绕组的磁极对数改变后，转子绕组必须相应地改变。由于笼型异步电动机的转子无固定的磁极对数，能随着定子绕组磁极对数的变化而变化，故变极调速只适用于笼型异步电动机。

本任务要求识读三相异步电动机变极调速控制电路图，完成按钮控制的双速电动机控制电路安装接线和通电调试。

【任务目标】

（1）能正确分析三相异步电动机变极调速控制电路的工作原理。

（2）会根据按钮切换的双速异步电动机变极调速控制电路原理图，绘制安装接线图，完成安装、接线和调试。

【相关知识】

一、按钮切换的双速异步电动机变极调速控制电路分析

1. 双速异步电动机定子绕组的接线方式

双速电动机定子绕组常用的接线方式有 D/YY 和 Y/YY 两种。图 3-16 所示是 4/2 极双速异步电动机定子绕组 D/YY 连接示意图。图 3-16（a）中定子绕组接成三角形，3 根电源线分别接在接线端 U1、V1、W1 上，从每相绕组的中点分别引出接线端 U2、V2、W2，这样定子绕组共有六个出线端，通过改变这六个出线端与电源的连接方式，就可以得到不同的转速。将绕组的 U1、V1、W1 三个接线端接三相电源，将 U2、V2、W2 三个接线端悬空，三相定子绕组接成三角形。这时每一相的两个半绕组串联，电动机低速运行。图 3-16（b）将 U2、V2、W2 三个接线端接三相电源，将 U1、V1、W1 连接在一起，三相定子绕组接成双星形。这时每一相的两个半绕组并联，电动机高速运行。

图 3-17 所示是 4/2 极双速异步电动机定子绕组 Y/YY 连接示意图。图 3-17（a）将绕组的 U1、V1、W1 三个接线端接三相电源，将 U2、V2、W2 三个接线端悬空，三相定子绕组接成星形。这时每一相的两个半绕组串联，电动机以四极低速运行。图 3-17（b）将 U2、V2、W2 三个接线端接三相电源，将 U1、V1、W1 连接在一起，三相定子绕组接成双星形。这时每一相的两个半绕组并联，电动机以两极运行，为高速。

必须注意，当电动机改变磁极对数进行调速时，为保证调速前后电动机旋转方向不

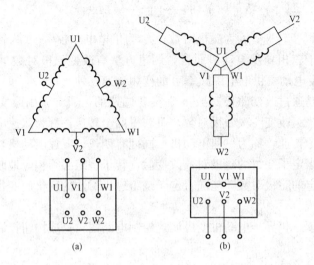

图 3-16　4/2 极双速异步电动机定子绕组 D/YY 连接示意图
(a) 每一相的两个半绕组串联；(b) 每一相的两个半绕组并联

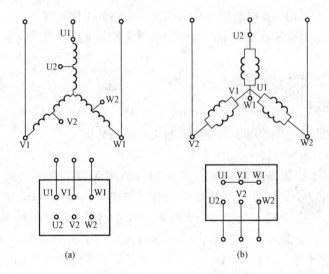

图 3-17　4/2 极双速异步电动机定子绕组 Y/YY 连接示意图
(a) 每一相的两个半绕组串联；(b) 每一相的两个半绕组并联

变，在主电路中必须交换电源相序。由于 D/YY 连接，虽转速提高 1 倍，但功率提高不多，属恒功率调速（调速时，电动机输出功率不变），适用于金属切削机床。Y/YY连接，属恒转矩调速（调速时，电动机输出转矩不变），适用于起重机、电梯、皮带运输机等。

　　2. 识读电路图

　　图 3-18 所示为按钮切换的双速异步电动机变极调速控制电路原理图。双速异步电动机定子绕组为 D/YY 连接。主电路中，当接触器 KM1 主触点闭合，KM2、KM3 主触点断开时，三相电源从接线端 U1、V1、W1 进入双速异步电动机定子绕组中，双速异步电动机绕

组接成三角形接法，以低速运行。而当接触器 KM1 主触点断开，KM2、KM3 主触点闭合时，三相电源从接线端 U2、W2、V2 进入双速异步电动机定子绕组中，双速异步电动机定子绕组接成双星形接法，以高速运行。这样一来，SB2、KM1 控制双速异步电动机低速运行，SB3、KM2、KM3 控制双速异步电动机高速运行。

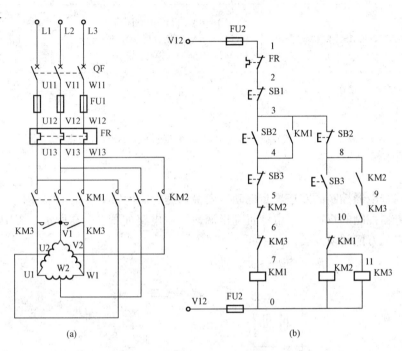

图 3-18　按钮控制的双速异步电动机变极调速控制电路原理图
(a) 主电路；(b) 控制电路

3. 识读电路工作过程

（1）主电路识读。合上电源开关 QF，当 KM1 主触点闭合时，M 低速起动运行；当 KM2、KM3 主触点闭合时，M 高速起动运行。

（2）控制电路识读。

1）低速起动运行过程：

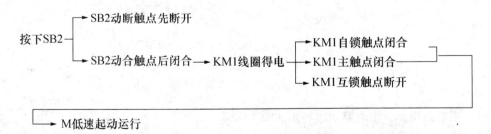

2）高速起动运行过程：

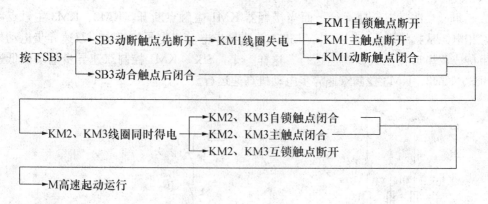

3）停止过程：

按下 SB1，KM1（或 KM2、KM3）线圈断电，所有触点复位，KM1（或 KM2、KM3）主触点断开，电动机 M 停止运转。

二、时间继电器控制的双速异步电动机变极调速控制电路

时间继电器控制的双速异步电动机变极调速控制电路如图 3-19 所示，图中 SA 是具有三个位置接点的万能转换开关。

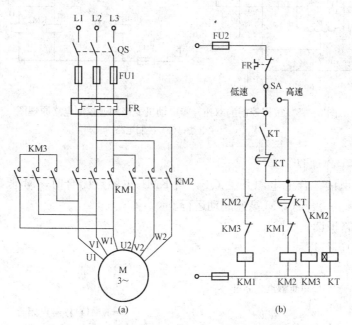

图 3-19　时间继电器控制的双速异步电动机电路原理图
（a）主电路；（b）控制电路

（1）主电路识读。主电路识读与图 3-18 相同。

（2）控制电路识读。

1）当 SA 扳在"低速"位置时：

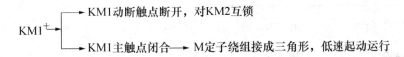

KM1$^+$ →┬→ KM1动断触点断开，对KM2互锁

└→ KM1主触点闭合 → M定子绕组接成三角形，低速起动运行

2）当 SA 扳在"高速"位置时：电动机首先以低速起动，经过一定时间，自动转为高速运转，即：

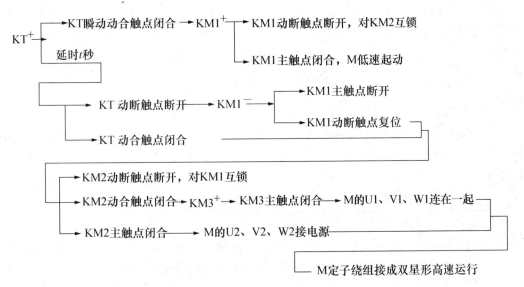

KT$^+$ →┬→ KT瞬动动合触点闭合 → KM1$^+$ →┬→ KM1动断触点断开，对KM2互锁

└→ 延时 t 秒 └→ KM1主触点闭合，M低速起动

→ KT 动断触点断开 → KM1$^-$ →┬→ KM1主触点断开

└→ KM1动断触点复位

→ KT 动合触点闭合

→ KM2动断触点断开，对KM1互锁

→ KM2动合触点闭合 → KM3$^+$ → KM3主触点闭合 → M的U1、V1、W1连在一起

→ KM2主触点闭合 → M的U2、V2、W2接电源

→ M定子绕组接成双星形高速运行

3）当 SA 扳到"中间"位置时，电动机停止。

【任务实施】

按钮切换的双速异步电动机变极调速控制电路的安装接线与通电调试

1. 安装接线

（1）按照图 3-18 所示配齐所需电器元件，并进行必要的检测。

在不通电的情况下，用万用表或肉眼检查各元器件各触点的分合情况是否良好；用手感觉熔断器在插拔时的松紧度，及时调整瓷盖夹片的夹紧度；检查按钮中的螺丝是否完好，是否滑丝；检查接触器的线圈电压与电源电压是否相符。

（2）根据图 3-18 绘出按钮控制的双速异步电动机变极调速控制电路的安装接线图，如图 3-20 所示。

（3）安装时注意如下几点：

1）主电路中接触器 KM1、KM2 在两种转速下电源相序改变，不能接错，否则，两种转速下电动机的转向相反，换向时将产生很大的冲击电流。

2）主电路接线时，要看清楚电动机出线端的标记，掌握接线要点：控制双速异步电动机三角形接法的接触器 KM1 和 YY 接法的 KM2 的主触点与电动机连接线不能对换，否则不但无法实现双速控制要求，而且会在 YY 接法绕组运行时造成电源短路事故。

2. 电路断电检查

（1）检查主电路。取下 FU2 熔体，装好 FU1 熔体，断开控制电路，进行下列检查：

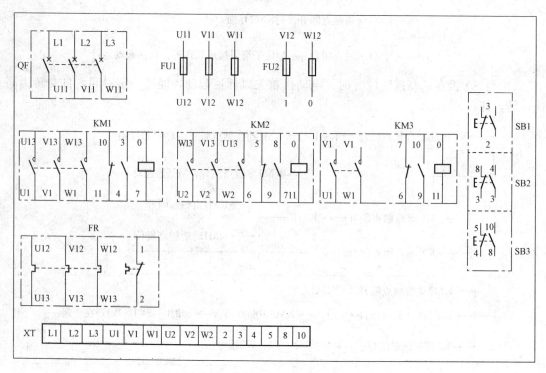

图 3-20 按钮控制的双速异步电动机变极调速控制电路安装接线图

1）三角形接法电动机低速运行主电路的检查：按下接触器 KM1 动触点，用万用表分别测量电源开关 QF 下接线端 U11～V11、U11～W11、V11～W11 的电阻值，应分别为电动机 U1～V1、U1～W1、V1～W1 相绕组的电阻值；松开接触器 KM1 的动触点，万用表显示由通到断。

2）YY 接法电动机高速运行主电路的检查：按下接触器 KM2 的动触点，用万用表分别测量电源开关 QF 下端 U11～V11、U11～W11、V11～W11 的电阻值，应分别为电动机 V2～W2、U2～W2、U2～V2 相绕组的电阻值；松开接触器 KM2 的动触点，万用表显示由通到断。

（2）检查控制电路。取下 FU1 熔体，装好 FU2 熔体，将万用表表笔分别接到接线端 V12、W12 作下列检查：

1）三角形接法电动机低速运行控制电路的检查：按下低速运行起动按钮 SB2，测出接触器 KM1 线圈电阻值，松开 SB2，测得结果为断路。按下接触器 KM1 的动触点，测出 KM1 线圈电阻值，松开接触器 KM1 的动触点，测得结果为断路。

2）YY 接法电动机高速运行控制电路的检查：按下高速运行起动按钮 SB3，测出接触器 KM2、KM3 线圈电阻值（并联值），松开 SB3，测得结果为断路。按下接触器 KM2、KM3 的动触点，测出 KM2、KM3 线圈电阻值，松开接触器 KM2、KM3 的动触点，测得结果为断路。

3）互锁电路的检查：按下 SB2，测出接触器 KM1 线圈电阻值的同时，按下接触器 KM2 或 KM3 的动触点使其动断触点分断，万用表显示电路由通而断；按下 SB3，测出接触器 KM2 和 KM3 线圈电阻值的同时，按下接触器 KM1 的动触点使其动断触点分断，万用表显示电路由通而断。

3. 通电调试

（1）空操作试验。首先拆除电动机定子绕组的接线，合上电源开关 QF，按下低速运行起动按钮 SB2 后松开，接触器 KM1 线圈通电，并保持吸合状态。按下高速运行起动按钮 SB3，接触器 KM1 应立即释放，接触器 KM2 和 KM3 线圈通电，并保持吸合状态。按下停止按钮 SB1，KM2 和 KM3 线圈立即断电释放。重复上述操作几次检查电路动作的可靠性。

（2）带负载试验。首先断开电源，接上电动机定子绕组，合上 QF，按下低速起动按钮 SB2，观察电动机起动运行情况，此时电动机低速起动运行；按下高速起动按钮 SB3，观察电动机从低速起动运行切换到高速运行。按下停上按钮 SB1，电动机停车。

【技能训练与考核】

按钮控制的双速异步电动机控制电路的安装接线

一、任务考核

在规定时间内完成如图 3-18 所示的按钮控制的双速异步电动机控制电路的安装接线，且通电调试成功。

二、考核内容及评分标准

1. 电路检查（40分，每错1处扣10分，扣完为止）

（1）主电路检查。电源线 L1、L2、L3 先不通电，合上电源开关 QF，压下接触器 KM1 衔铁，使 KM1 主触点闭合，用万用表电阻挡测量从电源端（L1、L2、L3）到电动机出线端子（U、V、W）的每一相电路，将电阻值填入表 3-3 中。

表 3-3　　　　　　按钮控制的双速异步电动机控制电路的断电检查记录

主电路			控制电路两端（V12-W12）			
L1-U1	L2-U2	L3-U3	按下 SB2	压下 KM1 衔铁	按下 SB3	同时压下 KM2、KM3 衔铁

（2）控制电路检查。按下列步骤依次测量控制电路两端（V12-W12）电阻值，结果填入表 3-3 中。

1）按下 SB2，测量控制电路两端（V12-W12）；

2）压下接触器 KM1 衔铁，测量控制电路两端（V12-W12）；

3）按下按钮 SB3，测量控制电路两端（V12-W12）；

4）压下接触器 KM2、KM3 衔铁，测量控制电路两端（V12-W12）。

2. 通电调试（60分）

在使用万用表检测后，把 L1、L2、L3 三端接上电源，合上电源开关 QF，通电调试。通电调试考核表见表 3-4。

表 3-4　　　　　　按钮控制的双速异步电动机控制电路通电调试考核表

序号	配分	得分	故障原因
一次通电成功	60分		
二次通电成功	（40～50）分		
三次及以上通电成功	30分		
不成功	10分		

【知识拓展】

三相绕线转子异步电动机转子串电阻调速控制电路

三相异步电动机的三种调速方法中，改变转差率调速是可通过改变定子电压、改变转子电路电阻以及串级调速来实现。

改变转子外加电阻的调速方法，只能适用于绕线转子异步电动机。串入转子电路的电阻不同，电动机工作在不同的人为特性上，从而获得不同的转速，达到调速的目的。尽管这种调速方法把一部分电能消耗在电阻上，降低了电动机的效率，但是由于该方法简单，便于操作，所以目前在吊车、起重机一类生产机械上仍被普遍采用。

图 3-21 所示为利用凸轮控制器来控制电动机正反转与调速的电路，利用控制器来接通接触器线圈，再用相应接触器的主触点来实现电动机的正反转与短接转子电阻来实现电动机的调速的目的。图中 KM 为线路接触器，KI 为过电流继电器，SQ1、SQ2 分别为向前、向后限位开关，SA 为凸轮控制器。控制器左右各有 5 个工作位置，中间为零位，其上有 9 对动合触点，3 对动断触点，其中 4 对动合触点接于电动机定子电路进行换相控制，用以实现电动机正反转，转子电阻采用不对称接法。其余 3 对动断触点，其中 1 对用以实现零位保护，即控制器手柄必须置于"0"位，才可起动电动机。另外 2 对动断触点与 SQ1 和 SQ2 限位开关串联实现限位保护。电路工作原理读者自行分析。

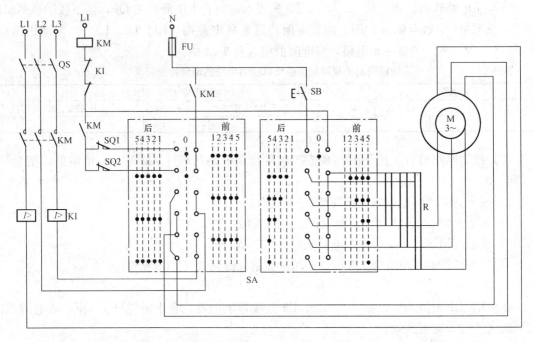

图 3-21　凸轮控制器实现绕线转子异步电动机的调速控制电路原理图

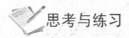 思考与练习

1. 选择题

（1）三相异步电动机变极调速的方法一般只适用于（　　）。

A. 笼型异步电动机　　　　　　　　　B. 绕线转子异步电动机

C. 同步电动机　　　　　　　　　　　D. 滑差电动机

（2）双速电动机的调速属于（　　　）调速方法。

A. 变频　　　　　B. 改变转差率　　　C. 改变磁极对数　　　D. 降低电压

（3）定子绕组三角形连接的 4 级电动机，接成 YY 后，磁极对数为（　　　）。

A. 1　　　　　　　B. 2　　　　　　　C. 4　　　　　　　D. 5

（4）4/2 极双速异步电动机的出线端分别为 U1、V1、W1 和 U2、V2、W2，当它为 4 极时与电源的接线为 U1-L1、V1-L2、W1-L3。当它为 2 极时为了保证电动机的转向不变，则接线应为（　　　）。

A. U2-L1、V2-L2、W2-L3　　　　　　B. U2-L3、V2-L1、W2-L2

C. U2-L3、V2-L2、W2-L1　　　　　　D. U2-L2、V2-L3、W2-L1

2. 判断题

（1）三相异步电动机的变极调速属于有级调速。（　　　）

（2）变频调速只适用于三相笼型异步电动机调速。（　　　）

（3）在绕线转子异步电动机转子电路中接入调速电阻，通过改变电阻大小，就可平滑调速。（　　　）

（4）绕线转子异步电动机转子电路中接入电阻调速，属于变转差率调速方法。（　　　）

（5）改变定子电压调速只适用于三相笼型异步电动机调速。（　　　）

3. 简答题

识读图 3 - 22 所示电路工作过程。

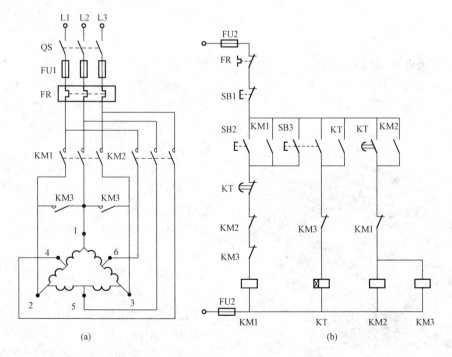

图 3 - 22　题 3 图

项目四　直流电动机电气控制电路的分析

　　直流电动机虽然比三相交流异步电动机结构复杂，维修也不便，但由于其调速性能较好和起动转矩较大，因此，对调速要求较高的生产机械或者需要较大起动转矩的生产机械往往采用直流电动机驱动，如轧钢机、电气机车、中大型龙门刨床、矿山竖井提升机以及起重设备等调速范围大的大型设备以及用蓄电池做电源的地方，如汽车、拖拉机等场合。但直流电动机也有它显著的缺点：一是制造工艺复杂，消耗有色金属较多，生产成本高；二是直流电动机在运行时由于电刷与换向器之间易产生火花，因而运行可靠性较差，维护比较困难。所以在一些领域中已被交流变频调速系统所取代。但是直流电动机的应用目前仍占有较大的比重。

　　本任务主要介绍直流电动机的起动、正反转、调速和制动控制的方法和特点、控制线路的工作原理。

 【任务目标】

（1）了解直流电动机励磁方式、起动特点和方法。
（2）知道直流电动机实现正反转、电气制动和调速的常用方法和特点。
（3）学会分析直流电动机起动、正反转、电气制动和调速控制电路的工作原理。

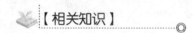 【相关知识】

一、直流电动机的主要结构

直流电动机主要由定子与转子（电枢）两大部分组成，定子部分包括机座、主磁极、换向极、端盖、电刷等装置；转子部分包括电枢铁心、电枢绕组、换向器、转轴、风扇等部件，如图4-1所示。

　　定子部分的主要作用是产生磁场和作为电机的机械支撑。主磁极的作用是建立主磁场，由主磁极铁心和主磁极绕组组成。主磁极铁心采用1～1.5mm的低碳钢板冲压成一定形状叠装固定而成。主磁极上装有励磁绕组，整个主磁极用螺杆固定在机座上。主磁极的个数一定是偶数，励磁绕组的连接必须使得相邻主磁极的极性按N、S极交替出现。

　　转子部分的作用是感应电动势实现能量转换。电枢绕组由一定数目的电枢线圈按一定的规律连接组成，是直流电动机的

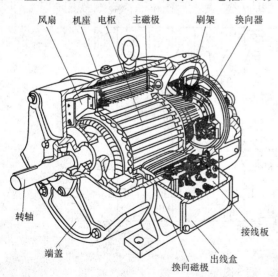

图4-1　常见直流电动机结构示意图

电路部分，也是感应电动势，产生电磁转矩进行能量转换的部分。

直流电机按其励磁绕组与电枢绕组的连接方式（励磁方式）的不同，分为串励、并励、复励和他励四种，其控制电路基本相同。

二、直流电动机的起动特点和方法

直流电动机起动控制的要求与交流电动机类似，即在保证足够大的起动转矩下，尽可能减小起动电流，再考虑其他要求。

直流电动机起动特点之一是起动冲击电流大，可达额定电流的 10～20 倍。这样大的电流可能导致电动机换向器和电枢绕组的损坏，同时对电源也是沉重的负担。大电流产生的转矩和加速度对机械部件也将产生强烈的冲击，在选择起动方案时必须予以充分考虑，一般不允许直接起动，为此在电枢回路中串入电阻起动。

他励、并励直流电动机起动控制的另一个特点是需在施加电枢电压前，先接上额定的励磁电压（至少是同时）。这样做，一是为了保证起动过程中产生足够大的反电动势，以减小起动电流；二是为了保证产生足够大的起动转矩，加速起动过程；三是为了避免空载飞车事故。

三、直流电动机的正反转方法

直流电动机的转向取决于电磁转矩 $M = C_m \Phi I$ 的方向，因此，改变直流电动机转向有两种方法，即当电动机的励磁绕组端电压的极性不变，改变电枢绕组端电压的极性，或者电枢绕组两端电压极性不变，改变励磁绕组端电压的极性，都可以改变电动机的旋转方向。但当两者的电压极性同时改变时，则电动机的旋转方向维持不变。

四、直流电动机的调速方法

直流电动机的突出优点是能在很大的范围内具有连续、平稳的调速性能。直流电动机转速调节主要有以下四种方法：

（1）改变电枢回路电阻值调速。这种调速方法的特点是电路简单，但是当改变串接在电枢回路中的调速电阻时，电动机的理想空载转速 n_0 不变。但调速电阻越大，电动机的转速降落越大，工作转速就越低，特性变得很软，这就限制了调速范围。同时，它只能在额定转速以下调速，且调节电阻要消耗能量，因此这种调速方法适用于要求不高的小功率拖动系统中。

（2）改变励磁电流调速。通常直流电动机的额定励磁接近磁化曲线的饱和点，故磁通难以再增加，因而一般只能用减弱励磁来提高电动机的转速。

（3）改变电枢电压调速。改变电枢电压调速时，一般只能从额定电压向下调节，转速常受静差率的限制而不能太低。这种调速方式，电动机的励磁保持为额定励磁，电流为额定电流时，则允许的负载转矩不变，所以适用于恒转矩负载。

（4）混合调速。当对直流电动机的电枢电压及励磁电流都进行调节而调速时，通常称为调压调磁的调速方法，即混合调速。这种调速方法得到的调速范围更大，电动机容量能得到充分的利用，适用于调速范围要求广的负载。

五、直流电动机的制动方法

与交流电动机类似，直流电动机的电气制动方法有能耗制动、反接制动和再生发电制动等几种方式。

（1）能耗制动。在电动机具有较高转速时，切断其电枢电源而保持其励磁为额定状态不变，这时电动机因惯性而继续旋转，成为直流发电机。如果用一个电阻使电枢回路成为闭路，则在此回路中产生电流和制动转矩，使拖动系统的动能转化成电能并在转子回路电阻中以发热形式消耗掉。故此种制动方式成为能耗制动。

（2）反接制动。反接制动是在保持励磁为额定状态不变的情况下，将反极性的电源接到电枢绕组上，从而产生制动转矩，迫使电动机迅速停止的一种制动方式。

在理论上，反接制动也可以采用改变励磁电压的极性来进行。但在实际中，因存在"失磁飞车"的问题，处理起来极为不便，因而不宜采用。

（3）再生发电制动。该制动方式存在于重物下降的过程中，如吊车下放重物或电力机车下坡时发生。此时电枢及励磁电源处于某一定值，电动机转速超过了理想空载转速，电枢的反电动势也将大于电枢的供电电压，电枢电流反向，产生制动转矩，使电动机转速限制在一个高于理想空载转速的稳定转速上，而不会无限增加。

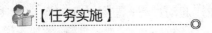

【任务实施】

一、他励直流电动机电枢回路串电阻起动控制电路分析

图 4-2 所示为他励直流电动机电枢回路串两级电阻、按时间原则起动的控制电路。图中 KM1 为电路接触器，KM2、KM3 为短接起动电阻接触器，KI1 为过电流继电器，KI2 为欠电流继电器，KT1、KT2 为断电延时型时间继电器，R3 为放电电阻。

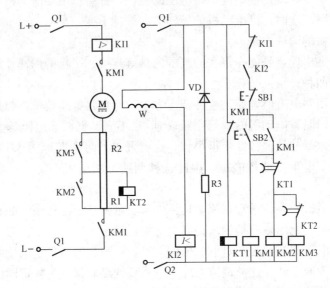

图 4-2　他励直流电动机电枢回路串电阻起动控制电路

（1）电路工作原理。合上电枢电源开关 Q1 和励磁与控制电路电源开关 Q2，励磁回路通电，KI2 线圈通电吸合，其动合触点闭合，为起动作好准备；同时，KT1 线圈通电，其动断触点断开，切断 KM2、KM3 线圈电路。保证串入 R1、R2 起动。

按下起动按钮 SB2，KM1 线圈通电并自锁，主触点闭合，接通电动机电枢回路，电枢串入两级起动电阻起动；同时 KM1 动断辅助触点断开，KT1 线圈断电，为延时使 KM2、KM3 线圈通电，短接 R1、R2 做准备。在串入 R1、R2 起动同时，并接在 R1 电阻两端的

KT2 线圈通电，其动断触点立即断开，使 KM3 不能通电，确保 R2 电阻串入起动。

经一段时间延时后，KT1 延时闭合触点闭合，KM2 线圈通电吸合，主触点短接电阻 R1，电动机转速升高，电枢电流减少。就在 R1 被短接的同时，KT2 线圈断电释放，再经一定时间的延时，KT2 延时闭合触点闭合，KM3 线圈通电吸合，KM3 主触点闭合短接电阻 R2，电动机在额定电枢电压下运转，起动过程结束。

电路工作原理用流程法分析如下：

1）主电路分析：合上 Q1，当 KM1 主触点闭合时，M 串 R1、R2 减压起动；当 KM2 主触点闭合时，短接起动电阻 R1；当 KM3 主触点闭合时，短接起动电阻 R2。即当 KM1 、KM2 、KM3 主触点闭合时，电动机全压运行。

2）控制电路分析：合上 Q2，KI2＋ → KI2 动合触点闭合，为起动作准备；KT1＋ → KT1 延时动断触点断开→KM2、KM3 线圈不能得电→保证起动时串入 R1、R2。

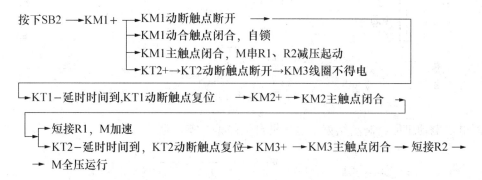

（2）电路保护环节。过电流继电器 KI1 实现电动机过载和短路保护；欠电流继电器 KI2 实现电动机弱磁保护；电阻 R3 与二极管 VD 构成励磁绕组的放电回路，实现过电压保护。

（3）电路特点。他励、并励直流电动机起动控制的特点是在接入电枢电压前，应先接入额定励磁电压，而且在励磁回路中应有弱磁保护，避免在弱磁或失磁时会产生"飞车"现象。

二、他励直流电动机正反转控制电路分析

图 4-3 为改变直流电动机电枢电压极性实现电动机正反转控制电路。图中 KM1、KM2 为正、反转接触器，KM3、KM4 为短接电枢电阻接触器，KT1、KT2 为时间继电器，R1、R2 为起动电阻，R3 为放电电阻，SQ1 为反向转正向行程开关，SQ2 为正向转反向行程开关。起动时电路工作情况与图 4-1 电路相同，但起动后电动机将按行程原则实现电动机的正反转，拖动运动部件实现自动往返运动。

三、他励直流电动机能耗制动控制电路分析

图 4-4 为他励直流电动机单向运转能耗制动控制电路。图中 KM1、KM2、KM3、KI1、KI2、KT1、KT2 作用与图 4-2 相同，KM4 为制动接触器，KV 为欠电压继电器。

电动机电枢回路串两级电阻起动电路工作原理与图 4-1 相同，不再重复。

停车时，按下停止按钮 SB1，KM1 线圈断电释放，其主触点断开电动机电枢电源，电动机以惯性旋转。由于此时电动机转速较高，电枢两端仍建立足够大的感应电动势，使并联在电枢两端的电压继电器 KV 经自锁触点仍保持通电吸合状态，KV 动合触点仍闭合，使 KM4 线圈通电吸合，其动合主触点将电阻 R4 并联在电枢两端，电动机实现能耗制动，使转速迅速下降，电枢感应电动势也随之下降，当降至一定值时电压继电器 KV 释放，KM4

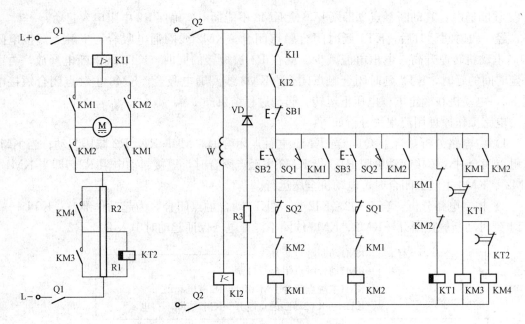

图 4-3　他励直流电动机正反转控制电路原理图

线圈断电，电动机能耗制动结束，电动机自然停车至零。

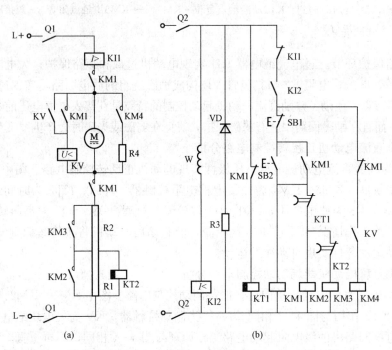

(a)　　　　　　　　　　(b)

图 4-4　他励直流电动机能耗制动控制电路

(a) 主电路；(b) 控制电路

四、并励直流电动机调速控制电路分析

图 4-5 为并励直流电动机改变励磁电流的调速控制电路。电动机的直流电源采用两相

零式整流电路，电阻 R 兼有起动限流和制动限流的作用，电阻 R_{RF} 为调速电阻，电阻 R2 用于吸收励磁绕组的自感电动势，起过电压保护作用。KM1 为能耗制动接触器，KM2 为运行接触器，KM3 为切除起动电阻接触器。

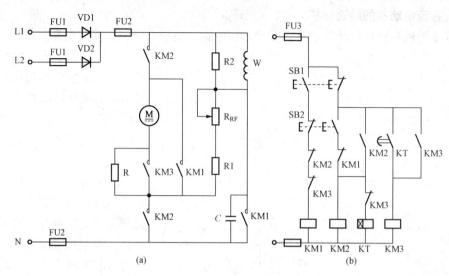

图 4-5　并励直流电动机调磁调速控制电路
(a) 主电路；(b) 控制电路

电路工作原理分析如下：

（1）起动。按下起动按钮 SB2，KM2 和 KT 线圈同时通电并自锁，电动机 M 电枢串入电阻 R 起动。经一段延时后，KT 通电延时闭合触点闭合，使 KM3 线圈通电并自锁，KM3 主触点闭合，短接起动电阻 R，电动机在全压下起动运行。

（2）调速。在正常运行状态下，调节电阻 R_{RF}，改变电动机励磁电流大小，从而改变电动机励磁磁通，实现电动机转速的改变。

（3）停车及制动。在正常运行状态下，按下停止按钮 SB1，接触器 KM2 和 KM3 线圈同时断电释放，其主触点断开，切断电动机电枢电路；同时 KM1 线圈通电吸合，其主触点闭合，通过电阻 R 接通能耗制动电路，而 KM1 另一对动合触点闭合，短接电容器 C，使电源电压全部加在励磁线圈两端，实现能耗制动过程中的强励磁作用，加强制动效果。松开停止按钮 SB1，制动结束。

【知识拓展】

直流电动机的保护是保证电动机正常运转、防止电动机或机械设备损坏、保护人身安全的需要，因此是电气控制系统中不可缺少的组成部分。直流电动机包括短路保护、过电压和失电压保护、过载保护、限速保护、励磁保护等。

一、直流电动机的过载保护

直流电动机在起动、制动和短时过载时的电流会很大，应将其电流限制在允许过载的范围内。直流电动机的过载保护一般是利用过电流继电器来实现，如图 4-6 所示。

电枢电路串联过电流继电器 KI2。电动机负载正常时，过电流继电器中通过的电枢电流正常，KI2 不动作，其动断触点保持闭合状态，控制电路能够正常工作。一旦发生过载情况，电枢电路的电流会增大，当其值超过 KI2 的整定值时，过电流继电器 KI2 动作，其动断触点断开，切断控制电路，使直流电动机脱离电源，起到过载保护的作用。

二、直流电动机的励磁保护

直流电动机在正常运转状态下，如果励磁电路的电压下降较多或突然断电，会引起电动机的速度急剧上升，出现飞车现象。一旦发生飞车现象，会严重损坏电动机或机械设备。直流电动机采用欠电流继电器来防止失去励磁或削弱励磁，如图 4-6 所示。

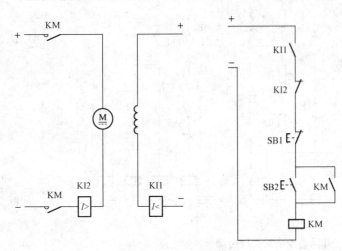

图中励磁电路串联欠电流继电器 KI1，当励磁电流合适时，欠电流继电器吸合，其动合触点闭合，控制电路能够正常工作。当励磁电流减小或为零时，欠电流继电器因电流过低而释放，其动合触点恢复断开状态，切断控制电路，使电动机脱离电源，起到弱磁保护作用。

图 4-6　直流电动机的保护

✎ 思考与练习

1. 选择题

(1) 直流电动机除极小容量外，不允许（　　）起动。

A. 减压　　　　　　　B. 全压　　　　　　　C. 电枢回路串电阻　D. 降低电枢电压

(2) 直流电动机全压起动时，起动电流很大，是额定电流的（　　）倍。

A. 4～7　　　　　　　B. 5～6　　　　　　　C. 10～20　　　　　　D. 2～2.5

(3) 为使直流电动机的旋转方向发生改变，应将电枢电流（　　）。

A. 增大　　　　　　　B. 减小　　　　　　　C. 不变　　　　　　　D. 反向

(4) 在他励直流电动机电气控制线路中，励磁回路中接入的电流继电器应是（　　）。

A. 欠电流继电器，应将其动断触点接入控制电路

B. 欠电流继电器，应将其动合触点接入控制电路

C. 过电流继电器，应将其动断触点接入控制电路

D. 过电流继电器，应将其动合触点接入控制电路

(5) 在他励直流电动机电气控制电路中，电枢回路中接入的电流继电器应是（　　）。

A. 欠电流继电器，应将其动断触点接入控制电路

B. 欠电流继电器，应将其动合触点接入控制电路

C. 过电流继电器，应将其动断触点接入控制电路

D. 过电流继电器，应将其动合触点接入控制电路

（6）将直流电动机电枢的动能变成电能消耗在电阻上，称为（ ）。

A. 反接制动　　　B. 回馈制动　　　C. 能耗制动　　　D. 机械制动

（7）能耗制动时，直流电动机处于（ ）。

A. 发电状态　　　B. 电动状态　　　C. 短路状态　　　D. 不确定

（8）他励直流电动机起动控制电路中设置弱磁保护的目的是（ ）。

A. 防止电动机起动电流过大

B. 防止电动机起动转矩过小

C. 防止停机时过大的自感电动势引起励磁绕组的绝缘击穿

D. 防止飞车

2. 判断题

（1）直流电动机起动时，常用降低电枢电压或电枢回路串电阻两种方法。（ ）

（2）他励直流电动机反转控制可采用电枢反接，即保持励磁磁场方向不变，改变电枢电流方向。（ ）

（3）直流电动机的弱磁保护采用的电器元件是过电流继电器。（ ）

（4）直流电动机电枢回路串电阻调速时，当电枢回路电阻增大，其转速增大。（ ）

（5）直流电动机进行能耗制动时，必须切断所有电源。（ ）

（6）直流电动机的弱磁保护是利用欠电流继电器的动断触点串在励磁回路中来实现的。（ ）

（7）直流电动机调压调速时，转速只能从额定转速往下调。（ ）

3. 分析图 4 - 7 所示电路的工作原理。

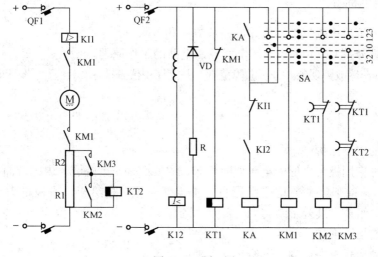

图 4 - 7　题 3 图

项目五　典型机床电气控制电路分析与故障检修

实际工业生产中，电气控制设备种类繁多，其控制方式和控制电路也各不相同，但电气控制电路分析与故障检查的方法基本相同。

本项目通过两个典型机应设备电气控制电路的分析，培养阅读机床电气图的能力，掌握电路故障检修的常用方法，为电气控制系统的设计、安装、调试和维护打下基础。

任务一　C6140T 型车床电气控制电路分析与故障检修

 【任务导入】

车床是一种应用极为广泛的金属切削机床，约占机床总数的 25%～50%。在各种车床中，应用最多的是普通车床。普通车床主要用来车削外圆、内圆、端面、螺纹和定型表面等，还可以安装钻头或铰刀等进行钻孔和铰孔等加工。

本任务要求识读 C6140T 型普通车床电气控制原理图，利用万用表检测并排除 C6140T 型普通车床电气控制电路的常见故障。

【任务目标】

(1) 了解分析机床电气控制电路的一般方法和步骤。

(2) 能熟练分析 C6140T 型车床电气控制电路的工作原理。

(3) 会根据车床故障现象，分析故障范围，并能使用仪表排除 C6140T 型车床常见电气故障。

【相关知识】

一、车床的主要结构

车床是一种应用极为广泛的金属切削机床，主要用来车削外圆、内圆端面、螺纹和定型表面等。C6140T 型车床主要构造由床身、主轴变速箱、进给箱、溜板与刀架、尾座、丝杠、光杠等部分组成。其外形结构如图 5-1 所示。

二、车床的运动形式

车床的运动形式有主运动、进给运动、辅助运动。

(1) 车床的主运动为工件的旋转运动，它是由主轴通过卡盘或顶尖带动工件旋转，承受车削加工时的主要切削功率。车削加工时，应根据被加工工件材料、刀具种类、工件尺寸、工艺要求等选择不同的切削速度。其主轴正转速度有 24 种（10～1400r/min），反转速度有 12 种（14～1580r/min）。

(2) 车床的进给运动是溜板带动刀架的纵向或横向直线运动。溜板箱把丝杠或光杠的转动传递给刀架部分，变换溜板箱外的手柄位置，经刀架部分使车刀做纵向或横向进给。

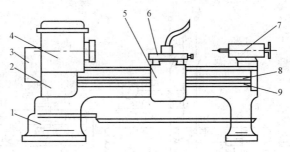

图 5-1　车床外形结构示意图

1—床身；2—进给箱；3—挂轮箱；4—主轴变速箱；5—溜板箱；

6—溜板及刀架；7—尾座；8—丝杠；9—光杠

（3）车床的辅助运动有刀架的快速移动、尾架的移动以及工件的夹紧与放松等。

三、车床加工对控制电路要求分析

（1）加工螺纹时，工件的旋转速度与刀具的进给速度应保持严格的比例，因此，主运动和进给运动由同一台电动机拖动，一般采用笼型异步电动机。

（2）工件材料、尺寸加工工艺等不同时，切削速度应不同，因此要求主轴的转速也不同，这里采用机械调速。

（3）车削螺纹时，要求主轴反转来退刀，因此要求主轴能正反转。车床主轴的旋转方向可通过机械手柄来控制。

（4）主轴电动机采用直接起动，为了缩短停车时间，主轴停车时采用能耗制动。

（5）车削加工时，由于刀具与工件温度高，所以需要冷却。为此，设有冷却泵电动机且要求冷却泵电动机应在主轴电动机起动后方可选择起动与否；当主轴电动机停止时，冷却泵电动机应立即停止。

（6）为实现溜板箱的快速移动，由单独的快速移动电动机拖动，采用点动控制。

（7）应配有安全照明电路和必要的联锁保护环节。

总结：C6140T 型车床由 3 台三相笼型异步电动机拖动，即主轴电动机 M1、冷却泵电动机 M2 和刀架快速移动电动机 M3。

【任务实施】

一、C6140T 型车床电气原理图分析

C6140T 型车床电气原理图如图 5-2 所示。

1. 主电路分析

合上电源开关 QF1，将三相交流电源引入。主轴电动机 M1 由交流接触器 KM1 控制，实现直接起动。由交流接触器 KM4 和二极管 VD 组成单管能耗制动回路，实现快速停车。另外，通过电流互感器 TA 接入电流表监视加工过程中电动机工作电流。

冷却泵电动机 M2 由 KM2 和自动空气开关 QF2 控制。刀架快速移动电动机 M3 由交流接触器 KM3 控制，并由熔断器 FU1 实现短路保护。

2. 辅助电路分析

控制电路的电源由控制变压器 T 供给控制电路交流电压 127V，照明电路交流电压

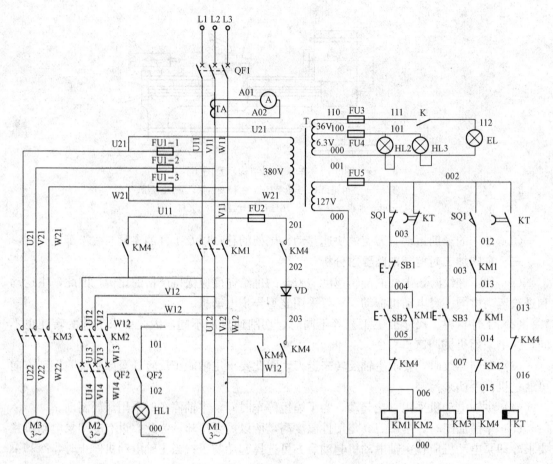

图 5-2　C6140T 型车床电气原理图

36V，指示灯电路交流电压 6.3V。即采用变压器 380V/127V、36V、6.3V。

（1）M1、M2 直接起动。合上 QF1→按下 SB2→KM1、KM2 线圈得电自锁→ KM1 主触点闭合→M1 直接起动；

KM2 主触点闭合→合上 QF2→ M2 直接起动。

（2）M3 直接起动。合上 QF1→按下 SB3→KM3 线圈得电→ KM3 主触点闭合→M3 直接起动（点动）。

（3）M1 能耗制动。踩下脚踏开关 SQ1→SQ1（002-003）断开，SQ1（002-012）闭合→KT 线圈通过支路 002-012-013-016-000 得电→KT（002-003）断开，KM1、KM2 失电，KT（002-013）闭合，KT 得电自锁→KM4 线圈通过支路 002-013-014-015-000 得电→KM4 动合触点闭合，M1 通入直流电实施能耗制动，同时 KM4（013-016）断开，KT 失电，延时 t 秒后，KT 触点复位，KT（002-013）断开，KM4 失电，能耗制动结束。

（4）照明电路分析。控制变压器 T 将 380V 的交流电压降到 36V 的安全电压，供照明用。照明电路由开关 K 控制车床台灯 EL。熔断器 FU3 作为照明电路的短路保护。

冷却泵电动机 M2 运行指示灯 HL1 和供电电源指示 HL2、刻度照明 HL3，使用 6.3V 交流电压。

3. 电路特点

C6140T 型车床电气控制电路有以下特点：

（1）主轴电动机采用单向直接起动，单管能耗制动。能耗制动时间用断电延时型时间继电器控制。

（2）主轴电动机和冷却泵电动机在主电路中保证顺序联锁关系。

（3）用电流互感器 TA、电流表 A 检测、显示电流，监视电动机的工作电流。

（4）电源开关 QF1，实现主轴电动机和冷却泵电动机的短路、长期过载保护。

二、C6140T 型车床常见电气故障分析

（1）主轴电动机 M1 不能起动。

原因分析：

1）控制电路没有电压；

2）控制电路中的熔断器 FU5 熔断；

3）接触器 KM1 未吸合；

4）主轴电动机 M1 内部故障。

在供电电源指示灯 HL2 不亮，检查熔断器 FU1-1、FU1-3、FU4 熔断体是否完好；检查熔断器 FU5 熔断体是否完好；检查变压器 T 一、二次绕组是否完好。

在供电电源指示灯 HL2 指示正常的情况下，按下起动按钮 SB2，接触器 KM1、KM2 若不动作，故障必定在控制电路，如脚踏开关 SQ1 动断触点、按钮 SB1、SB2 的触点、接触器 KM4 辅助动断触点接触不良，接触器 KM1 线圈断线，就会导致 KM1 线圈不能得电。可用电阻法依次测量 001-002-003-004-005-006-000。

在实际检测中应在充分试车情况下尽量缩小故障区域。对于电动机 M1 不能起动的故障现象，若刀架快速移动正常，故障将限于 003 - 004 - 005 - 006 - 000 之间。若 KM2 线圈得电，说明接触器 KM1 线圈断线。故障将限于 006 - 000 之间。

当按 SB2 后，若接触器 KM1 吸合，但主轴电动机不能起动，故障原因必定在主电路中，可依次检查进线电源、QF1、接触器 KM1 主触点及三相电动机的接线端子等是否接触良好。

电动机接线盒处测量电压，三个线电压如都是 380V，说明电动机 M1 内部故障。

在故障测量时，对于同一线号至少有两个相关接线连接点的，应根据电路逐一测量，判断是属于连接点故障还是同一线号两连接点之间导线故障。

控制电路的故障测量尽量采用电压法，当故障测量到之后应断开电源再排除。

（2）主轴电动机能运转不能自锁。

原因分析：

当按下按钮 SB2 时，电动机能运转，但放松按钮后电动机即停转，这是由于接触器 KM1 的辅助动合触点接触不良或位置偏移、卡阻现象引起的故障。这时只要将接触器 KM1 的辅助动合触点进行修整或更换即可排除故障。辅助动合触点的连接导线松脱或断裂也会使电动机不能自锁，用电阻法测量 004 - 005 号的连接情况。

（3）主轴电动机不能停车。

原因分析：

造成这种故障的原因可能有接触器 KM1 的主触点熔焊；停止按钮 SB1 动断触点或线路中 003、004 两点连接导线短路；接触器铁心表面油污或粘有污垢。

可采用下列方法判明是哪种原因造成电动机 M1 不能停车：若断开 QF1，接触器 KM1 释放，则说明故障为 SB1 动断触点或导线短路；若接触器过一段时间释放，则故障为铁心表面粘牢污垢；若断开 QF1，接触器 KM1 不释放，则故障为主触点熔焊，打开接触器灭弧罩，可直接观察到该故障。根据具体故障情况采取相应措施。

（4）刀架快速移动电动机 M3 不能运转。

原因分析：

按下点动按钮 SB3，接触器 KM3 未吸合，故障必然在控制线路中，这时可检查按钮 SB3 动合触点闭合时接触是否良好，接触器 KM3 的线圈是否断路。用电阻法检测 003-007-000 之间的连接情况。

按下点动按钮 SB3，接触器 KM3 吸合，故障必然在主电路。检查熔断器 FU1-1、FU1-2、FU1-3 熔断体是否完好；接触器 KM3 主触点接触不良；电动机 M3 自身内部故障。

（5）M1 能起动，不能能耗制动。

原因分析：

起动主轴电动机 M1 后，若要实现能耗制动，只需踩下行程开关 SQ1 即可。若踩下行程开关 SQ1，不能实现能耗制动，其故障现象通常有两种，一种是电动机 M1 能自然停车，另一种是电动机 M1 不能停车，仍然转动不停。

踩下行程开关 SQ1，不能实现能耗制动，其故障范围可能在主电路，也可能在控制电路中。有两种方法加以判别。

1）由故障现象确定。当踩下行程开关 SQ1 时，若电动机能自然停车，说明控制电路中时间继电器延时动断触点 KT（02-03）能断开，时间继电器 KT 线圈得过电，不能制动的原因在于接触器 KM4 是否动作。KM4 动作，故障点在主电路中；KM4 不动作，故障点在接触器 KM4 线圈相关电路中。

当踩下行程开关 SQ1 时，若电动机不能停车，说明控制电路中 KT（02-03）不能断开，致使接触器 KM1 线圈不能断电释放，从而造成电动机不停车，其故障点在控制电路中，这时可以检查时间继电器 KT 线圈是否得电。

2）由电器的动作情况确定。当踩下行程开关 SQ1 进行能耗制动时，反复观察电器 KT 和 KM4 的衔铁有无吸合动作。若 KT 和 KM4 的衔铁先后吸合，则故障点肯定在主电路的能耗制动支路中；KT 和 KM4 的衔铁只要有一个不吸合，则故障点必在控制电路的能耗制动支路中。

【技能训练与考核】

C6140T 型车床常见电气故障分析与排除

一、C6140T 车床排故练习

（1）在教师指导下对车床进行操作。

（2）对照图纸熟悉元件及位置。

（3）观察、体会教师示范检修流程。

（4）在车床上人为设置自然故障点，故障的设置应注意以下几点：

1）人为设置的故障必须是车床在工作中由于受外界因素影响而造成的自然故障。

2）不能设置更改电路或更换元件等由于人为原因而造成的非自然故障。

3）设置故障不能损坏电路元器件，不能破坏电路美观；不能设置易造成人身事故的故障；尽量不设置易引起设备事故的故障，若有必要应在教师监督和现场密切注意的前提下进行，例如电动机主回路故障。

（5）故障的设置先易后难，先设置单个故障点，然后过渡到两个故障点。

1）故障检测前后先通过试车说出故障现象，分析故障大致范围，讲清拟采用的故障排除手段、检测流程，正确无误后方能在监护下进行检测训练。

2）找出故障点以后切断电源，仔细修复，不得扩大故障或产生新的故障；恢复后通电试车。

（6）典型故障：

1）合上 QF1，操作各按钮，没任何反应。

2）主轴电动机不能起动，快进电动机可以起动。

3）主轴电动机能自然停车，但不能能耗制动。

4）压下 SQ1，主轴电动机不能停车，继续运转。

二、车床排故评分标准

在 30min 内排除两个电路故障，评分标准见表 5 - 1。

表 5 - 1　　　　　　　　　　　车 床 排 故 评 分 标 准

序号	项目	评分标准	配分	扣分	得分
一	观察故障现象	两个故障，观察不出故障现象，每个扣 10 分	20		
二	故障分析	分析和判断故障范围，每个故障占 20 分 每一个故障，范围判断不正确每次扣 10 分；范围判断过大或过小，每超过一个元器件扣 5 分，扣完这个故障的 20 分为止	40		
三	故障排除	正确排除两个故障，不能排除故障，每个扣 20 分	40		
四	其他	不能正确使用仪表扣 10 分；拆卸无关的元器件、导线端子，每次扣 5 分；扩大故障范围，每个故障扣 5 分；违反电气安全操作规程，造成安全事故者酌情扣分；修复故障过程中超时，每超时 5min 扣 5 分计算	从总分倒扣		
开始时间		结束时间		成绩		评分人	

 【知识拓展】

一、电气原理图的分析方法和步骤

机床电气控制电路包括主电路、辅助电路（包括电源变压器、控制电路、指示电路、照明电路、联锁保护环节等。）

1. 基本原则

先机后电、先主后辅、化整为零、顺藤摸瓜、集零为整、安全保护、全面检查。

分析设备电气控制的依据是设备本身的基本结构、运行情况、加工工艺要求和对电气传动控制的要求。这样分析起来才有针对性，为阅读和分析电路做好前期准备。

2. 分析方法与步骤

（1）分析主电路。无论电路设计还是电路分析都是先从主电路入手。主电路的作用是保证机床拖动要求的实现。从主电路的构成可分析出电动机或执行电器的类型、工作方式，起动、转向、调速、制动等控制要求与保护要求等。

（2）分析控制电路。主电路各控制要求是由控制电路来实现的，运用"化整为零"、"顺藤摸瓜"的原则，将控制电路按功能划分为若干个局部控制电路。从电源和主令信号开始，经过逻辑判断，写出控制流程，以简单明了的方式表达出电路的自动工作过程。

（3）分析其他辅助电路。其他辅助电路是指除控制电路外，包括执行元件的工作状态显示、检测仪表、信号指示、参数设定、照明和故障报警等电路。这部分电路具有相对独立性，起辅助作用但又不影响主要功能。辅助电路中很多部分是受控制电路中的元件来控制的。

（4）分析联锁与保护环节。生产机械对于安全性、可靠性有很高的要求，实现这些要求，除了合理地选择拖动、控制方案外，在控制电路中还设置了一系列电气保护和必要的电气联锁。在电气控制原理图的分析过程中，电气联锁与电气保护环节是一个重要内容，电气联锁与各种电气保护措施，例如过载、短路、欠电压、零位、限位等保护措施不能遗漏。

（5）采用化整为零的原则，以某一电动机或电器元件（如接触器或继电器线圈）为对象，从电源开始，自上而下，自左而右，逐一分析其接通断开关系。总体检查，经过"化整为零"，逐步分析了每一局部电路的工作原理以及各部分之间的控制关系之后，还必须用"集零为整"的方法检查整个控制电路，看是否有遗漏。特别要从整体角度去进一步检查和理解各控制环节之间的联系，以达到正确理解原理图中每一个电气元器件的作用。

二、机床电气故障检修方法

1. 机床电气设备故障的诊断步骤

（1）故障调查。

问：机床发生故障后，首先应向操作者了解故障发生的前后情况，有利于根据电气设备的工作原理来分析发生故障的原因。一般询问的内容有：故障发生在开车前、开车后，还是发生在运行中；是运行中自行停车，还是发现异常情况后由操作者停下来的；发生故障时，机床工作在什么工作顺序，按动了哪个按钮，扳动了哪个开关；故障发生前后，设备有无异常现象（如响声、气味、冒烟或冒火等）；以前是否发生过类似的故障，是怎样处理的等。

看：熔断器内熔体是否熔断，其他电气元件有无烧坏、发热、断线，导线连接螺丝有否松动，电动机的转速是否正常。

听：电动机、变压器和有些电气元件在运行时声音是否正常，可以帮助寻找故障的部位。

摸：电动机、变压器和电气元件的线圈发生故障时，温度显著上升，可切断电源后用手去触摸。

（2）电路分析。根据调查结果，参考该电气设备的电气原理图进行分析，初步判断出故障产生的部位，然后逐步缩小故障范围，直至找到故障点并加以消除。

分析故障时应有针对性，如接地故障一般先考虑电气柜外的电气装置，后考虑电气柜内的电气元件。断路和短路故障，应先考虑动作频繁的元件，后考虑其余元件。

（3）断电检查。检查前先断开机床总电源，然后根据故障可能产生的部位，逐步找出故障点。检查时应先检查电源线进线处有无碰伤而引起的电源接地、短路等现象，螺旋式熔断器的熔断指示器是否跳出，热继电器是否动作。然后检查电气外部有无损坏，连接导线有无断路、松动，绝缘有否过热或烧焦。

（4）通电检查。作断电检查仍未找到故障时，可对电气设备作通电检查。

在通电检查时要尽量使电动机和其所传动的机械部分脱开，将控制器和转换开关置于零位，行程开关还原到正常位置。然后万用表检查电源电压是否正常，有否缺相或严重不平衡。再进行通电检查，检查的顺序为：先检查控制电路，后检查主电路；先检查辅助系统，后检查主传动系统；先检查交流系统，后检查直流系统；合上电源开关，观察各电气元件是否按要求动作，有无冒火、冒烟、熔断器熔断的现象，直至查到发生故障的部位。

2. 机床电气故障排除的方法

机床电气故障的检修方法较多，常用的有电压法、电阻法和短接法等。

（1）电压测量法。电压测量法是指利用万用表测量机床电路上某两点间的电压值来判断故障点的范围或故障元件的方法。

1）分阶测量法。电压的分阶测量法如图 5 - 3 所示。

检查时，首先用万用表测量 1、7 两点间的电压，若电路正常应为 380V。然后按住起动按钮 SB2 不放，同时将黑色表棒接到点 7 上，红色表棒按 6、5、4、3、2 标号依次向前移动，分别测量 7-6、7-5、7-4、7-3、7-2 各间之间的电压。电路正常情况下，各间的电压值均为 380V。如测到 7-6 之间无电压，说明是断路故障，此时可将红色表棒向前移，当移至某点（如 2 点）时电压正常，说明点 2 以前的触点或接线有断路故障。一般是点 2 后第一个触点（即刚跨过的停止按钮 SB1 的触点）或连接线断路。

2）分段测量法。电压的分段测量法如图5 - 4 所示。

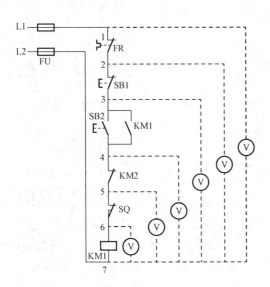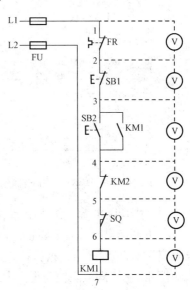

图 5 - 3　电压的分阶测量法　　　　　　　图 5 - 4　电压的分段测量法

先用万用表测试 1、7 两点，电压值为 380V，说明电源电压正常。

电压的分段测试法是将红、黑两根表棒逐段测量相邻两标号点 1-2、2-3、3-4、4-5、5-6、6-7 间的电压。

如电路正常，按 SB2 后，除 6-7 两点间的电压等于 380V 之外，其他任何相邻两点间的电压值均为零。

如按下起动按钮 SB2，接触器 KM1 不吸合，说明发生断路故障，此时可用电压表逐段测试各相邻两点间的电压。如测量到某相邻两点间的电压为 380V 时，说明这两点间所包含的触点、连接导线接触不良或有断路故障。例如标号 4-5 两点间的电压为 380V，说明接触器 KM2 的动断触点接触不良。

（2）电阻测量法。电阻测量法是指利用万用表测量机床电气线路上某两点间的电阻值来判断故障点的范围或故障元件的方法。

1）分阶测量法。电阻的分阶测量法如图 5-5 所示。

按下起动按钮 SB2，接触器 KM1 不吸合，该电路有断路故障。

用万用表的电阻挡检测前应先断开电源，然后按下 SB2 不放松，先测量 1-7 两点间的电阻，如电阻值为无穷大，说明 1-7 之间的电路有断路。然后分阶测量 1-2、1-3、1-4、1-5、1-6 各点间电阻值。若电路正常，则该两点间的电阻值为 "0"；当测量到某标号间的电阻值为无穷大，则说明表棒刚跨过的触点或连接导线断路。

2）分段测量法。电阻的分段测量法如图 5-6 所示。

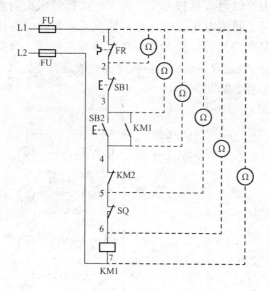
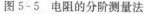
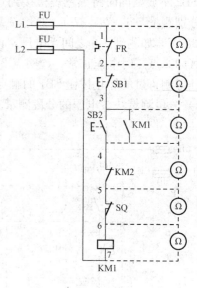

图 5-5　电阻的分阶测量法　　　　　　　　图 5-6　电阻的分段测量法

检查时，先切断电源，按下起动按钮 SB2，然后依次逐段测量相邻两标号点 1-2、2-3、3-4、4-5、5-6 间的电阻。若电路正常，除 6-7 两点间的电阻值为 KM1 线圈电阻外，其余各标号间电阻应为零。如测得某两点间的电阻力无穷大，说明这两点间的触点或连接导线断路。例如，当测得 2-3 两点间电阻值为无穷大时，说明停止按钮 SB1 或连接 SB1 的导线断路。

电阻测量法注意点：

a）用电阻测量法检查故障时一定要断开电源。

b）如被测的电路与其他电路并联时，必须将该电路与其他电路断开，否则所测得的电阻值是不准确的，即断开寄生回路。

c）测量高电阻值的电气元件时，把万用表的选择开关旋转至合适电阻挡位。

（3）短接法。短接法是指用导线将机床线路中两等电位点短接，以缩小故障范围，从而确定故障范围或故障点。

1）局部短接法。局部短接法如图 5-7 所示。

按下起动按钮 SB2 时，接触器 KM1 不吸合，说明该电路有断路故障。检查前先用万用表测量 1-7 两点间的电压值。若电压正常，可按下起动按钮 SB2 不放松，然后用一根绝缘良好的导线，分别短接标号相邻的两点，如短接 1-2、2-3、3-4、4-5、5-6。当短接到某两点时，接触器 KM1 吸合，说明断路故障就在这两点之间。

2）长短接法。长短接法检查断路故障如图 5-8 所示。

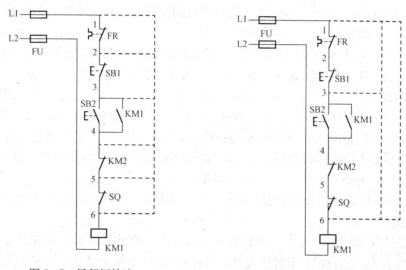

图 5-7　局部短接法　　　　　　图 5-8　长短接法

长短接法是指一次短接两个或多个触点，检查断路故障的方法。

当 FR 的动断触点和 SB1 的动断触点同时接触不良，如用上述局部短接法短接 1-2 点，按下起动按钮 SB2，KM1 仍然不会吸合，故可能会造成判断错误。而采用长短接法将 1-6 短接，如 KM1 吸合，说明 1-6 这段电路中有断路故障，然后再短接 1-3 和 3-6，若短接 1-3 时 KM1 吸合，则说明故障在 1-3 段范围内。再用局部短接法短接 1-2 和 2-3，能很快地排除电路的断路故障。

短接法检查注意点：

a）短接法是用手拿绝缘导线带电操作的，所以一定要注意安全，避免触电事故发生。

b）短接法只适用于检查压降极小的导线和触点之类的断路故障。对于压降较大的电器，如电阻、线圈、绕组等断路故障，不能采用短接法，否则会出现短路故障。

c）对于机床的某些要害部位，必须保障电气设备或机械部位不会出现事故的情况下才能使用短接法。

3. 车床常见电气故障排除

下面举例说明发生能耗制动故障时的故障检修过程。

（1）主电路故障的排除。在主电路中，通过单管整流，将交流电变成直流电，接入电动机的定子绕组，产生一个与电动机转子旋转方向相反的制动力矩，从而使电动机迅速停车。能耗制动故障在主电路中常见的有熔断器 FU2 和二极管 VD 的损坏或接触不良、KM4 的各触点及各连接点的接触情况，用万用表逐一检查即可查出故障点。

[例1] 若主电路中 KM4（203—W12）上 203 线松脱，造成不能能耗制动。用电阻法查找此故障点。

分析 选择万用表的 R×10 电阻挡，一表棒（因二极管具有单向导电性，故在此选择红表棒）放在 V11 点不动，另一表棒（即黑表棒）从 201 点逐步往下移动，并在经过 KM4 触点时，强行使 KM4 触点闭合（只需按住 KM4 的衔铁不放）。若在测量过程中，测量到 V11 与某点间（如 KM4 上的 203 点）的电阻值为无穷大时，则该点（KM4 上的 203 点）或该元件（KM4 触点）即为故障点。

（2）KT 线圈支路故障的排除。KT 线圈通电的路径是：01→FU5→02→SQ1（02-12）→KM1（12-13）→KM4（13-16）→KT 线圈→00。

[例2] KT 线圈不得电，若故障点在 KT 线圈上的 16 号线，用电压法查找此故障点。

分析 选择万用表的交流电压适当量程，一表棒放在 02 线不动，另一表棒依次放在 12、13、16、00 号线上。当万用表有电压指示（此处为 127V）时，故障点也就是该点或前一连接点。本例中当另一表棒移至 KT 上的 16 号线时，万用表仍无电压指示，而移至 KT 上的 0 号线时，会有 127V 的电压指示，此时即可确定故障点为 KT 上的 16 号线。（测量过程中压入 SQ1）

（3）KM4 线圈支路故障的排除。KM4 线圈通电的路径是：01→FU5→02→KT（02-13）→KM1（13-14）→KM2（14-15）→KM4 线圈→00。

[例3] KM4 线圈不得电，若故障点在触点 KM1（13-14）上的 14 号线上，用短路法查找此故障点。

分析 因 KT 能得电，若线路中只有一个故障点，则此时故障现象应是 KT 吸合不释放，可将等电位点 13 号线与 15 号线短接，若此时 KM4 线圈能得电，说明故障范围在 13 号线与 15 号线之间，可在断电情况下，用电阻法很快可查找到此故障点。

思考与练习

1. 选择题

（1）C6140T 型普通车床控制电路中照明回路的电压最可能是（　　）。

A. 380V AC　　　　B. 220V AC　　　　C. 110V AC　　　　D. 36V AC

（2）C6140T 型普通车床控制电路中，主轴电动机和冷却泵电动机的起动控制关系是（　　）。

A. 点动　　　　B. 长动　　　　C. 两地控制　　　　D. 顺序控制

（3）C6140T 型普通车床控制电路中，快速电动机的控制方法是（　　）。

A. 点动　　　　B. 长动　　　　C. 两地控制　　　　D. 顺序控制

（4）C6140T 型普通车床主轴电动机采用（　　）制动方式。

A. 反接　　　　B. 能耗　　　　C. 电磁离合器　　　　D. 电磁抱闸

2. 判断题

（1）C6140T 型普通车床电气控制电路中，刀架快速移动电动机未设过载保护，是由于该电动机容量太小。（　　）

（2）C6140T 型普通车床控制电路中，主轴电动机、冷却泵电动机未设熔断器和热继电器，是由于电源开关使用了低压断路器。（　　）

（3）采用电阻法检查机床电气控制电路故障时，电阻测量值为零，表明电路无故障。（　　）

3. 简答题

（1）试述 C6140T 型车床的能耗制动工作过程？

（2）按下起动按钮 SB2，KM1 吸合但主轴电动机不转，试分析原因，并简要写出检查故障的过程。

任务二　X6132 型万能卧式铣床电气控制电路分析与故障检修

万能铣床是一种通用的多用途机床，可用来加工平面、斜面、沟槽，装上分度头后，可以铣切直齿轮和螺旋面，加装圆工作台，可以铣切凸轮和弧形槽。铣床的控制是机械与电气一体化的控制。

本任务要求识读 X6132 型万能卧式铣床电气控制原理图，利用万用表检测并排除 X6132 万能卧式铣床电气控制电路的常见故障。

【任务目标】

（1）进一步了解分析机床电气控制电路的一般方法和步骤。

（2）能熟练分析 X6132 型万能卧式铣床电气控制电路的工作原理。

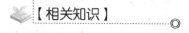
【相关知识】

一、铣床的主要结构和运动形式

1. 铣床的主要结构

X6132 型万能卧式铣床主要构造由床身、悬梁及刀杆支架、工作台、溜板和升降台等部分组成，其外形与结构如图 5-9 所示（说明：主要关注可移动部分的结构）。

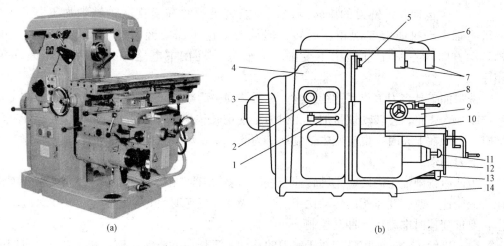

图 5-9　X6132 型万能卧式铣床

(a) 外形图；(b) 结构图

1—主轴变速手柄；2—主轴变速盘；3—主轴电动机；4—床身；5—主轴；6—悬架；7—刀架支杆；8—工作台；
9—转动部分；10—溜板；11—进给变速手柄及变速盘；12—升降台；13—进给电动机；14—底盘

　　箱形的床身 4 固定在底盘 14 上，在床身内装有主轴传动机构及主轴变速操纵机构。在床身的顶部有水平导轨，其上装有带着一个或两个刀杆支架的悬梁。刀杆支架用来支承安装铣刀心轴的一端，而心轴的另一端则固定在主轴上。在床身的前方有垂直导轨，一端悬持的升降台可沿之作上下移动。在升降台上面的水平导轨上，装有可平行于主轴轴线方向移动（横向移动）的溜板 10。工作台 8 可沿溜板上部转动部分 9 的导轨在垂直与主轴轴线的方向移动（纵向移动）。这样，安装在工作台上的工件可以在三个方向调整位置或完成进给运动。此外，由于转动部分对溜板 10 可绕垂直轴线转动一个角度转（通常为±45°），这样，工作台在水平面上除能平行或垂直于主轴轴线方向进给外，还能在倾斜方向进给，从而完成铣螺旋槽的加工。

　　2. 铣床的运动形式

　　(1) 主运动：铣刀的旋转运动。

　　(2) 进给运动：工件相对于铣刀的移动，包括工作台的左右、上下和前后进给移动。

　　(3) 旋转进给移动：装上附件圆工作台。

　　工作台是用来安装夹具和工件的。在横向溜板上的水平导轨上，工作台沿导轨作左、右移动。在升降台的水平导轨上，使工作台沿导轨前、后移动。升降台依靠下面的丝杠，沿床身前面的导轨同工作台一起上、下移动。

　　(4) 变速冲动：为了使主轴变速、进给变速时变换后的齿轮能顺利地啮合，主轴变速时主轴电动机应能转动一下，进给变速时进给电动机也应能转动一下。这种变速时电动机稍微转动一下，称为变速冲动。

　　除此之外，铣床的运动还包括：进给几个方向的快移运动，工作台上下、前后、左右的手摇移动，回转盘使工作台向左、右转动±45°，悬梁及刀杆支架的水平移动。除进给几个方向的快移运动由电动机拖动外，其余均为手动。

　　工作台的进给速度与快移速度是通过电磁离合器改变不同的传动链来实现。

　　3. 铣床加工对控制电路要求分析——从运动情况看电气控制要求

　　(1) 主运动——铣刀的旋转运动。为能满足顺铣和逆铣两种铣削加工方式的需要，要求主轴电动机能够实现正、反转，但放置方向不需要经常改变，仅在加工前预选主轴转动方向而在加工过程中不变换。主轴电动机在主电路中采用倒顺开关改变电源相序。

　　铣削加工是多刀多刃不连续切削，负载波动。为减轻负载波动的影响，往往在主轴传动系统中加入飞轮，使转动惯量加大；但为实现主轴快速停车，主轴电动机应设有停车制动。同时，主轴在上刀时，也应使主轴制动。为此，本铣床采用电磁离合器控制主轴停车制动和主轴上刀制动。

　　为适应铣削加工需要，主轴转速与进给速度应有较宽的调节范围。X6132 型万能铣床采用机械变速，改变变速箱的传动比来实现。为保证变速时齿轮易于啮合，减少齿轮端面的冲击，要求变速时电动机有冲动控制。

　　(2) 进给运动——工件相对于铣刀的移动。工作台的纵向、横向和垂直三个方向的运动由同一台进给电动机拖动，而三个方向的选择是由操纵手柄改变传动链来实现的。每个方向又有正、反向的运动，这就要求进给电动机能正、反转。而且，同一时间只允许工作台只有一个方向的移动，故应有联锁保护。

纵向、横向、垂直方向与圆工作台的联锁：为了保证机床、刀具的安全，在铣削加工时，只允许工作台作一个方向的进给运动。在使用圆工作台加工时，不允许工件作纵向、横向和垂直方向的进给运动。为此，各方向进给运动之间应具有联锁环节。

在铣削加工中，为了不使工件和铣刀碰撞发生事故，要求进给拖动一定要在铣刀旋转时才能进行，因此要求主轴电动机和进给电动机之间要有可靠的联锁，即进给运动要在铣刀旋转之后进行，加工结束必须在铣刀停转前停止进给运动。

为供给铣削加工时冷却液，应有冷却泵电动机拖动冷却泵，供给冷却液。

为适应铣削加工时操作者的正面与侧面操作要求，机床应对主轴电动机的起动与停止及工作台的快速移动控制，具有两地操作的性能。

工作台上下、左右、前后六个方向的运动应具有限位保护。

铣削加工中，根据不同的工件材料，也为了延长刀具的寿命和提高加工质量，需要切削液对工件和刀具进行冷却润滑，而有时又不采用，因此采用转换开关控制冷却泵电动机单向旋转。

此外还应配有安全照明电路。

二、电磁离合器

电磁离合器种类很多，在这里，介绍摩擦片式电磁离合器。它是利用表面摩擦来传递或隔离两根转轴的运动和转矩，以改变所控制机械装置的运动状态。其结构示意图和电路符号如图 5-10 所示。

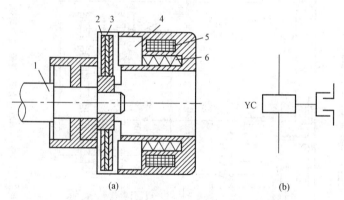

图 5-10　摩擦片式电磁制动器结构示意图和电路符号

（a）电磁离合器结构示意图；（b）电磁离合器的电路符号图

1—电动轴；2—外摩擦片；3—内摩擦片；4—衔铁；5—直流线圈；6—弹簧

电磁离合器主要由制动电磁铁（包括铁心、衔铁和线圈）、内摩擦片、外摩擦片和制动弹簧等组成。

由于电磁离合器传递转矩大，体积小，制动方便，较平稳迅速，易于安装在机床内部，所以在机床上经常采用。

【任务实施】

一、X6132 型铣床电气原理图分析

X6132 型万能卧式铣床电气原理图如图 5-11 所示。

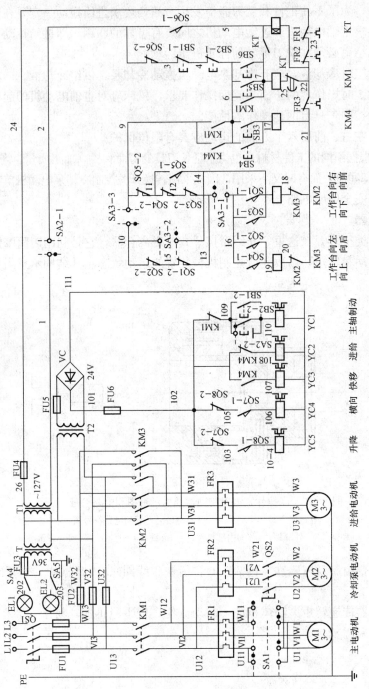

图 5-11　X6132 型万能卧式铣床电气原理图

1. 主轴电动机控制电路分析

主电路分析：合上电源开关 QS1，主轴电动机 M1 由交流接触器 KM1 控制，万能转换开关（简称转换开关）SA1 预选旋转方向，实现直接起动，FR1 实现长期过载保护，FU1 实现短路保护，如图 5-12 所示。

控制电路分析：

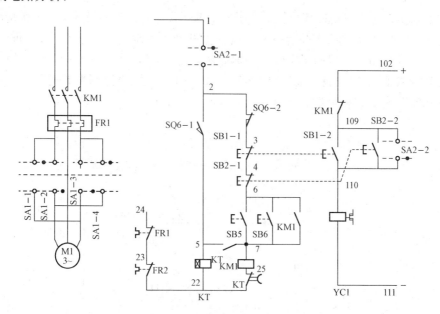

图 5-12　主轴电动机控制电路原理图

（1）主轴的起动过程分析。将转换开关 SA1 置于所需要的旋转方向→按下起动按钮 SB5 或 SB6→接触器 KM1 线圈通电→动合触点 KM16-7 闭合进行自锁，同时主触点闭合→主轴电动机 M1 旋转。

在主轴起动的控制电路中串联有热继电器 FR1 和 FR2 的动断触点 22-23 和 23-24。这样，当电动机 M1 和 M2 中有任一台电动机发生长期过载，热继电器动断触点的动作将使两台电动机都停止。

主轴起动的控制回路为：1→SA2-1→SQ6-2→SB1-1→SB2-1→SB5（或 SB6）→KM1 线圈→25→KT 延时动断触点→22→FR2→23→FR1→24。

（2）主轴的停车制动过程分析。按下停止按钮 SB1 或 SB2→其动断触点 3-4 或 4-6 断开→接触器 KM1 线圈因断电而释放，但主轴电动机因惯性仍然在旋转。按停止按钮时应按到底，则 SB1 或 SB2 动合触点 109-110 闭合→主轴制动离合器 YC1 线圈通电吸合→使主轴制动，迅速停止旋转。

（3）主轴的变速冲动过程分析。主轴变速时，首先将变速操纵盘上的变速操纵手柄拉出，然后转动变速盘，选好速度后再将变速操作手柄推回。当把变速手柄推回原来位置的过程中，通过机械装置触动冲动开关 SQ6，则 SQ6-1 闭合，SQ6-2 断开。SQ6-2（2-3）断开→接触器 KM1 线圈断电；SQ6-1 瞬时闭合→时间继电器 KT 线圈通电→其瞬动动合触点 KT（5-7）瞬时闭合→接触器 KM1 线圈瞬时通电→主轴电动机作瞬时转动，进行变速冲动，以利于变速齿轮进入啮合位置；同时，时间继电器 KT 线圈通电→KT 延时动断触点 25-22 延时断开→接触器 KM1 线圈断电，防止由于操作者延长推回手柄的时间而导致电动机冲动时间过长、变速齿轮转速高而发生打坏轮齿的现象。

主轴正在旋转，主轴变速时不必先按停止按钮再变速。这是因为当变速手柄推回原来位置的过程中，通过机械装置使 SQ6-2（2-3）触点断开，使接触器 KM1 线圈断电释放，电动机 M1 停止转动。

（4）主轴换刀时的制动过程分析。为了使主轴在换刀时不随意转动，换刀前应将主轴制动。将转换开关 SA2 扳到换刀位置→其触点 1-2 断开了控制电路的电源，以保证人身安全；另一个 SA2 触点 109-110 接通了主轴制动电磁离合器 YC1，使主轴不能转动。换刀后再将转换开关 SA2 扳回工作位置→触点 SA2-1（1-2）闭合，接通控制电路电源。触点 SA2-2（109-110）断开→主轴制动离合器 YC1 断电。

2. 进给电动机控制电路分析

主电路分析：进给电动机 M3 通过接触器 KM2、KM3 实现正反转控制，由 FR3 实现长期过载保护。进给运动有左右的纵向运动、前后的横向运动和上下的垂直运动。原理图如图 5-13 所示。

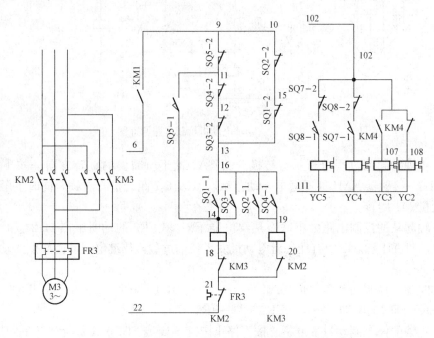

图 5-13　工作台纵向、横向、垂直进给控制电路原理图

工作台的直线运动是由传动丝杠的旋转带动的。工作台可以在三个坐标轴上运动，因此设有三根传动丝杠，它们相互垂直。三根丝杠的动力都有进给电动机 M3 提供。三个轴向离合器中哪一个挂上，进给电动机就将动力传给哪一个丝杠。例如，将垂直离合器挂上，电动机就带动垂直丝杠转动，使工作台向上或向下运动。若进给电动机正向旋转，工作台就向下运动；若进给电动机反向旋转，工作台就向上运动。因此工作台运动方向的选择，就是机械离合器的选择和电动机转向选择的结合。而操纵手柄扳向某位置，既确定了哪个离合器被挂上，又确定了进给电动机的转向，因而确定了工作台的运动方向。

同一台进给电动机拖动工作台六个方向运动示意如图 5-14 所示。

进给电动机的正、反转接触器 KM2、KM3 是由行程开关 SQ1、SQ3 与 SQ2、SQ4 来控制的，行程开关又是由两个机械操纵手柄控制的。这两个机械操纵手柄，一个是纵向操纵手柄，另一个是垂直与横向操纵手柄。扳动机械操纵手柄，在完成相应的机械挂挡同时，压合相应的行程开关，从而接通接触器，起动进给电动机，拖动工作台按预定方向运动。在工作进给时，由于快速移动接触器 KM4 线圈处于断电状态，使进给移动电磁离合器 YC2 线圈通电，工作台的运动是工作进给。

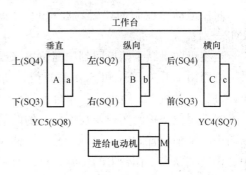

图 5-14　同一台进给电动机拖动
工作台六个方向运动示意图

纵向机械操纵手柄有左、中、右三个位置，垂直与横向机械操纵手柄有上、下、前、后、中五个位置。SQ1、SQ2 是与纵向操纵手柄有关的行程开关；SQ3、SQ4 是与垂直、横向操纵手柄有关的行程开关。当这两个机械操纵手柄处于中间位置时，SQ1～SQ4 都处于未被压下的原始状态，当扳动机械操纵手柄时，将压下相应的行程开关。

将电源开关 QS1 合上，起动主轴电动机 M1，接触器 KM1 吸合自锁，进给控制电路就有了控制电源，则可以起动进给电动机 M3。

（1）工作台纵向（左、右）进给运动的控制分析。先将圆工作台的转换开关 SA3 置"断开"位置，这时转换开关 SA3 各触点的通断情况见表 5-2。

表 5-2　　　　　　　　　圆工作台转换开关 SA3 触点通断情况

触点	圆工作台位置	
	接通	断开
SA3-1（13-16）	－	＋
SA3-2（10-14）	＋	－
SA3-3（9-10）	－	＋

由于 SA3-1（13-16）闭合，SA3-2（10-14）断开，SA3-3（9-10）闭合，所以这时工作台的纵向、横向和垂直进给的控制电路如图 5-13 所示。

1）向右运动工作过程分析：工作台纵向操纵手柄扳到右边位置，一方面进给电动机的传动链和工作台纵向运动传动机构相连，另一方面压下向右进给的微动开关 SQ1→动断触点 SQ1-2（13-15）断开，同时动合触点 SQ1-1（14-16）闭合→接触器 KM2 线圈通电→进给电动机 M3 正向旋转，拖动工作台向右移动。

向右运动的控制回路是：9→SQ5-2→SQ4-2→SQ3-2→SA3-1→SQ1-1→KM2 线圈→KM3→21。

2）向左运动工作过程分析：工作台纵向操纵手柄扳到左边位置，一方面进给电动机的传动链和工作台纵向运行传动机构相连，另一方面压下向左进给的微动开关 SQ2→动断触点 SQ2-2（10-15）断开，同时动合触点 SQ2-1（16-19）闭合→接触器 KM3 线圈通电→进给电动机 M3 反向旋转→拖动工作台向左移动。

向左运动的控制回路是：9→SQ5-2→SQ4-2→SQ3-2→SA3-1→SQ2-1→KM3 线圈→KM2→21。

当将纵向操纵手柄扳回到中间位置（或称零位）时，一方面纵向运动的机械机构脱开，另一方面微动开关 SQ1 和 SQ2 都复位，其动合触点断开，接触器 KM2 或 KM3 线圈断电释放，进给电动机 M3 停止，工作台也停止。

终端限位保护的实现：在工作台的两端各有一块挡铁，当工作台移动到挡铁位置，碰动纵向进给手柄位置时，会使纵向进给手柄回到中间位置，实现自动停车，这就是终端限位保护。调整挡铁在工作台上的位置，可以改变停车的终端位置。

（2）工作台横向（前、后）和垂直（上、下）进给运动的控制分析。将圆工作台转换开关 SA3 也扳到"断开"位置，这时的控制电路也如图 5 - 13 所示。

操纵工作台横向进给运动和垂直进给运动的手柄为十字手柄。它有两个，分别装在工作台左侧的前、后方。它们之间有机构连接，只需操纵其中的任意一个即可。手柄有上、下、前、后和零位共五个位置。

1）向下或向前运动工作过程分析：

向下运动：手柄在"下"位置，SQ8 被压，SQ8-1 闭合→YC5 得电→电动机的传动机构和垂直方向的传动机构相连，同时 SQ3 被压→KM2 线圈得电→M3 正转→工作台下移。

向前运动：手柄在"前"位置，SQ7 被压，SQ7-1 闭合→YC4 得电→电动机的传动机构和横向传动机构相连，同时 SQ3 被压→KM2 线圈得电→M3 正转→工作台前移。

向下或向前运动的控制回路：6→KM1→9→SA3-3→10→SQ2-2→15→SQ1-2→13→SA3-1→16→SQ3-1→KM2 线圈→18→KM3→21。

2）向上或向后运动工作过程分析：

向上运动：手柄在"上"位置，SQ8 被压，SQ8-1 闭合→YC5 得电→电动机的传动机构和垂直方向的传动机构相连，同时 SQ4 被压→KM3 线圈得电→M3 反转→工作台上移。

向后运动：手柄在"后"位置，SQ7 被压，SQ7-1 闭合→YC4 得电→电动机的传动机构和横向传动机构相连，同时 SQ4 被压→KM3 线圈得电→M3 反转→工作台后移。

向上、向后控制回路是：6→KM1→9→SA3-3→10→SQ2-2→15→SQ1-2→13→SA3-1→16→SQ4-1→19→KM3 线圈→20→KM2→21。

当手柄回到中间位置时，机械机构都已脱开，各行程开关也都已复位，接触器 KM2 和 KM3 都已释放，所以进给电动机 M3 停止，工作台也停止。

以上六个方向的运动总结如下：

向右进给时，SQ1-1 闭合→KM2 线圈得电→M3 得电正转；

向左进给时，SQ2-1 闭合→KM3 线圈得电→M3 得电反转；

向上、下进给时，SQ8-1 闭合→YC5 得电，进给电动机的传动机构与垂直方向传动机构相连；

向前、后进给时，SQ7-1 闭合→YC4 得电，进给电动机的传动机构与横向传动机构相连；

向下、前进给时，SQ3-1 闭合→KM2 线圈得电→M3 得电正转；

向上、后进给时，SQ4-1 闭合→KM3 线圈得电→M3 得电反转。

（3）工作台的快速移动。为了缩短对刀时间，要求工作台实现快速移动。快速移动的控制电路如图 5-15 所示。

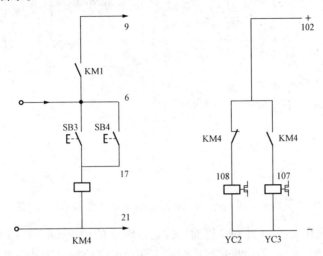

图 5-15 工作台快速移动控制电路

主轴起动以后，将操纵工作台进给的手柄扳到所需的运动方向，工作台就按操纵手柄指定的方向作进给运动（进给电动机的传动链 M 与 A 或 B 或 C 相连，见图 6-5）。这时如按下快速移动按钮 SB3 或 SB4→接触器 KM4 线圈通电→KM4 动断触点 102-108 断开→进给电磁离合器 YC2 失电。

同时 KM4 动合触点 102-107 闭合→电磁离合器 YC3 通电，接通快速移动传动链（进给电动机的传动链 M 与 a 或 b 或 c 相连，见图 6-5）。工作台按原操作手柄指定的方向快速移动。当松开快速移动按钮 SB3 或 SB4→接触器 KM4 线圈断电→快速移动电磁离合器 YC3 断电，进给电磁离合器 YC2 得电，工作台就以原进给的速度和方向继续移动。

（4）进给变速冲动。为了使进给变速时齿轮容易啮合，要求设置变速冲动环节。电路如图 5-16 所示，控制过程如下：

先起动主轴电动机 M1，使接触器 KM1 线圈得电吸合，它在进给控制电路中的动合触点 6-9 闭合。变速时将变速盘往外拉到极限位置，再把它转到所需的速度，最后将变速盘往里推。在推的过程中挡块压一下微动开关 SQ5，其动断触点 SQ5-2（9-11）断开一下，同时其动合触点 SQ5-1（11-14）闭合一下，接触器 KM2 线圈短时得电吸合，进给电动机 M3 就转动一下。当变速盘推到原位时，变速后的齿轮已顺利啮合。

变速冲动的控制回路：6→KM1→9→SA3-3→10→SQ2-2→15→SQ1-2→13→SQ3-2→12→SQ4-2→11→SQ5-1→14→KM2 线圈→18→KM3→21。

（5）圆形工作台时的控制。铣削圆弧和凸轮等曲线，可以装上机床附件圆工作台。圆工作台由进给电动机 M3 经纵向传动机构拖动。圆工作台的控制电路如图 5-17 所示。

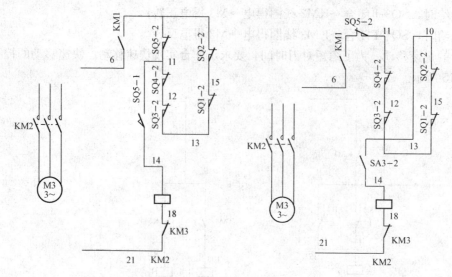

图 5 - 16　进给变速冲动控制电路　　　　图 5 - 17　圆工作台的控制电路

将圆工作台转换开关 SA3 转到"接通"位置，SA3 的触点 SA3-1（13-16）断开、SA3-2（10-14）闭合、SA3-3（9-10）断开。同时将工作台的进给操纵手柄都扳到中间位置。

按下主轴起动按钮 SB5 或 SB6→接触器 KM1 吸合并自锁→KM1 的动合辅助触点 6-9 也同时闭合→接触器 KM2 线圈也紧接着得电吸合→进给电动机 M3 正向转动，拖动圆工作台转动。因为只能使接触器 KM2 线圈得电，KM3 线圈不能得电，所以圆工作台只能沿一个方向转动。

圆工作台的控制回路是：6→KM1→9→SQ5-2→11→SQ4-2→12→SQ3-2→13→SQ1-2→15→SQ2-2→10→SA3-2→14→KM2 线圈→18→KM3→21。

（6）进给的联锁。

1）主轴电动机与进给电动机之间的联锁。

设置原因：防止在主轴不转时，工件与铣刀相撞而损坏机床。

实现方法：在接触器 KM2 或 KM3 线圈回路中串联 KM1 动合触点 6-9。

2）工作台不能几个方向同时移动。

设置原因：防止工作台两个以上方向同进给时造成事故。

实现方法：由于工作台的左右移动是由一个纵向进给手柄控制，同一时间内不会又向左又向右。工作台的上、下、前、后是由同一个十字手柄控制，同一时间内这四个方向也只能一个方向进给。所以只要保证两个操纵手柄都不在零位时，工作台不会沿两个方向同时进给即可。

将纵向进给手柄压下的微动开关 SQ1 和 SQ2 的动断触点 SQ1-2（13-15）和 SQ2-2（10-15）串联在一起，再将垂直进给和横向进给的十字手柄压下的微动开关 SQ3 和 SQ4 的动断触点 SQ3-2（12-13）和 SQ4-2（11-12）串联在一起，并将这两个串联电路再并联起来，以控制接触器 KM2 和 KM3 的线圈通路。如果两个操纵手柄都不在零位，则有不同支路的两个微动开关被压下，其动断触点的断开使两条并联支路都断开，进给电动机 M3 因接触器 KM2 和 KM3 的线圈都不能通电而不能转动。

3）进给变速时两个进给操纵手柄都必须在零位。

设置原因：为了安全起见，进给变速冲动时不能有进给移动。

实现方法：SQ1、SQ2、SQ3、SQ4 的四个动断触点 SQ1-2、SQ2-2、SQ3-2 和 SQ4-2 串联在 KM2 线圈回路。当进给变速冲动时，短时间压下微动开关 SQ5，其动断触点 SQ5-2（9-11）断开，其动合触点 SQ5-1（11-14）闭合，如果有一个进给操纵手柄不在零位，则因微动开关动断触点的断开而接触器 KM2 线圈不能得电吸合，进给电动机 M3 也就不能转动，防止了进给变速冲动时工作台的移动。

4）圆工作台的转动与工作台的进给运动不能同时进行。

设置原因：因为圆工作台是旋转运动，工作台是直线运动，两者是针对不同加工任务，不能同时进行。

实现方法：将 SQ1、SQ2、SQ3、SQ4 的四个动断触点 SQ1-2、SQ2-2、SQ3-2、SQ4-2 串联在 KM2 线圈的回路中，当万能转换开关 SA3 转到圆工作台"接通"位置时，两个进给手柄压下如果有一个进给操纵手柄不在零位，则微动开关 SQ1、SQ2、SQ3、SQ4 的四个动断触点 SQ1-2、SQ2-2、SQ3-2、SQ4-2 因断开而使接触器 KM2 线圈不能得电吸合，进给电动机 M3 不能转动，圆工作台也就不能转动。只有两个操纵手柄恢复到零位，进给电动机 M3 方可旋转，圆工作台方可转动。

3．照明电路

图 5-11 中，照明变压器 T 将 380V 的交流电压降到 36V 的安全电压，供照明用。照明电路由转换开关 SA4、SA5 分别控制灯泡 EL1、EL2。熔断器 FU3 用作照明电路的短路保护。

整流变压器 T2 输出低压交流电，经桥式整流电路供给五个电磁离合器以 36V 直流电源。控制变压器 T1 输出 127V 交流控制电压。

二、X6132 型万能卧式铣床电气电路常见故障分析

1．接触器 KM1 能正常吸合，主轴电动机 M1 不转

（1）可能原因：

1）接触器动合主触点接触不良；

2）热继电器的热元件断路；

3）电动机本身故障；

4）电源接入端断路器损坏。

5）转换开关 SA1 触点接触不良或损毁。

（2）检修步骤：

第一步：将万用表拨至交流电压挡位，测量接触器下端子处各点间电压。如果正常，可判定接触器良好，可进行第二步检测判断；如果不正常，再用万用表交流电压挡测量接触器上端子处各点间电压。上端电压检测若不正常，说明电源供给有问题，进行第三步判断。

第二步：用万用表交流电压挡测量热继电器下端子处各点间电压，不正常，可判断热继电器有故障，更换热元件或热继电器；若正常，断电检测电动机各相绕组，排除电动机故障。

第三步：使用万用表检测断路器，发现损坏。更换同样型号和规格的断路器。

2. 接触器 KM1 不吸合，主轴电动机 M1 不能起动

（1）如果转换开关 SA2 在"工作位"，则故障原因为：

1）对应电路熔断器 FU4 熔断；

2）控制变压器 T1 损坏；

3）与接触器 KM1 线圈相连接的器件 SQ6、SB1、SB2、SB5、SB6、KT 延时触点任一个接触不良和电路有故障。

4）热继电器 FR1、FR2 动断触点未导通。

5）接触器 KM1 线圈断路。

（2）检修步骤：

将万用表拨至电阻挡，并断开电路电源，依次检测控制电路和元件。根据电阻值判断故障电路和元件，及时更换元件和维修电路。

3. 主轴电动机 M1 不能迅速制动

（1）可能原因：

1）机械故障；

2）电磁离合器吸力不够，使内外摩擦片不能压紧，制动效果差。

（2）检修步骤：

第一步：检查机械部分，看制动部件在制动是否接触良好；若有故障，可调整间隙，保证制动离合器吸合制动良好。若无故障，进行第二步检查。

第二步：使用万用表测量变压器输出端相应接线端子电压，看其电压是否正常，正常为28V，整流桥 VC 输出电压正常为 24V；若变压器输出电压不符，则变压器有故障，需进行更换。若整流桥输出电压不符，则整流桥有故障，进行第三步检测。

第三步：检测整流桥，需拆下整流桥，用万用表检查其各桥臂电阻值。检测其好坏，若某只二极管短路，则由全波整流变为半波整流，电压减半，制动力不够。需更换同样型号和规格的二极管。

4. 主轴运转正常，进给电动机不转

（1）可能原因：

1）进给电动机主电路接触器 KM2、KM3 动合主触点接触不良；

2）热继电器 FR3 的热元件断路；

3）电动机 M3 本身故障；

4）进给电动机控制回路的电路或电器元件发生故障。

（2）检修步骤：

第一步：在操作中首先观察进给电动机主电路接触器 KM2、KM3 的动作状况，若动作正常，那么故障发生在进给电动机的主电路中，进行第二步检查；若动作不正常，进行第五步检查。

第二步：检查接触器主触点 KM2、KM3 是否接触良好。不正常，修复或者更换元件；正常，则进行第三步检查。

第三步：检查热继电器 FR3 的热元件是否断路。若不正常，更换原件；若正常进行第四步检查。

第四步：检查进给电动机，对故障及时维修或更换电动机。

第五步：检查进给控制电路各元件触点接触状况，发现故障维修电路或更换元件。

5. 主轴停车后又短时反转

（1）可能原因：接触器的主触点释放迟缓。

（2）检修步骤：调节接触器 KM1 的反作用弹簧。

6. 按停止按钮后主轴不停转

（1）可能原因：接触器主触点熔焊，电动机不能和电源断开。

（2）检修步骤：切断电源，检查相应接触器触点情况，更换元件。

7. 工作台不能快速移动

如果工作台能够正常进给，那么故障可能的原因是 SB3 或 SB4、KM4 动合触点，YC3 线圈损坏。

8. 主轴电动机不能变速冲动或冲动时间过长

（1）SQ6-1 触点或者时间继电器 KT 的触点接触不良。

（2）冲动时间过长的原因是时间继电器 KT 的延时太长。

9. 工作台各个方向都不能进给

（1）KM1 的辅助触点 6-9 接触不良。

（2）热继电器 FR3 动作后没有复位。

10. 进给不能变速冲动

如果工作台能正常各个方向进给，那么故障可能的原因是 SQ5-1 动合触点损坏。

11. 工作台能够左、右和前、下运动而不能后、上运动

由于工作台能左右运动，所以 SQ1-1、SQ2-1 没有故障；由于工作台能够向前、向下运动，所以 SQ7、SQ8、SQ3-1 没有故障，所以故障的可能原因是 SQ4 行程开关的动合触点 SQ4-1 接触不良。

12. 工作台能够左、右和前、后运动而不能上、下运动

由于工作台能左右运动，所以 SQ1、SQ2 没有故障；由于工作台前后运动，所以 SQ3、SQ4、SQ7、YC4 没有故障，因此故障可能的原因是 SQ8 动合触点接触不良或 YC5 线圈损坏。

13. 圆工作台不能工作

圆工作台不工作时，应将圆工作台转换开关 SA3 置于"断开"位置，检查纵向和横向进给工作是否正常，排除四个位置开关 SQ1～SQ4 动断触点之间联锁的故障。当纵向和横向进给正常后，圆工作台不工作故障只在 SA3-2 触点或其连线上。

【技能训练与考核】

X6132 型万能卧式铣床常见电气故障分析与排除

1. 典型故障

（1）合上 QS1，操作各按钮，没任何反应。

（2）主轴电动机不能起动，冷却泵电动机可以起动。

（3）主轴电动机能自然停车，但不能实施制动。

（4）按下 SB1 或 SB2，主轴电动机不能停止，继续运转。

2. X6132 型万能卧式铣床排故练习

(1) 在教师指导下对车床进行操作。

(2) 对照图纸熟悉元件及位置。

(3) 观察、体会教师示范检修流程。

(4) 在铣床上人为设置自然故障点,故障的设置应注意以下几点:

1) 人为设置的故障必须是模拟铣床在工作中由于受外界因素影响而造成的自然故障。

2) 不能设置更改电路或更换元件等由于人为原因而造成的非自然故障。

3) 设置故障不能损坏电路元器件,不能破坏电路美观;不能设置易造成人身事故的故障;尽量不设置易引起设备事故的故障,若有必要应在教师监督和现场密切注意的前提下进行,例如电动机主回路故障。

(5) 故障的设置先易后难,先设置单个故障点,然后过渡到两个故障点。

1) 故障检测前后先通过试车说出故障现象,分析故障大致范围,讲清拟采用的故障排除手段、检测流程,正确无误后方能在监护下进行检测训练。

2) 找出故障点以后切断电源,仔细修复,不得扩大故障或产生新的故障;故障排除后通电试车。

3. 铣床排故评分标准

在 30min 内排除两个电气电路故障,评分标准见表 5 - 3。

表 5 - 3　　　　　　　　　　　　　铣床排故评分标准

序号	项目	评分标准	配分	扣分	得分
一	观察故障现象	两个故障,观察不出故障现象,每个扣 10 分	20		
二	故障分析	分析和判断故障范围,每个故障占 20 分 每一个故障,范围判断不正确每次扣 10 分;范围判断过大或过小,每超过一个元器件扣 5 分,扣完这个故障的 20 分为止	40		
三	故障排除	正确排除两个故障,不能排除故障,每个扣 20 分	40		
四	其他	不能正确使用仪表扣 10 分;拆卸无关的元器件、导线端子,每次扣 5 分;扩大故障范围,每个故障扣 5 分;违反电气安全操作规程,造成安全事故者酌情扣分;修复故障过程中超时,每超时 5min 扣 5 分计算	从总分倒扣		
开始时间		结束时间		成绩		评分人	

【知识拓展】

多地控制和顺序控制

1. 多地控制

在一些大型生产机械和设备上,要求操作人员在不同方位能进行操作与控制,即实现多地控制。多地控制是用多组起动按钮、停止按钮来进行的,这些按钮连接的原则是:所有起动按钮的动合触点要并联,即逻辑或关系;所有停止按钮的动断触点要串联,即逻辑与的关系。图 5-18 是电动机多地联锁的控制电路。

2. 顺序控制

在生产实际中，有些设备往往要求多台电动机按一定顺序实现起动和停止，如磨床上的电动机就要求先起动油泵电动机，再起动主轴电动机。本模块中，铣床上的进给电动机必须在主轴电动机起动后才能起动。顺序起停控制电路有顺序起动、同时停止控制电路和顺序起动、顺序停止的控制电路。图 5-19 为两台电动机顺序控制电路图。

图 5-19（a）为两台电动机顺序控制主电路。图 5-19（b）为按顺序起动电路图。合上电源开关，按下起动按钮 SB2，KM1 线圈通电并自锁，电动机 M1 起动旋转，同时串在 KM2 线圈电路中的 KM1 动合触点也闭合，此时再按下按钮 SB4，KM2 线圈通电并自锁，电动机 M2 起动旋转。如果先按下 SB4 按钮，因 KM1 动合触点断开，电动机 M2 不可能先起动，达到按顺序起动 M1、M2 的目的。

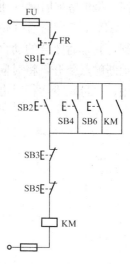

图 5-18　电动机多地联锁的控制电路

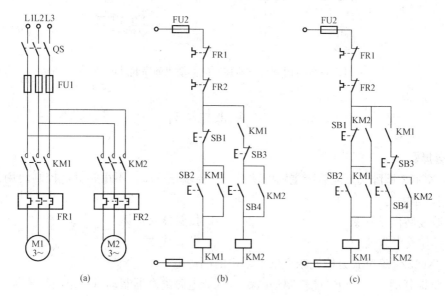

图 5-19　两台电动机顺序控制电路

（a）主电路；（b）顺序起动；（c）顺序起动、逆序停止

生产机械除要求按顺序起动外，有时还要求按一定顺序停止。如带式输送机，前面的第一台运输机先起动，再起动后面的第二台；停车时应先停第二台，再停第一台，这样才不会造成物料在传送带上的堆积和滞留。图 5-19（c）为按顺序起动、逆序停止的控制电路，是在图 5-19（b）基础上，将接触器 KM2 的动合触点并接在第一台电动机停止按钮 SB1 的两端，这样，即使先按下 SB1，由于 KM2 线圈仍通电，电动机 M1 不会停转，只有按下 SB3，电动机 M2 先停后，再按下 SB1 才能使 M1 停转，达到先停 M2、后停 M1 的目的。

在许多顺序控制中，还要求有一定的时间间隔，此时往往用时间继电器来实现。

图 5-20 是利用时间继电器控制的顺序起动电路。合上电源开关，按下起动按钮 SB2，KM1、KT 同时通电并自锁，电动机 M1 起动运转。当通电延时型时间继电器 KT 延时时间到，其延时闭合的动合触点闭合，接通 KM2 线圈电自锁，电动机 M2 起动旋转，同时 KM2 动断触点断开，将时间继电器 KT 线圈电路切断，KT 不再工作，使 KT 仅在起动时起作用，尽量减少运行时电器使用。

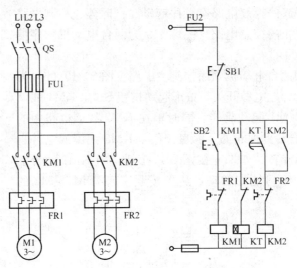

图 5-20　时间继电器控制的电动机顺序起动电路

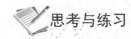 思考与练习

1. 选择题

（1）X6132 型卧式万能铣床主轴电动机 M1 要求正反转，不用接触器控制而用万能转换开关控制，是因为（　　）。

A. 改变转向不频繁　　　　　　　　B. 接触器易损坏

C. 操作安全方便　　　　　　　　　D. 节省成本

（2）X61322 型卧式万能铣床主轴电动机的制动是（　　）。

A. 反接制动　　　B. 能耗制动　　　C. 电磁离合器制动　D. 电磁抱闸制动

（3）X6132 型卧式万能铣床控制电路中快速移动电磁铁的控制方式是（　　）。

A. 点动　　　　　B. 连续运转　　　C. 两地控制　　　　D. 点动和两地控制

（4）X6132 型卧式万能铣床，当工作台正在向左运动时突然扳动十字手柄向上，则工作台（　　）。

A. 继续向左运动　　B. 向上运动　　　　C. 停止　　　　　D. 同时向左和向上运动

（5）甲乙两个接触器，若要求甲接触器工作后方允许乙接触器工作，则应（　　）。

A. 在乙接触器的线圈电路中串入甲接触器的动合触点

B. 在乙接触器的线圈电路中串入甲接触器的动断触点

C. 在甲接触器的线圈电路中串入乙接触器的动断触点

D. 在甲接触器的线圈电路中串入乙接触器的动合触点

（6）在同一台电动机实现多地控制的电路中，起动按钮的动合触点应（　　　），停止按钮的动断触点应（　　　）。

A. 串联、并联　　　　B. 并联、串联　　　　C. 并联、并联　　　　D. 串联、串联

2. 判断题

（1）X6132 型卧式万能铣床主轴电动机为满足顺铣和逆铣的工艺要求，要求有正反转控制，采用的方法是通过选择开关预置。（　　　）

（2）X6132 型卧式万能铣床主轴电动机和进给电动机控制电路中，设置变速冲动目的是为了机床润滑的需要。（　　　）

（3）X6132 型卧式万能铣床若主轴电动机未起动，工作台也可以实现快速移动。（　　　）

（4）对于 X6132 型卧式万能铣床为了避免损坏刀具和机床，要求电动机 M1、M2、M3 中有一台过载，三台电动机都必须停止运动。（　　　）

（5）X6132 型卧式万能铣床控制电路中主轴电动机采用自由停车方式。（　　　）

（6）X6132 型卧式万能铣床控制电路中主轴电动机的起动和制动是两地控制的。（　　　）

（7）X6132 型卧式万能铣床控制电路中，在同一时间内工作台的左、右、上、下、前、后、旋转这七个运动中只能存在一个。（　　　）

（8）X1632 型卧式万能铣床控制电路中，当圆工作台正在旋转时扳动纵向手柄或十字手柄中的任意一个，圆工作台都将停止旋转。（　　　）

3. 简答题

（1）X6132 型卧式万能铣床有哪些联锁保护环节？为什么要设置这些联锁？

（2）如何实现电动机的多地控制和顺序控制？

（3）按下起动按钮 SB5，KM1 吸合但主轴电动机不转，试分析原因，并简要写出检查故障的过程。

项目六　电气控制电路的设计、安装与调试

前面 5 个项目是对已有电气原理图进行分析、安装、调试和维修。本项目通过两个工作任务，使学生学会根据控制要求，利用经验设计法设计电气控制电路，并进行安装调试，培养综合运用电气控制专业知识解决实际工程技术问题的能力。

任务一　皮带运输机顺序控制电路的设计

【任务导入】

本任务以皮带运输机顺序控制电路设计举例，介绍控制电路设计的方法、步骤、内容、原则等基础知识，培养学生能够用经验设计法设计典型环节电气控制电路，并进行安装调试。

【任务目标】

能够用经验设计法设计典型环节电气控制系统的原理图，并进行安装调试。

【设计要求】

如图 6-1 所示，是三条皮带运输机工作示意图。对于这三条皮带运输机的电气要求是：

（1）起动顺序为 3、2、1 号，即顺序起动，并要有一定的时间间隔，以防止货物在皮带上堆积，造成后面皮带重载起动。

（2）停车顺序为 1、2、3 号，即逆序停止，以保证停车后皮带上不残存货物。

（3）不论 2 号或 3 号哪一台电动机出现过载故障，1 号电动机必须停车，以免继续进料，造成货物堆积。

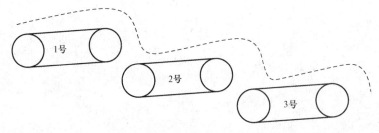

图 6-1　三条皮带运输机工作示意图

【设计任务】

（1）根据控制要求，完成电气原理图的设计，要有必要的保护环节。

（2）进行电路优化，完成控制要求。

（3）写出控制电路的设计过程。

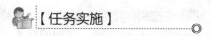【任务实施】

电气原理图设计

1. 主电路的设计

三条皮带分别由三台电动机拖动，均采用笼型异步电动机。由于电网容量足够大，且三台电动机不同时起动，故采用直接起动。由于不经常起动、制动，对于制动时间和停车准确度也无特殊要求，制动时采用自然停车。

三台电动机都用熔断器作短路保护，用热继电器作过载保护。由此，设计出主电路如图6-2所示。

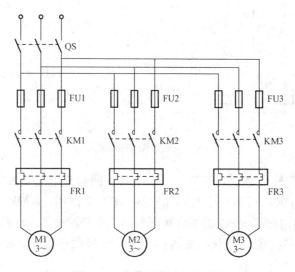

图6-2　皮带运输机主电路图

2. 基本控制电路的设计

三台电动机由三个接触器KM1、KM2、KM3控制起、停。起动顺序为3、2、1号，可用3号接触器KM3的动合触点控制2号接触器KM2线圈，用2号接触器KM2动合触点控制1号接触器KM1线圈。停止时顺序为1、2、3号，用1号接触器KM1动合触点与2号接触器KM2线圈支路中的停止按钮并联，用2号接触器KM2动合触点与3号接触器线圈支路中的停止按钮并联。基本控制电路如图6-3所示。

由图6-3可见，只有KM3线圈得电后，其动合触点闭合，此时按下SB3，KM2线圈才能得电工作，然后按下SB1，KM1线圈得电工作，实现了三台电动机的顺序起动。同理，只有KM1线圈断电释放后，按

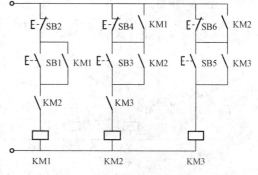

图6-3　基本控制电路

下 SB4，KM2 线圈才能断电，然后按下 SB6，KM3 线圈断电，实现三台电动机的依次停车。

3. 设计联锁保护环节

图 6-3 所示的控制电路显然是手动控制，为了实现自动控制，皮带运输机起动和停车可用行程参量或时间参量控制。由于皮带是回转运动，检测行程比较困难，而用时间参量比较方便。所以，以时间为变化参量，利用时间继电器作为输出器件的控制信号。以通电延时型时间继电器的延时闭合的动合触点作起动信号，以断电延时型时间继电器的延时断开的动合触点作停车信号。为使三条皮带自动按顺序工作，采用中间继电器 KA，电路如图 6-4所示。

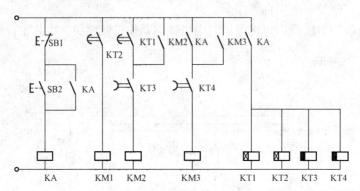

图 6-4　控制电路的联锁部分

按下 SB1 发出停车指令时，KT1、KT2、KA 同时断电，KA 动合触点瞬时断开，KM2、KM3 若不加自锁，则 KT3、KT4 的延时将不起作用，KM2、KM3 线圈将瞬时断电，电动机不能按顺序停车，所以需加自锁环节。三个热继电器的动断触点均串联在 KA 线圈支路中，无论哪一号皮带机过载，都能按 1、2、3 号顺序停车。电路失电压保护由 KA实现。

4. 电路的校验

完整的控制电路如图 6-5 所示，其控制过程如下所述。

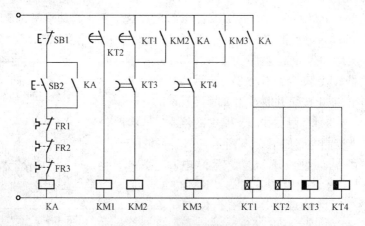

图 6-5　完整的控制电路图

按下起动按钮 SB2，KA 通电吸合并自锁，KA 动合触点闭合，接通 KT1～KT4，其中 KT1、KT2 为通电延时型，KT3、KT4 为断电延时型，KT3，KT4 的动合触点立即闭合，为 KM2 和 KM3 的线圈通电准备条件。KA 另一个动合触点闭合，与 KT4 一起接通 KM3，电动机 M3 首先起动，经一段时间，达到 KT1 的整定时间，则 KT1 的动合触点闭合，使 KM2 通电吸合，电动机 M2 起动，再经一段时间，达到 KT2 的整定时间，则 KT2 的动合触点闭合，使 KM1 通电吸合，电动机 M1 起动。

按下停止按钮 SB1，KA 断电释放，四个时间继电器同时断电，KT1、KT2 动合触点立即断开，KM1 失电，电动机 M1 停车。由于 KM2 自锁，所以，只有达到 KT3 的整定时间，KT3 断开，使 KM2 断电，电动机 M2 停车，最后，达到 KT4 的整定时间，KT4 的动合触点断开，使 KM3 线圈断电，电动机 M3 停车。

【技能训练与考核】

电气控制系统设计

一、技能训练

1. 训练要点

（1）选择相对简单的设计课题，进行设计练习。

（2）对于自行设计的控制电路，进行电路的连接和调试，直至完成所要求的控制功能。

2. 设计任务

为两台异步电动机设计一个控制电路，其要求如下：

（1）两台电动机互不影响地独立工作；

（2）能同时控制两台电动机的起动与停止；

（3）当一台电动机发生故障时，两台电动机均停止。

3. 设计要求

（1）根据控制要求，完成电气原理图的设计，具有必要的保护环节。

（2）选择电路元件，进行线路的安装接线，完成电路连接。

（3）通电调试及故障排除。

二、考核

评分标准见表 6-1。

表 6-1　　　　　　　　　　　电气控制电路设计考核成绩记录表

项目	要求	配分	教师评分
安全操作	不违反安全操作规程，不带电作业连接电路，工具摆放整齐，保持工位整洁	10	
设计电气原理图	原理图设计正确，有必要的保护环节	40	
绘制安装接线图	线号标注完整，接线图正确	20	
通电调试	完成接线，通电调试成功或自行进行故障检测排除	30	

 【知识拓展】

一、电气控制系统设计的基本内容

1. 电气控制系统设计的技术条件

电气控制系统设计依据的技术条件通常是以设计任务书的形式表达的。在任务书中，除应简要说明所设计的机械设备的型号、用途、工艺过程、技术性能、传动方式、工作条件、使用环境以外，还必须着重说明以下几点：

（1）用户供电系统的电压等级、频率、容量及电流种类，即交流（AC）或直流（DC）。

（2）有关操作方面的要求，如操作台的布置、操作按钮的设置和作用、测量仪表的种类、故障报警和局部照明要求等。

（3）有关电气控制的特性，如电气控制的主令方式（手动还是自动等）、自动工作循环的组成、动作程序、限位设置、电气保护及联锁条件等。

（4）有关电力拖动的基本特性，如电动机的数量和用途、各主要电动机的负载特性、调整范围和方法，以及对起动、反向和制动的要求等。

（5）生产机械主要电气设备（如电动机、执行电器和行程开关等）的布置草图和参数。

2. 电气控制方案的确定

合理选择电气控制方案是安全、可靠、优质、经济地实现工艺要求的重要步骤。在相同的设计条件下达到同样的控制指标，可以有几种电路结构和控制形式。往往要经过反复比较，综合考虑其性能、设备投资、使用周期、维护检修、发展趋势等各方面因素，才能最后确定选用哪种方案。选择控制方案应遵循的主要原则是：

（1）自动化程度要与国情相适应。要尽可能采用最新科技成就，提高技术含量，但要考虑到与企业经济实力相适应，不可脱离国情。

（2）控制方式应与设备通用化和专用化的程度相适应。对于一般的普通机床和专用机械设备，其工作程序往往是固定的，使用时并不需要改变原有的工作程序。若采用传统的接触器—继电器控制系统，其控制电路在结构上接成固定式的，可以最大限度地简化控制电路，降低设备投资。对于经常变换加工对象的工作母机和需要经常变化工作程序的机器，则可采用可编程控制器控制。

目前，微处理器已经进入机床、自动化生产线、机械手的控制领域，并显示出灵活、可靠、控制功能强、体积小、损耗低等优越性，越来越受电气设计者的青睐。

（3）控制方式随控制过程的复杂程度而变化。在生产机械自动化中，随着控制要求和联锁条件的复杂程度不同，可以采用分散控制或集中控制方案。但是各台单机的控制方案和基本控制环节应尽量一致，以便简化设计和制造过程。

（4）控制系统的工作方式，应在经济、安全的前提下，最大限度地满足工艺要求。选择控制方案，应考虑采用自动循环或半自动循环，并考虑手动调整、工序变更、系统的检测、各个运动之间的联锁，以及各种安全保护、故障诊断、信号指示、照明及人机关系等。

（5）控制电路的电源选择。当控制系统所用电器数量较多时，可采用直流低压供电；简单的控制电路可直接由电网供电；当控制电动机较多，电路较复杂，可靠性要求较高时，可采用控制变压器隔离并降压。

3. 电气控制系统设计的基本内容

电气控制系统设计包括原理图设计和工艺设计两部分。

（1）原理图设计。原理图设计的内容包括：①设计电气原理图；②选择电器元件并制定元器件目录表。

（2）工艺设计。工艺设计目的是便于组织电气控制设备的制造，为设备的安装、调试、使用和维修提供必要的图纸资料。

工艺设计的内容包括：

1）根据电气原理图（包括元器件表），进行了电气设备总体配置设计。

2）电器元件布置图的设计与绘制。

3）电气组件和元件接线图的绘制。

4）电气箱及非标准零件图的设计。

5）各类元器件及材料清单的汇总。

6）编写设计说明书和使用维护说明书。

二、电气控制系统设计的一般原则

当机械设备的电力拖动方案和控制方案已经确定后，就可以进行电气控制电路的设计。电气控制电路的设计是电力拖动方案的具体化。由于设计是灵活多变的，不同的设计人员可以有不同的设计思路，但是在设计时应遵循以下原则。

（1）最大限度地实现生产设备对电气控制电路的要求。在设计之前，要调查清楚生产要求，对机械设备的工作性能、结构特点和实际加工情况有充分的了解。生产工艺要求一般是由机械设计人员提供的，常常是一般性的原则意见，这就需要电气设计人员深入现场对同类或接近的产品进行调查，收集资料，加以分析和综合，并在此基础上来考虑控制方式、起动、反向、制动及调速的要求，设置各种联锁及保护装置。

（2）满足生产工艺要求的前提下，力求使控制电路简单、经济、合理。尽量选用标准的、常用的或经过实际考验过的环节和电路。

（3）保证电路工作的安全性和可靠性。

（4）操作和维修方便。电气控制电路应从操作与维修人员实际工作出发，力求操作简单、维修方便。电器元件应留有备用器件，以便检修和改接线用；应设置隔离电器，以免带电检修。控制机构应操作简单、便利，能迅速而方便地由一种控制方式转换到另一种控制方式，例如由手动控制转换到自动控制。

三、电气控制系统设计的基本方法

电气控制电路的一般设计顺序是：首先设计主电路，然后设计控制电路。继电器—接触器控制系统的控制电路设计，常用的设计方法有经验设计法和逻辑设计法。

1. 经验设计法

经验设计法是根据机械设备的生产工艺要求选择适当的基本控制电路环节或将成熟的电路组合起来，加以修改补充，得到满足控制要求的完整电路。当没有现成典型电路环节可运用时，可根据控制要求边分析边设计。由于这种设计方法是以熟练掌握各种电气控制电路基本环节和具备一定阅读分析电路图的经验为基础，所以称为经验设计法。

这种设计方法简单，容易为初学者所掌握，在电气控制电路设计被普遍采用。其缺点是不易得到最佳设计方案，当经验不足或考虑不周时会影响电路工作的可靠性。对于一些比较简单的控制电路采用经验设计法，但对于一些比较复杂的控制电路则多用逻辑设计法。

2. 逻辑设计法

逻辑设计法是用真值表与逻辑代数式相结合对控制电路进行综合分析，就是参照在控制要求中由设计人员给出的执行元件及主令电器的工作状态表，找出执行元件线圈同主令电器触点间的逻辑关系，将主令电器的触点作为逻辑自变量，执行元件线圈作为逻辑应变量，写出有关逻辑代数式，最后根据逻辑式作出对应电路。由于逻辑代数式可以通过有关计算法则进行运算和化简，所以，逻辑设计法往往能得到功能相同，但简单优化的控制电路。

四、电气控制系统设计的注意事项

1. 合理选择控制电路电源

尽量减少电路的电源种类。电源有交流和直流两大类，接触器和继电器等也有交直流两大类，要尽量采用同一类电源。电压等级应符合标准等级，如交流一般为 380、220、127、110、36、24、6.3V，直流为 12、24、48V。尽量采用标准件，并尽可能选用相同型号的电器元件。

2. 正确连接电器的线圈

在交流控制电路中不能串联接入两个电器的线圈，即使外加电压是两个线圈额定电压之和，也不允许，如图 6-6 所示。因为每个线圈上所分配到的电压与线圈阻抗成正比，两个电器动作总是有先有后，不可能同时吸合。若 KM2 先吸合，线圈电感显著增加，其阻抗比未吸合的接触器 KM1 的阻抗大，因而在该线圈上的电压降增大，使 KM1 的线圈电压达不到动作电压。因此，若要求两个电器同时动作时，其线圈应该并联连接。

3. 正确连接电器的触点

同一电器元件的动合触点和动断触点靠得很近，如果连接不当会造成电路工作不正常。如图 6-7（a）所示电路，由于行程开关的动合触点、动断触头相距很近，在触点断开时，由于电弧可能造成电源短路。图 6-7（b）所示电路就避免了这种情况。

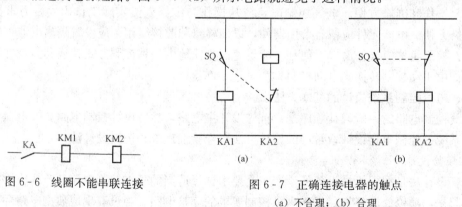

图 6-6　线圈不能串联连接　　　　　　图 6-7　正确连接电器的触点
　　　　　　　　　　　　　　　　　　　　（a）不合理；（b）合理

4. 合理安排电器触点的位置，减少连接导线的数量和长度

设计控制系统时，应合理安排各电器的位置，考虑到各个元件之间的实际接线，要注意电气柜、操作台和限位开关之间的连接线，如图 6-8 所示。图 6-8（a）所示的接线不合

理，因为按钮（起动、停止）装在操作台上，接触器装在电气柜内，按照此图接线就需要由电气柜引出 4 根导线连接到操作台的按钮上。图 6-8（b）图所示的接线是合理的。它将起动按钮和停止按钮直接连接，两个按钮之间的距离最短。这样，只需要从电气柜内引 3 根导线到操作台的按钮上。

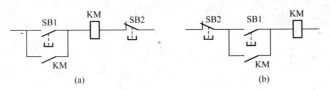

图 6-8　电器连接图
(a) 不合理；(b) 合理

5. 尽量减少电器不必要的通电时间

在电路实现正常工作情况下，除了必要的电器通电外，其余的电器均应断电，以节省电能，减少电路故障隐患。如图 6-9（a）所示电路中，KM2 线圈得电后，接触器 KM1 和时间继电器 KT 就失去了作用，不必继续通电。图 6-9（b）电路比较合理。在 KM2 线圈得电后，切断了 KM1 和 KT 线圈的电源，节约了电能，并延长了电器的寿命。

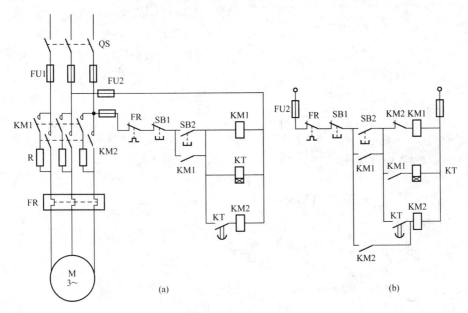

图 6-9　减少通电电器
(a) 不合理；(b) 合理

6. 避免出现寄生电路

所谓寄生电路，是指在电气控制电路动作过程中意外接通的电路。若在控制电路中存在着寄生电路，将破坏电器和电路的工作循环，造成误动作。图 6-10 为一个具有指示灯和过载保护的电动机正反转控制电路。在正常工作时，能完成正反向起动、停止与信号的指示。但当热继电器 FR 动作后，电路就出现了寄生电路（如虚线所示），使 KM1（或 KM2）不能可靠释放，从而起不到过载保护作用。

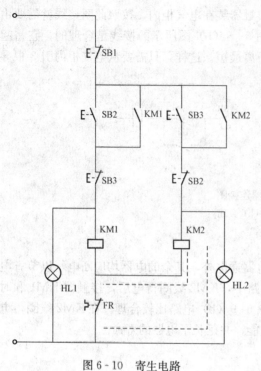

图 6-10　寄生电路

7. 避免"临界竞争和冒险现象"的产生

如图 6-11 所示为两台电动机的控制电路，要求实现第一台电动机起动后，第二台电动机延时起动，第二台电动机工作后第一台电动机停止工作。

操作时，按下 SB2 后，KM1、KT 通电，电动机 M1 运转，延时时间到后，电动机 M1 停转而 M2 运转。正式运行时，会产生这样的奇特现象：有时候可以正常运行，有时候就不可以。

原因在于图 6-11（a）所示电路的设计不可靠，存在临界竞争现象。KT 延时到后，其延时动断触点由于机械运动原因先断开而延时动合触点后闭合，当延时动断触点先断开后，KT 线圈随即断电，由于磁场不能突变为零和衔铁复位需要时间，故有时候延时动合触点来得及闭合，但是有时候因受到某些干扰而失控。若将 KT 延时动合触点换上 KM2 动断触点后，便可靠了。

8. 电路应具有必要的保护环节

电气控制电路在故障情况下，应能保证操作

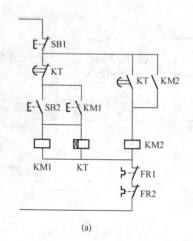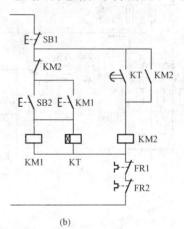

(a)　　　　　　　　　　　　　(b)

图 6-11　竞争电路
(a) 临界竞争电路；(b) 改造后的电路

人员、电气设备、生产机械的安全，并能有效地防止故障的扩大。为此，在电气控制电路中应采取一定的保护措施，常用的有漏电开关保护、过载保护、短路保护、过电流保护、过电压保护、零电压保护、联锁与限位保护等，必要时还应考虑设置合闸、断开、障故、安全等指示信号。

过电流保护如图 6-12 所示，当电动机起动时，时间继电器 KT 延时断开的动断触点还未断开，故过电流继电器 KI 的线圈不接入电路，尽管此时起动电流很大，过电流继电器仍不动作；当起动结束后，KT 的动断触点经过延时已断开，将过电流继电器线圈接入电路，过电流继电器才开始保护。

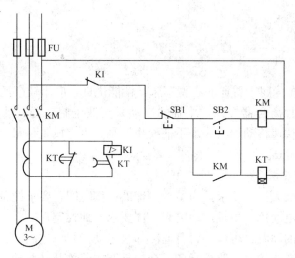

图 6 - 12　过电流保护

 思考与练习

1. 设计一个小车运行的控制电路，小车由三相交流异步电动机拖动，其动作要求如下：

(1) 小车由原位开始前进，到终端后自动停止。

(2) 在终端停留 3s 后自动返回原位停止。

(3) 要求能在前进或后退途中任意位置都能停止或起动。

2. 某机床由两台三相笼型异步电动机 M1 与 M2 拖动，其控制要求是：

(1) M1 起动后 20s 后方可起动 M2（M2 可以直接起动）。

(2) M2 停车后方可使 M1 停车。

(3) M1 与 M2 起、停均要求两地控制，试设计电气原理图并设置必要的保护环节。

任务二　CW6163 型卧式车床电气控制电路的设计

【任务导入】

本任务以 CW6163 型卧式车床电气控制电路的设计过程为例，从原理图设计到电气控制柜安装和调试的整个过程，培养学生综合运用电气控制专业知识解决实际工程技术问题的能力。

【任务目标】

(1) 学会电气控制系统设计思维和方法。

(2) 能根据机电一体化设备技术要求，拟定电气总体技术方案。

(3) 结合相关专业知识，根据电气总体技术方案，合理选用运动控制电机及其控制方法。

(4) 学会根据电气总体技术方案，完成电气原理图设计及相关电器的选型。

(5) 学会根据电气原理图，进行电器元件布置图设计、电气安装接线图设计。

【设计要求】

1. 设备控制要求

CW6163 型卧式车床属于普通的小型车床，性能优良，应用较广泛。其主轴运动的正反转由两组机械式摩擦片离合器控制，主轴的制动采用液压制动器，进给运动的纵向左右运动、横向前后运动及快速移动均由一个手柄操作控制。可完成工件最大车削直径为 630mm，工件最大长度为 1500mm。

2. 对电气控制的要求

(1) 根据工件的最大长度要求，为了减少辅助工作时间，要求配备一台主轴运动电动机和一台刀架快速移动电动机，主轴运动的起、停要求两地控制。

(2) 车削时产生的高温，可由一台普通冷却泵电动机加以控制。

(3) 根据整个生产线状况，要求配备一套局部照明装置及必要的工作状态指示灯。

3. 三台电动机的技术参数

(1) 主轴电动机：M1，型号选定为 Y160M-4，性能指标为 11kW、380V、22.6A、1460r/min。

(2) 冷却泵电动机：M2，型号选定为 JCB-22，性能指标为 0.125kW、0.43A、2790r/min。

(3) 快速移动电动机：M3，型号选定为 Y90S-4，性能指标为 1.1kW、2.7A、1400r/min。

【设计任务】

(1) 设计并绘制电气原理图，选择电器元件，编制元件目录清单。

(2) 设计并绘制工艺图，包括电器元件布置图、电气安装接线图。

(3) 进行电气控制柜的安装接线和调试。

(4) 编制设计、使用说明书。

【任务实施】

一、电气原理图设计

1. 主电路设计

(1) 主轴电动机 M1。根据设计要求，主轴电动机的正反转由主轴电动机 M1 机械式摩擦片离合器加以控制，且根据车削工艺的特点，同时考虑到主轴电动机的功率较大，最后确定 M1 采用单向直接起动控制方式，由接触器 KM 进行控制。对 M1 设置过载保护（FR1），并采用电流表 PA，根据指示的电流监视其车削量。由于向车床供电的电源开关要装熔断器，所以电动机 M1 没有用熔断器进行短路保护。

(2) 冷却泵电动机 M2 及快速移动电动机 M3。由前面可知，M2 和 M3 的功率及额定电流均较小，因此可用交流中间继电器 KA1 和 KA2 来进行控制。在设置保护时，考虑到 M3 属于短时运行，故不需设置过载保护。

综合以上分析，绘出 CW6163 型卧式车床的主电路图如图 6-13 所示。

2. 控制电源的设计

考虑到安全可靠和满足照明及指示灯的要求，采用控制变压器 TC 供电，其一次侧为交流 380V，二次侧为交流 127、36、6.3V。其中：127V 给接触器 KM 和中间继电器 KA1 及 KA2 的线圈进行供电，36V 给局部照明电路进行供电，6.3V 给指示灯电路进行供电。由此，绘出 CW6163 型卧式车床的电源控制电路如图 6-13 所示。

3. 控制电路的设计

（1）电动机 M1 控制电路的设计。根据设计要求，主轴电动机要求实现两地控制。因此，可在机床的床头操作板上和刀架拖板上分别设置起动按钮 SB3、SB1 和停止按钮 SB4、SB2 来进行控制。

（2）电动机 M2、M3 控制电路的设计。根据设计要求和 M2、M3 需完成的工作任务，确定 M2 采用单向起、停控制方式，M3 采用点动控制方式。

综合以上分析，绘出 CW6163 型卧式车床的控制电路如图 6-13 所示。

4. 照明及信号指示电路的设计

照明设备用照明灯 EL、灯开关 S 和照明回路熔断器 FU3 来组成。

信号指示电路由两路构成：一路为三相电源接通指示灯 HL2（绿色），在电源开关 QS 接通以后立即发光，表示机床电器电路已处于供电状态；另一路指示灯 HL1（红色），表示主轴电动机是否运行。两路指示灯 HL1 和 HL2 分别由接触器 KM 的动合触点和动断触点进行切换通电显示。

由此，绘出 CW6163 型卧式车床的照明及信号指示电路图如图 6-13 所示。

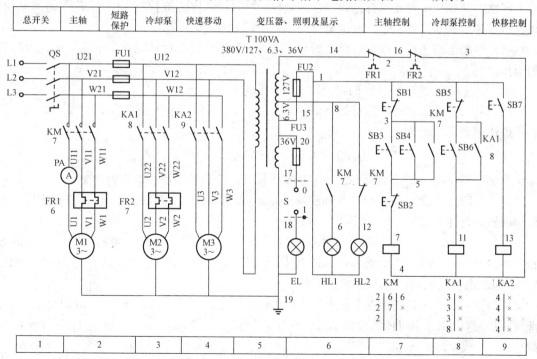

图 6-13　CW6163 型卧式车床的电路图

二、电器元件的选择

在电气原理图设计完毕之后便可以根据电气原理图进行电器元件的选择工作。本设计中需选择的电器元件主要有以下几种：

(1) 电源开关 QS 的选择。QS 的作用主要是用于电源的引入及控制 M1～M3 起、停和正反转等。因此 QS 的选择主要考虑电动机 M1～M3 的额定电流和起动电流。由前面已知 M1～M3 的额定电流数值，通过计算可得额定电流之和为 25.73A；同时考虑到，M2、M3 虽为满载起动，但功率较小，M1 虽功率较大，但为轻载起动。所以，QS 最终选择组合开关：HZ10‑25/3 型，额定电流为 25A。

(2) 热继电器 FR 的选择。根据电动机的额定电流进行热继电器的选择。由 M1 和 M2 的额定电流，选择如下：

FR1 选用 JR20‑25 型热继电器，热元件额定电流 25A，额定电流调节范围为 17～25A，工作时调整在 22.6A。

FR2 选用 JR20‑10 型热继电器，热元件额定电流 0.53A，额定电流调节范围为 0.35～0.53A，工作时调整为 0.43A。

(3) 接触器的选择。根据负载回路的电压、电流，接触器所控制回路的电压及所需触点的数量等来进行接触器的选择。

本设计中，KM 主要对 M1 进行控制，而 M1 的额定电流为 22.6A，控制回路电源为 127V，需主触点三对，动合触点两对，动断触点一对。所以，KM 选择 CJ10‑40 型接触器，主触点额定电流为 40A，线圈电压为 127V。

(4) 中间继电器的选择。本设计中，由于 M2 和 M3 的额定电流都很小，因此，可用交流中间继电器代替接触器进行控制。这里，KA1 和 KA2 均选择 JZ7‑44 型交流中间继电器，动合触点和动断触点各 4 个，额定电流为 5A，线圈电压为 127V。

(5) 熔断器的选择。根据熔断器的额定电压、额定电流和熔体的额定电流等进行熔断器的选择。

本设计中熔断器有 FU1、FU2、FU3 三个。

FU1 主要对 M2 和 M3 进行短路保护，M2 和 M3 的额定电流分别为 0.43A、2.7A。因此，熔体的额定电流为

$$I_{FU1} \geqslant (1.5 \sim 2.5)I_{Nmax} + \sum I_N$$

计算可得 $I_{FU1} \geqslant 7.18A$，因此，FU1 选择 RL1‑15 型熔断器，熔体为 10A。

FU2、FU3 主要是对控制电路和照明电路进行短路保护，电流较小，因此选择 RL1‑15 型熔断器，熔体为 2A。

(6) 按钮的选择。根据需要的触点数目、动作要求、使用场合、颜色等进行按钮的选择。本设计中，SB1～SB7 选择 LA18 型按钮，其中 SB3、SB4、SB6 选择黑色的；SB1、SB2、SB5 选择红色的；SB7 选择绿色的。

(7) 照明及指示灯的选择。照明灯 EL 选择 JC2 型，交流 36V、40W，与灯开关 S 成套配置；指示灯 HL1 和 HL2 选择 ZSD‑0 型，指标为 6.3V、0.25A，颜色分别为红色和绿色。

(8) 控制变压器的选择。变压器选择 BK‑100VA，380V、220V/127V、36V、6.3V。

综合以上计算，给出 CW6163 型卧式车床的电器元件明细表见表 6‑2。

表 6 - 2　　　　　　　　　　　　CW6163 型卧式车床的电器元件明细表

符号	名称	型号	规格	数量
M1	三相异步电动机	Y160M - 4	11kW、380V、22.6A、1460r/min	1
M2	冷却泵电动机	JCB - 22	0.125kW、0.43A、2790r/min	1
M3	三相异步电动机	Y90S - 4	1.1kW、2.7A、1400r/min	1
QS	组合开关	HZ10 - 25/3	三极、500V、25A	1
KM	交流接触器	CJ10 - 40	40A、线圈电压127V	1
KA1，KA2	交流中间继电器	JZ7 - 44	5A、线圈电压127V	2
FR1	热继电器	JR20 - 25	热元件额定电流25A、整定电流22.6A	1
FR2	热继电器	JR20 - 10	热元件额定电流0.53A、整定电流0.43A	1
FU1	熔断器	RL1 - 15	500V、熔体10A	1
FU2，FU3	熔断器	RL1 - 15	500V、熔体2A	2
TC	控制变压器	BK - 100	100VA，380V/127V、36V、6.3V	1
SB3，SB4，SB6	控制按钮	LA18	5A、黑色	3
SB1，SB2，SB5	控制按钮	LA18	5A、红色	3
SB7	控制按钮	LA18	5A、绿色	1
HL1，HL2	指示灯	ZSD - 0	6.3V、绿色1、红色1	2
EL，S	照明灯及灯开关		36V、40W	2
PA	交流电流表	62T2	0~50A、直接接入	1

三、绘制电器元件布置图和安装接线图

依据电气原理图的布置原则，并结合 CW6163 型卧式车床的电气原理图的控制顺序，对电器元件进行合理布局，做到连接导线最短，导线交叉最少。

电器元件布置图完成之后，再依据电气安装接线图的绘制原则及相应的注意事项进行电气安装接线图的绘制。这样，所绘制的电器元件布置图如图 6 - 14 所示，电气安装接线图如图 6 - 15 所示。

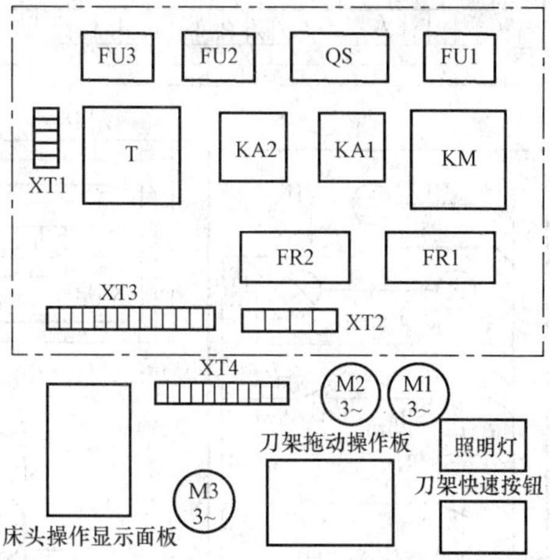

四、电气控制柜的安装配线

1. 制作安装底板

CW6163 型卧式车床电路较复杂，根据电气安装接线图，其制作的安装底板有柜内电器板（配电盘）、床头操作显示面板和刀架拖动操作板共三块。对于柜内电器板，可以采用 4mm 的钢板或其他绝缘板做其底板。

2. 选配导线

根据车床的特点，其电气控制柜的配线方式选用明配线。根据 CW6163 型卧式车床电气接线图中管内敷线明细表中已选配好的导线进行配线。

图 6 - 14　CW6163 型卧式车床
电器元件布置图

3. 规划安装线和弯电线管

根据安装的操作规程，首先在底板上规划安装的尺寸以及电线管的走向，并根据安装尺寸锯电线管，根据走线方向弯管。

4. 安装电器元件

根据安装尺寸线进行钻孔，并固定电器元件。

5. 电器元件的编号

根据车床的电气原理图给安装完毕的各电器元件和连接导线进行编号，给出编号标志。

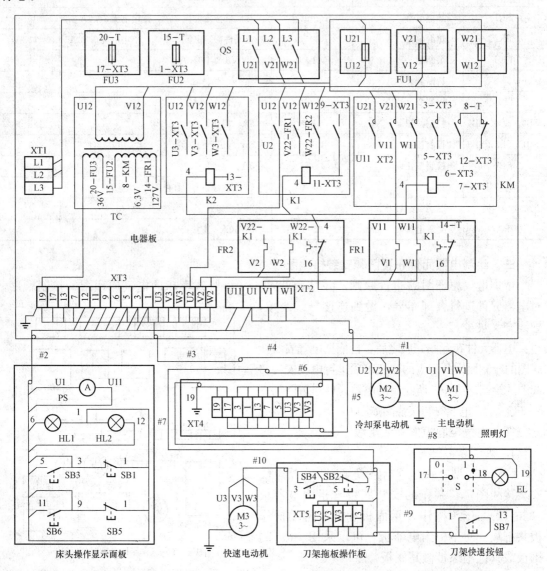

图 6-15   CW6163 型卧式车床电气安装接线图

6. 接线

根据接线的要求，先接控制柜内的主电路、控制电路，再接柜外的其他电路和设备，包括床头操作显示面板、刀架拖动操作板、电动机和刀架快速按钮等。特殊的、需外接的导线接到接线端子排上，引入车床的导线需用金属导管保护。

五、电气控制柜的安装检查

1. 常规检查

根据 CW6163 型卧式车床的电气原理图及电气安装接线图，对安装完毕的电气控制柜逐线检查，核对线号，防止错接、漏接；检查各接线端子是否有虚接，以及时改正。

2. 用万用表检查

在不通电的情况下，用万用表欧姆挡进行线路的通断检查。

（1）检查控制电路。断开电动机 M1 的主电路接在 QS 上的三根电源线 U21、V21、W21，再断开 FU1 之后与电动机 M2、M3 的主电路有关的三根电源线 U12、V12、W12，用万用表的 $R×100$ 挡，将两个表棒分别接到熔断器 FU1 两端，此时电阻应为零，否则有断路现象；各个相间电阻应为无穷大；断开 1、14 两条连接线（或取出 FU2 的熔芯），分别按下 SB3、SB4、SB6、SB7，若测得一电阻值（依次为 KM、KA1、KA2 的线圈电阻），则 1-14 接线正确；按下接触器 KM、KA1 的触点架，此时测得的电阻仍为 KM、KA1 的线圈电阻，则 KM、KA1 自锁起作用，否则，KM、KA1 的动合触点可能虚接或漏接。

（2）检查主电路。接上电动机 M1 主电路的三根电源线，断开控制电路（取出 FU1 的熔芯），取下接触器的灭弧罩，合上开关 QS，将万用表的两个表棒分别接到 L1-L2、L2-L3、L3-L1，此时测得的电阻值应为∞。若某次测得为零，则说明对应两相接线短路；按下接触器 KM 的触点架，使其动合触点闭合。重复上述测量，则测得的电阻应为电动机 M1 两相绕组的阻值，三次测得的结果应一致，否则应进一步检查。

将万用表的两个表棒分别接到 U12-V12、U12-W12、V12-W12 之间，此时测得的电阻值应为∞，否则有短路；分别按下 KA1、KA2 的触点架，使其动合触点闭合，重复上述测量，则测得的电阻应分别为电动机 M2、M3 两相绕组的阻值，三次测得的结果应一致，否则应进一步检查。

经上述检查如发现问题，应结合测量结果，分析电气原理图，排除故障之后再进行以下的步骤。

3. 电气控制柜的调试

经以上检查准确无误后，可进行通车试车。

【技能训练与考核】

机床电气控制电路设计

一、技能训练

（1）选择相对简单的机床电气控制电路设计课题，进行设计练习。

（2）对设计的机床电气控制电路，进行电路的安装接线和调试，完成所要求的控制功能。

（3）通电调试及故障排除。

二、成绩考核

评分标准见表 6-3。

表 6-3　　　　　　　　　　　机床电气控制电路设计考核成绩记录表

项目	要求	配分	教师评分
安全操作	不违反安全操作规程，不带电作业连接电路，工具摆放整齐，保持工位整洁	10	
设计电气原理图	原理图设计正确，有必要的保护环节	30	
电器元件选择	电器元件型号选择正确	20	
绘制安装接线图	线号标注完整，接线图正确	20	
通电调试	完成接线，通电调试成功或自行进行故障检测排除	20	

 【知识拓展】

常用低压电器元件的选择方法

正确合理地选择低压电器是电气系统安全运行、可靠工作的保证。根据各类电器在设备电器控制系统中所处的不同位置、所起的不同的作用，采用不同的选择方法。

1. 熔断器的选择

熔断器的类型应满足电路要求；熔断器的额定电压应大于或等于电路的额定电压；熔断器的额定电流应大于或等于所装熔体的额定电流。熔体的额定电流可以有以下几种选择：

（1）对于阻性负载的保护，应使熔体的额定电流等于或稍大于电路的工作电流，即 $I_R \geqslant I$。

（2）对于一台电动机的短路保护，考虑到电动机的起动冲击电流的影响，可按下式选择

$$I_R = (1.5 \sim 2.5) I_N$$

（3）对于多台电动机应按下式计算

$$I_R \geqslant (1.5 \sim 2.5) I_{NMAX} + \sum I_N$$

使用熔断器时，对于螺旋式熔断器，将带色标的熔断管一端插入瓷帽，再将瓷帽连同熔管一起拧入瓷套，负载端接到金属螺纹壳的上接线端，电源线接到瓷座上的下接线端，并保证各处接触良好。

还应当考虑熔体材料，铅锡锌为低熔点材料，所制成的熔体不易熄弧，一般用在小电流电路中；银、铜、铝为高熔点材料，所制成的熔体容易熄弧，一般用在大电流电路中，当熔体已熔断或已严重氧化，需要更换熔体时，还应注意使新换熔体和原来熔体的规格保持一致。

2. 接触器的选择

正确地选择接触器就是要使所选用的接触器的技术数据，能满足控制电路对它提出的要求，选择接触器可按下列步骤进行：

（1）根据接触器的任务，确定选用哪一系列的接触器。

（2）根据接触器所控制电路的额定电压确定接触器的额定电压。

（3）根据被控制电路的额定电流及接触器安装的条件来确定接触器的额定电流。如接触器在长期工作制下使用时，其负载能力应适当降低。这是因为在长期工作制下，触点的氧化膜得不到清除，使接触电阻增大，因而必须降低电流值以保持触点的允许升温。

（4）一般情况下对于控制主电路为交流的应采用交流的控制电路。电磁线圈的额定电压要与所接的电源电压相符，且要考虑安全和工作的可靠性。交流电磁线圈的电压等级有 36、110、127、220V 和 380V 等；直流电磁线圈的电压等级有 24、48、110、220V 和 440V 等。

3. 时间继电器的选择

时间继电器的种类很多，选择时主要考虑控制电路提出的技术要求，如电源电压等级、电压种类（交流还是直流）以及触点的型式（瞬时触点还是延时触点）、数量、延时时间等。此外，在满足技术要求的前提下尽可能选择结构简单、价格便宜的型号。

目前，工业上经常使用一些质优价廉的数字化时间继电器。其核心一般是单片机或高精度的数字电路，具有精度高、使用灵活、故障率低等优点，是时间继电器发展的主流。

4. 热继电器的选择

一般情况下，可选用两相结构的热继电器；对电网电压严重不平衡、工作环境恶劣或较少有人照管的电动机，可选用三相式结构的热继电器；对于三角形接线的电动机，为了进行断相保护，可选用带断相保护的热继电器。

工作时间较短、停歇时间较长的电动机，如机床的刀架或工作台快速移动所用的电机及恒定负载下长期运行的电动机（如风扇、油泵等），可不必设置热过载保护。

热继电器的具体选择如下：

（1）保护电动机的额定电流，一般选用热继电器额定电流的 0.95～1.05 倍。

（2）根据需要的整定电流值选择热继电器热元件的编号和额定电流。选择时应使热元件的整定电流等于电动机的额定电流，同时整定电流应留有一定限度的上、下调整范围。在重载起动以及起动时间较长时，为防止热继电器误动作，可将热元件在起动期间予以短路。

选择低压电器时，注意某些电器之间的区别。有的电器在一定条件下可以相互替代，如在通断电流较小的情况下，中间继电器可以代替接触器起动电动机；有的电器在电动机负载的情况下不能互相替代，如热继电器和熔断器，都是保护电器，都是串接于电路中对非额定电流实施保护；但是短路电流太大，热继电器由于热惯性不能马上动作，不能进行短路电流的保护，所以不能代替熔断器；而过载电流远小于短路电流，不足以使熔断器动作，但一定时间后将破坏电动机的绝缘，所以熔断器不能代替热继电器。

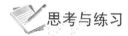 思考与练习

1. 设计要求

某机床由两台三相异步电动机 M1 与 M2 拖动，其拖动要求是：

（1）M1 容量较大，采用星—三角减压起动，停车带有单管能耗制动。

（2）M1 起动后 20s 后，方允许 M2 起动（M2 容量小，可直接起动）。

（3）M2 停车后方允许 M1 停车。

（4）M1、M2 起动、停车均要求两地控制，设置必要的电气保护。

2. 设计任务

(1) 分别设计出 M1、M2 电动机主电路与控制电路。

(2) 根据任务要求，进行适当的补充与修改，使之成为一个完整的电气原理图并进行主要电器选型。

(3) 按所设计电路图，进行电器布置与安装。

(4) 按电气原理图进行布线与接线。

(5) 通电试验，验证电路设计是否满足设计任务要求。

项目七　三相异步电动机的 PLC 控制

在电力拖动自动控制系统中，各种生产机械均由电动机来拖动。不同的生产机械，对电动机的控制要求也是不同的。在可编程控制器出现以前，继电器—接触器控制在工业控制领域占主导地位，这种控制方式能实现对电动机的起动、正反转、调速、制动等运行方式的控制，以满足生产工艺要求，实现生产过程自动化。但继电器—接触器控制系统采用硬件接线的方式安装而成，一旦控制要求改变，电气控制系统必须重新进行安装接线。对于复杂的电气控制系统。这种变动会造成施工工作量大、周期长，并且经济损失也很大。而且大型系统的继电器控制电路接线更加复杂，体积庞大，再加上机械触点易损坏，因而系统的可靠性较差，维修工作大。

可编程控制器（PLC）是一种在继电器控制和计算机控制的基础上开发出来的新型自动控制装置。若采用可编程控制器对三相电动机进行直接起动和延时起动，接线会变得比较简单。采用可编程控制器进行控制时，主电路仍然不变，用户只需要将输入信号接到 PLC 的输入端口，将输出信号接到 PLC 的输出端口，再接上电源、输入软件程序即可。

PLC 是通过用户程序实现逻辑控制的，这与继电器—接触器控制系统采用硬件接线实现逻辑控制的方式不同。PLC 的外部接线只起到信号传送的作用。因而用户可在不改变硬件接线的情况下，通过修改程序实现两种方式的电动机起停控制。由此可见，采用可编程控制器进行控制，通用灵活，极大地提高了工作效率。同时，可编程控制器还具有体积小、可靠性高、使用寿命长、编程方便等一系列优点。

本项目详细地介绍利用三菱 FX2N 系列 PLC 实现三相异步电动机的控制。

任务一　认　识　PLC

【任务导入】

PLC 的生产厂家和产品型号很多，本任务以三菱 FX 系列 PLC 为样机，介绍了 PLC 型号含义和面板各部分的功能。

【任务目标】

（1）能够识读 FX 系列 PLC 型号含义。
（2）认识 FX 系列 PLC 的外部构成，了解面板各部分的功能。
（3）能初步进行 PLC 输入端子的外部接线。

📖【相关知识】

一、PLC 的产生及定义

1. PLC 的产生

1968 年，美国通用汽车公司（GM）为了适应汽车型号的不断更新及生产工艺不断变化的需要，实现小批量、多品种生产，希望能有一种新型工业控制器，它能做到尽可能减少重新设计和更换继电器控制系统及接线，以降低成本、缩短周期，并提出新一代控制器应具备以下十大条件：

(1) 编程简单，可在现场修改程序；

(2) 维护方便，尤其是插件式；

(3) 可靠性高于继电器控制柜；

(4) 体积小于继电器控制柜；

(5) 可将数据直接送入管理计算机；

(6) 在成本上可与继电器控制柜竞争；

(7) 输入可以是交流 115V（即用美国的电网电压）；

(8) 输出为交流 115V、2A 以上，能直接驱动电磁阀；

(9) 在扩展时，原有系统只需要很小的变更；

(10) 用户程序存储器容量至少能扩展到 4KB。

这些条件的提出，实际上是将继电器控制的简单易懂、使用方便、价格低的优点，与计算机的功能完善、灵活性及通用性好的优点结合起来，将继电器—接触器控制的硬接线逻辑转变为计算机的软件逻辑编程的设想。1969 年，美国数字设备公司（DEC 公司）研制出了第一台可编程控制器，在美国通用汽车公司的生产线上试用成功，并取得了满意的效果，可编程控制器自此诞生。

2. PLC 的定义

可编程序控制器（Programmable Logic Controller，PLC），是以微处理器为基础，综合了计算机技术、自动控制技术和通信技术而发展起来的一种新型、通用的自动控制装置。可编程控制器的定义随着技术的发展经过多次变动。1987 年国际电工委员会（IEC）颁布了 PLC 的标准草案，草案中对 PLC 作了如下定义："可编程控制器是一种数字运算操作的电子系统，专为在工业环境下应用而设计。它采用了可编程序的存储器，用来在其内部存储和执行逻辑运算、顺序控制、定时、计数和算术运算等操作命令，并通过数字式和模拟式的输入和输出，控制各种类型的机械或生产过程。可编程控制器及其有关外围设备，都按易于与工业系统联成一个整体、易于扩充其功能的原则设计。"

定义强调了 PLC 是"数字运算操作的电子系统"，即它也是一种计算机。它能完成逻辑运算、顺序控制、定时、计数和算术操作，还具有数字量或模拟量输入/输出控制的能力。

定义还强调了 PLC 可直接在工业环境下应用，具有很强的抗干扰能力，这也是区别于一般计算机控制系统的一个重要特征。

早期产品名称为"Programmable Logic Controller"（可编程逻辑控制器），简称 PLC，主要替代传统的继电器—接触器控制系统。为了避免与个人计算机（Personal Computer）PC 这一简写名称术语混乱，仍沿用早期的 PLC 表示可编程控制器，但此 PLC 并不意味只具有逻辑功能。

二、PLC 的特点和分类

1. PLC 的特点

（1）可靠性高，抗干扰能力强。为保证 PLC 能够在恶劣的工业环境下可靠工作，其设计和制造过程中采取了一系列硬件和软件方面的抗干扰措施，使其可以直接安装于工业现场而稳定可靠地工作。

（2）编程简单，使用方便。PLC 作为通用工业控制计算机，是面向工矿企业的工控设备。它接口容易，编程语言易于为工程技术人员接受。梯形图语言的图形符号与表达方式和继电器电路图相当接近，只用 PLC 的少量开关量逻辑控制指令就可以方便地实现继电器电路的功能。为不熟悉电子电路、不懂计算机原理和汇编语言的人使用计算机从事工业控制打开了方便之门。

（3）控制系统结构简单、通用性强、应用灵活。在 PLC 组成的控制系统中，只需在 PLC 的输入/输出端子上接入相应的输入/输出信号，不需要接继电器—接触器的大量复杂的硬接线线路。同一个 PLC 装置于不同的控制对象，只是输入、输出设备和程序不同而已，当控制要求改变时，只要修改程序，修改接线的工作量也很小。

（4）功能完善，扩充方便，性能价格比高。PLC 中含有大量继电器类软元件，可轻松实现大规模的开关量逻辑控制，这是一般继电器和接触器控制所不能实现的。PLC 内部具有许多控制功能，能方便地实现 D/A、A/D 转换及 PID 运算，实现过程控制、数字控制等功能。

（5）控制系统设计及施工的工作量少，维修方便。PLC 用存储逻辑代替接线逻辑，大大减少了控制设备外部的接线，使控制系统设计及建造的周期大为缩短，同时维护也变得容易起来。更重要的是使同一设备经过改变程序而改变生产过程成为可能。这很适合多品种、小批量的生产场合。

（6）体积小、质量轻、能耗低，是"机电一体化"特有的产品。以超小型 PLC 为例，新近出产的品种底部尺寸小于 100mm，质量小于 150g，功耗仅数瓦。由于体积小，很容易装入机械内部，是实现机电一体化的理想控制设备。

2. PLC 的分类

（1）按输入/输出点数分，可分为小型机、中型机和大型机三种。小型 PLC 是指 I/O 总点数在 256 点以下，用户程序存储容量在 4KB 左右。中型 PLC 是指 I/O 总点数在 256～2048 点之间，用户程序存储容量在 8KB 左右。大型 PLC 是指 I/O 总点数在 2048 点以上，用户程序存储容量在 16KB 以上。

（2）按结构形式分，可分为整体式 PLC 和模块式 PLC 两种。整体式 PLC 是指电源、CPU 中央处理系统、I/O 接口都集成在一个机壳内。如图 7-1 所示的 FX_{2N} 系列便是整体式 PLC。

模块式 PLC 是指各种模块相互独立，并安装在固定的机架（导轨）上，构成一个完整的 PLC 应用系统，如图 7-2 所示。一般中、大型 PLC 采用模块式，如西门子 S7-300、S7-400 系列 PLC。

三、PLC 的应用及发展趋势

1. PLC 的应用

（1）顺序逻辑控制。这是 PLC 最基本、最广泛的应用领域。它取代传统的继电器控制系统，实现逻辑控制、顺序控制。开关量的逻辑控制可用于单机控制，也可用于多机群控，

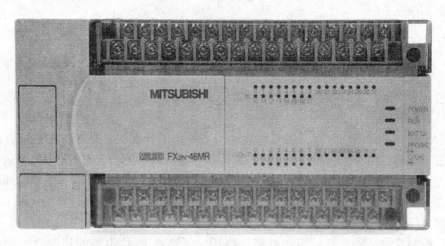

图 7-1　整体式 PLC

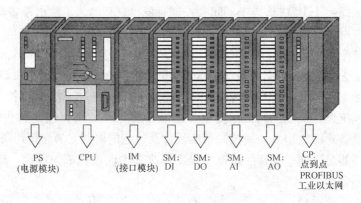

PS
(电源模块)　CPU　IM
(接口模块)　SM:
DI　SM:
DO　SM:
AI　SM:
AO　CP:
点到点
PROFIBUS
工业以太网

图 7-2　模块式 PLC

亦可用于自动化生产线的控制。

（2）运动控制。PLC 使用专用的指令或运动控制模块，对直线运动或圆周运动进行控制，可实现单轴、双轴、三轴和多轴位置控制，使运动控制与顺序控制功能有机地结合在一起。PLC 的运动控制功能广泛地用于各种机械，如金属切削机床、金属成形机械、装配机械、机器人、电梯等场合。

（3）过程控制。PLC 通过模拟量的 I/O 模块实现模拟量与数字量的 A/D、D/A 转换，可实现对温度、压力、流量等连续变化的模拟量的 PID 控制。

（4）数据处理。现代的 PLC 具有数学运算、数据传送、转换、排序和查表、位操作等功能，可以完成数据的采集、分析和处理。这些数据可以与储存在存储器中的参考值比较，也可以用通信功能传送到其他智能装置，或者将它们打印制表。

（5）通信和联网。PLC 的通信包括 PLC 与 PLC 之间、PLC 与上位计算机及智能设备之间的通信。PLC 和计算机之间具有 RS-232 接口，用双绞线、同轴电缆将它们连成网络，以实现信息的交换。还可以构成"集中管理，分散控制"的分布控制系统。I/O 模块按功能各自放置在生产现场分散控制，然后利用网络连接构成集中管理信息的分布式网络系统。

2. PLC 的发展趋势

现代 PLC 的发展有两个主要趋势：一方面是向体积更小、速度更快、功能更强和价格更低的微小型化方面发展，一方面是向大型网络化、高性能、良好的兼容性和多功能方面发展。

发展小型 PLC 的目的是占领广大分散的中小型的工业控制场合，使 PLC 不仅成为继电器控制柜的替代物，而且超过继电器控制系统的功能。小型、超小型、微小型 PLC 不仅便于机电一体化，也是实现家庭自动化的理想控制器。

大型 PLC 自身向着大存储容量、高速度、高性能、I/O 点数多的方向发展。网络化和强化通信能力是大型 PLC 的一个重要发展趋势。PLC 构成的网络向下可将多个 PLC、多个 I/O 模块相连，向上可与工业计算机、以太网等结合，构成整个工厂的自动控制系统。PLC 采用了计算机信息处理技术、网络通信技术和图形显示技术，使 PLC 系统的生产控制功能和信息管理功能融为一体，满足现代化大生产的控制与管理的需要。为了满足特殊功能的需要，各种智能模块层出不穷，例如通信模块、位置控制模块、闭环控制模块、模拟量 I/O 模块、高速计数模块、数控模块、计算模块、模糊控制模块和语言处理模块等。

总之，PLC 控制将成为当前和今后工业控制的主要手段和重要的基础控制设备之一。在未来的工业生产中，PLC 技术、机器人和 CAD/CAM 技术将成为实现工业生产自动化的三大支柱。

四、PLC 的基本组成

可编程控制器的结构多种多样，但其组成的一般原理基本相同，都是采用以微处理器为核心。PLC 实质上是一种为工业控制而设计的专用微机控制系统，因此其硬件结构与微型计算机控制系统相似，但输入、输出电路要求具有更强的抗干扰能力。一套可编程控制器在硬件上由基本单元（主机）、I/O 扩展单元及外围设备组成，通过各自的端口连成一个整体。PLC 的硬件结构如图 7-3 所示。

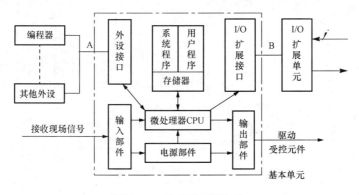

图 7-3　PLC 的硬件结构

PLC 主机主要由中央处理单元（CPU）、存储器（RAM、ROM）、输入/输出接口电路和电源四部分组成。

1. 中央处理单元（CPU）

CPU 是 PLC 的核心组成部分，与通用微机的 CPU 一样，在 PLC 系统中的作用类似于人体的神经中枢，故称为"电脑"。其作用如下：

（1）按 PLC 中系统程序赋予的功能，接收并存储从编程器输入的用户程序和数据。

（2）用扫描方式接收现场输入装置的状态式数据，并存入映像寄存器或数据寄存器中。

（3）诊断电源、PLC 内部电路的工作状态和编程过程中的语法错误。

（4）在 PLC 进入运行状态后，从存储器中逐条读取用户程序，经过命令解释后按指令规定的任务，产生相应的信号，去启闭有关控制门电路。

2. 存储器

PLC 存储器是用来存放系统、用户程序和运行数据。按其作用有系统存储器和用户存储器两种。

（1）系统存储器：只读存储器（ROM）。系统存储器用以存放系统工作程序（系统管理程序、用户程序编辑和指令解释程序、模块化应用功能子程序、命令解释功能子程序的调用管理程序），相当于个人计算机的操作系统，用户无法更改。

（2）用户存储器：可读写存储器（RAM），又称随机存取存储器。用户存储器用以存放用户程序即存放通过编程器输入的用户程序。

3. 输入/输出接口电路（I/O 单元）

输入/输出接口电路是连接现场设备与 CPU 之间的接口电路。I/O 单元将外界输入信号变成 CPU 能接收的信号，或将 CPU 的输出信号变成需要的控制信号去驱动控制对象（包括开关量和模拟量），以确保整个系统正常工作。

输入接口电路的作用是将来自现场设备的输入信号通过电平变换、速度匹配、信号隔离和功率放大，转换成可供 CPU 处理的标准电平信号。图 7 - 4 所示为 PLC 产品中常见的一种直流 24V 接近开关的输入电路。如输入器件为按钮、开关类无源器件，输入按钮或开关则可直接连在输入端子和 COM 端之间，电路更为简单。只要程序运行，PLC 内部就可以识别输入端子和 COM 之间的通或断。

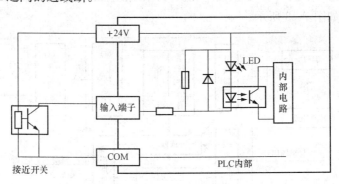

图 7 - 4　直流 24V 接近开关的输入电路

FX_{2N} 系列 PLC 一般通过内部的直流 24V 电源为开关量输入回路提供电源，如图 7 - 5 所示。因为开关量输入回路的电源看起来像是从 PLC 内部向外"泄露"出去的，因此这种开关量输入类型称为"漏型"。

FX_{2N} 系列 PLC 开关量输入接口电路采用阻容回路滤波，通过光耦合器进行光电隔离以提高 PLC 的抗干扰能力。另外，还有 LED 指示灯作为状态指示。当某个输入点接通时，相应的指示灯点亮，便于故障的排查。

需要指出的是，除了"漏型"输入之外，某些 PLC 还采用"源型"输入形式，如图

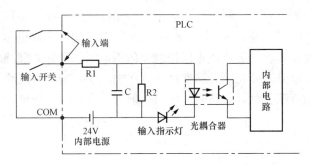

图 7-5 开关量输入接口（"漏型"输入）

7-6所示。这种开关量输入电路的电源是由外部的直流或者交流电源供电，因此称为"源型"。

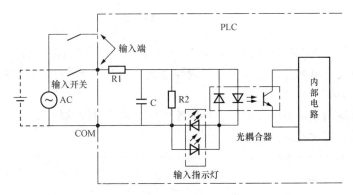

图 7-6 开关量输入接口（"源型"输入）

FX$_{2N}$系列 PLC 的开关量输出接口电路主要有继电器输出、晶体管输出和双向晶闸管输出三种类型。

（1）继电器输出接口电路。继电器输出接口电路是最常见的一种输出形式，如图 7-7 所示。当通过程序运行，PLC 内部电路中的输出"软"继电器接通时，接通输出电路中的固态继电器线圈，通过该继电器的触点接通外部负载电路，同时，相应的 LED 状态指示灯点亮。

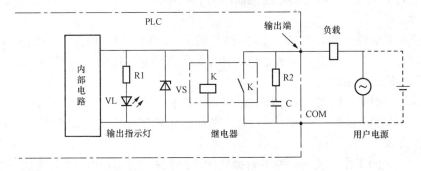

图 7-7 继电器输出接口

继电器输出接口电路的优点是既可以控制直流负载，也可以控制交流负载；耐受电压范围宽，通电压降小，价格便宜，输出驱动能力强，纯电阻负载 2A/点，感性负载 80VA/点。

缺点是机械触点寿命短，响应时间长，约为 10ms，触点断开时产生的电弧，容易产生干扰。

（2）晶体管输出接口电路。如图 7-8 所示，晶体管输出接口电路是一种无触点输出，它通过光电耦合器使晶体管导通或截止以控制外部负通断，也有 LED 输出状态指示灯。

晶体管输出接口电路寿命长，可靠性高，频率响应快，响应时间约为 0.2ms，可以高速通断，但是只能驱动直流负载，负载驱动能力一般为 0.5A/点，价格较高。

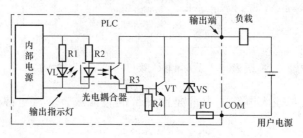

图 7-8　晶体管输出接口

（3）双向晶闸管输出接口电路。如图 7-9 所示，双向晶闸管输出接口电路也是一种无触点输出，它通过光电耦合器使双向晶闸管导通或关断以控制外部负载电路的通断，相应的输出点配有 LED 状态指示灯。

双向晶闸管输出接口电路寿命长，响应速度快，响应时间约为 1ms，但是只能驱动交流负载，负载驱动能力较差。

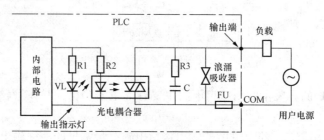

图 7-9　双向晶闸管输出接口

FX_{2N} 系列 PLC 输入/输出信号连接如图 7-10 所示。

4．电源

可直接采用单相交流电 220V，接于 PLC 的 L、N 端。PLC 内部有一个高质量的开关型稳压电源，用于对 CPU、I/O 单元供电，还可为外部传感器提供 DC24V 电源。

五、PLC 的工作原理

可编程序控制器（PLC）是一种工业控制计算机，它的 CPU 以分时操作方式来处理各项任务，每一瞬间只能做一件事，所以程序的执行是按顺序依次完成相应软继电器的动作，是串行工作方式。

所以，PLC 的工作方式是一种不断循环的顺序扫描工作方式，PLC 完成一次扫描所需的时间称为扫描周期。

PLC 扫描工作过程分为输入采样、程序执行、输出刷新三阶段，如图 7-11 所示。

1．输入采样阶段

PLC 首先扫描所有输入端子，并将各输入状态存入内存中各对应的输入映像寄存器中。

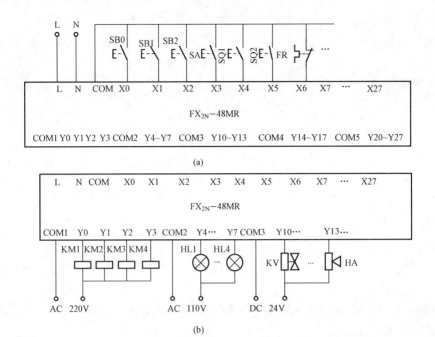

(a)

(b)

图 7-10   FX2N系列 PLC 输入输出信号连接示意图

（a）输入信号连接示意图；（b）输出信号连接示意图

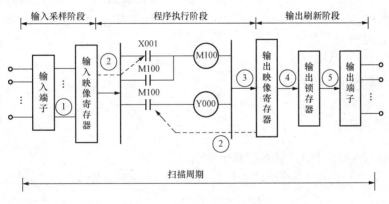

图 7-11   PLC 扫描工作过程

2. 程序执行阶段

根据 PLC 梯形图程序扫描原则，PLC 按先左后右、先上后下的步序逐点扫描程序。

3. 输出刷新阶段

在所有指令执行完毕后，输出映像寄存器中所有输出继电器的状态在输出刷新阶段转存到输出锁存器中，通过一定方式输出，驱动外部负载。

六、FX 系列 PLC 简介

三菱公司的 PLC 是最早进入中国市场的产品。小型机FX2N是近几年推出的高功能整体式小型机。

FX 系列 PLC 具有庞大的家族。基本单元（主机）有 FX0、FX0S、FX0N、FX1、

FX2、FX2C、FX1S、FX2N9 个系列。每个系列又有 14、16、32、48、64、80、128 点等不同输入/输出点数的机型，每个系列还有继电器输出、晶体管输出、晶闸管输出三种输出形式。

FX 系列可编程控制器型号命名的基本格式为：

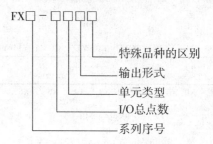

FX□ - □□□□
特殊品种的区别
输出形式
单元类型
I/O 总点数
系列序号

几点说明：

（1）系列序号：0S、1S、0N、1、2、1N、2N、2NC 等，是表示三菱小型 PLC 系列。

（2）I/O 总点数：14～256。

（3）单元类型：M 是指基本单元，E 是指输入/输出扩展单元，EX 是指输入扩展单元，EY 是指输出扩展单元。

（4）输出接口电路类型：R 是指继电器输出，T 是指晶体管输出，S 是指晶闸管输出。

（5）特殊品种区别：D 是指 DC 电源，DC 输入，AI 是指 AC 电源，AC 输入，H 是指大电流输出扩展模块（1A/1 点），V 是指立式端子排的扩展模块，C 是指接插口输入/输出方式，F 是指输入滤波器 1ms 的扩展模块，L 是指 TTL 输入型扩展模块，S 是指独立端子（无公共端）扩展模块。

例如：FX2N - 32MRD 表示 FX$_{2N}$ 系列，输入/输出总点数为 32 点，继电器输出接口，DC 电源，DC 输入的基本单元。

【任务实施】

一、识别FX2N系列 PLC 的输入/输出端子

FX2N系列 PLC 的输入/输出端子分布如图 7 - 12 所示，接入相关输入设备，观察输入信号灯状态。

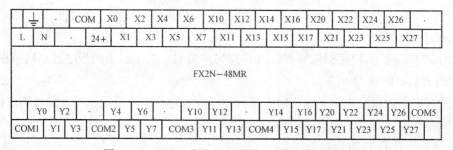

⏚	·	COM	X0	X2	X4	X6	X10	X12	X14	X16	X20	X22	X24	X26	·
L	N	·	24+	X1	X3	X5	X7	X11	X13	X15	X17	X21	X23	X25	X27	

FX2N－48MR

	Y0	Y2	·	Y4	Y6	·	Y10	Y12		Y14	Y16	Y20	Y22	Y24	Y26	COM5
COM1	Y1	Y3	COM2	Y5	Y7	COM3	Y11	Y13	COM4	Y15	Y17	Y21	Y23	Y25	Y27	

图 7 - 12　FX2N系列 PLC 的输入/输出端子分布

二、识读FX2N - 48MR PLC 型号的含义

说明 48、M、R 代表的含义，指出该 PLC 输入、输出点数。

【技能训练与考核】

PLC 的认识及输入/输出接线练习

一、任务考核

识读实训室中 PLC 的型号含义，进行输入/输出接线练习。

二、考核要求与评分标准

本任务考核要求与评分标准见表 7-1。

表 7-1　　　　　　　　　　　　　　评 分 标 准

序号	内容	配分	评分要求	备注	得分
1	正确写出实训室中 PLC 的型号含义	30	要求正确写出型号中各项表示的含义	每错一个扣 10 分	
2	PLC 面板认识	30	对 PLC 面板画出简图，在图上标注各部分名称	每错一处扣 5 分	
3	外部接线练习	30	电源线、通信线及 I/O 信号线接线正确	每错一处扣 5 分	
4	口试答辩	10	表述清楚，口试答辩正确	表述不清楚者扣 5 分	
	总计得分				

【知识拓展】

其他系列的 PLC

世界上 PLC 产品可按地域分成三大流派：一个流派是美国产品，一个流派是欧洲产品，一个流派是日本产品。美国和欧洲的 PLC 技术是在相互隔离情况下独立研究开发的，因此美国和欧洲的 PLC 产品有明显的差异性。而日本的 PLC 技术是由美国引进的，对美国的 PLC 产品有一定的继承性，但日本的主推产品定位在小型 PLC 上。美国和欧洲以大中型 PLC 而闻名，而日本则以小型 PLC 著称。

1. 西门子 PLC

S7 系列 PLC 如图 7-13 所示，分为 S7-200 系列小型机、S7-300 系列中型机、S7-400 系列大型机。S7-200 系列 PLC 是西门子公司 20 世纪 90 年代推出的整体式小型机，其结构紧凑、功能强，具有很高的性能价格比，在中小规模控制系统中应用广泛。

从 CPU 模块的功能来看，SIMATICS7-200 系列小型 PLC 发展至今，大致经历了两代：

第一代产品，其 CPU 模块为 CPU21X，主机可进行扩展，具有四种不同配置的 CPU 单元：CPU212、CPU214、CPU215 和 CPU216。

第二代产品，其 CPU 模块为 CPU22X，具有五种不同配置的 CPU 单元：CPU221、CPU222、CPU224、CPU226 和 CPU226XM，除 CPU221 之外，其他都可加扩展模块，是目前小型 PLC 的主流产品。

西门子 PLC 型号含义，如 S7-200-224AC/DC/RLY 中，S7 表示西门子，200 表示小型整体式，224 表示 CPU 型号，CPU 是交流供电，直流数字量输入，数字量输出点晶体管直流电路的类型。I/O 点数 14 入/10 出。

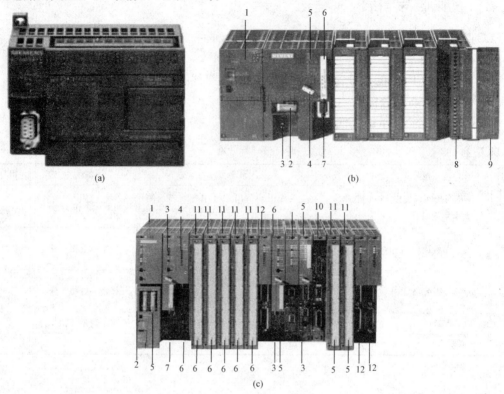

图 7 - 13　S7 系列 PLC 外形图

(a) S7 - 200 系列小型机；(b) S7 - 300 系列中型机；(c) S7 - 400 系列大型机

S7 - 200 系列 PLC 外部结构实物图如图 7 - 14 所示。

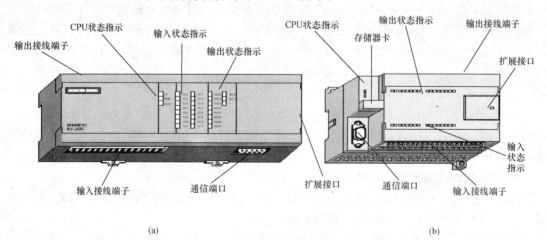

图 7 - 14　S7 - 200 系列 PLC 外部结构实物图

(a) S7 - 21X 系列；(b) S7 - 22X 系列

2. 欧姆龙 PLC

欧姆龙（OMRON）公司的 PLC 产品，大、中、小、微型规格齐全。微型机以 SP 系列为代表，其体积极小，速度极快。小型机有 P 型、H 型、CPM1A 系列、CPM2A 系列、CPM2C、CQM1 等。P 型机现已被性价比更高的 CPM1A 系列所取代，CPM2A/2C、CQM1 系列内置 RS-232C 接口和实时时钟，并具有软 PID 功能，CQM1H 是 CQM1 的升级产品。中型机有 C200H、C200HS、C200HX、C200HG、C200HE、CS1 系列。C200H 是前些年畅销的高性能中型机，配置齐全的 I/O 模块和高功能模块，具有较强的通信和网络功能。C200HS 是 C200H 的升级产品，指令系统更丰富、网络功能更强。C200HX/HG/HE 是 C200HS 的升级产品，有 1148 个 I/O 点，其容量是 C200HS 的 2 倍，速度是 C200HS 的 3.75 倍，有品种齐全的通信模块，是适应信息化的 PLC 产品。CS1 系列具有中型机的规模、大型机的功能，是一种极具推广价值的新机型。大型机有 C1000H、C2000H、CV（CV500/CV1000/CV2000/CVM1）等。C1000H、C2000H 可单机或双机热备运行，安装带电插拔模块，C2000H 可在线更换 I/O 模块；CV 系列中除 CVM1 外，均可采用结构化编程，易读、易调试，并具有更强大的通信功能。欧姆龙 PLC 外形图如图 7-15 所示。

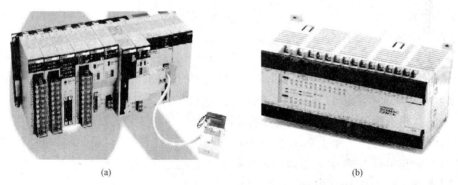

(a)　　　　　　　　　　　　　　　(b)

图 7-15　欧姆龙 PLC 外形图

(a) C200H 系列 PLC；(b) CPM1A、CPM2A 系列 PLC

CPM1A-10CDR-A-V1 系列产品型号含义：1A 是型号代号；10 表示输入/输出总点数为 10 点，具体是 6 点输入，4 点输出；C 表示是 CPU 单元；D 表示混合型，也就是有输入也有输出；R 表示继电器输出型；A 表示工作电压为交流电 100～240V。

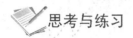
思考与练习

1. 填空题

（1）PLC 的中文全称是＿＿＿＿＿＿，世界上第一台 PLC 产生于 20 世纪 60 年代末的＿＿＿＿国。

（2）PLC 硬件有主机、I/O 扩展单元及外部设备组成，其中主机包括＿＿＿＿、＿＿＿＿、＿＿＿＿和电源四部分。

（3）PLC 存储器分两种，即＿＿＿＿和＿＿＿＿，其中存放用户程序的存储器是＿＿＿＿。

（4）PLC 输出接口电路有＿＿＿＿、＿＿＿＿和晶闸管输出型三种，其中晶闸管输出接口电路用于驱动_____负载。

(5) PLC 是通过周期扫描工作方式来完成控制的，每个周期包括_____、_____、_____三个阶段。

2. 选择题

(1) PLC 是在（　　）控制系统基础上发展起来的。

A. 电气控制系统　　B. 单片机　　　　　　C. 工业电脑　　　　D. 机器人

(2) FX 系列 PLC 是（　　）公司的产品。

A. 德国西门子　　　B. 日本三菱　　　　　C. 美国 AB　　　　 D. 日本欧姆龙

(3) PLC 开关量输出接口中（　　）型输出接口只能用于驱动直流负载。

A. 接触器　　　　　B. 继电器　　　　　　C. 双向晶闸管　　　D. 晶体管

(4) 用户编制的 PLC 应用程序存放（　　）存储器中。

A. ROM　　　　　　　　　　　　　　　　B. RAM

C. EPROM　　　　　　　　　　　　　　　D. ROM、RAM、EPROM 都可以

(5) FX_{2N}-32ER 表示中 E 表示的含义是（　　）。

A. 基本单元　　　　　　　　　　　　　　B. 输入输出扩展单元

C. 输入扩展单元　　　　　　　　　　　　D. 输出扩展单元

3. 简答题

(1) 说明 FX_{2N}-80MT 型号中 FX2N、80、M、T 的意义？并说出它的输入/输出点数。

(2) 指出 FX_{2N}-64MR 型 PLC 有多少个输入接线端和多少个输出接线端，其地址分别为多少？

(3) PLC 主机有哪些部件组成？它们的作用是什么？

(4) 何谓扫描周期？试简述 PLC 扫描工作过程。

(5) PLC 输出接口电路有哪几种类型？并分别说明适用驱动负载的性质。

(6) PLC 按 I/O 点数和结构形式可分为几类？

任务二　GX Developer 编程软件使用

【任务导入】

GX Developer Version8.34L（SWD5C-GPP-C）编程软件适用于目前三菱 Q 系列、QnA 系列、A 系列以及 FX 系列的所有 PLC，可在 Windows 95/Windows 98/Windows 2000 及 Windows XP 操作系统中运行。GX Developer 编程软件可以编写梯形图程序和状态转移图程序，它支持在线和离线编程功能，具有软元件注释、声明、注解及程序监视、测试、检查等功能，能方便地实现监控，故障诊所，程序的传送、复制、删除和打印等。此外，它还具有运行写入功能，这样可以避免频繁操作 STOP/RUN 开关，方便程序的测试。

【任务目标】

(1) 学会 GX Developer 编程软件的使用。

(2) 会利用编程软件进行 PLC 程序的编辑、调试等基本操作。

【相关知识】

一、编程软件的安装

编程软件的安装可按如下步骤进行：

（1）起动计算机进入 Windows 系统，找到编程软件的存放位置并双击。

（2）运行 EnvMEL 中的 SETUP 程序，按照弹出的对话框进行操作直至单击"结束"。

（3）运行文件夹中的 SETUP 文件，开始安装，中间输入安装序列号。

注意安装过程中不要选择安装监控的选项，在安装过程中直接点击下一步，不要勾选其他选项，编程软件和仿真软件尽量选择默认路径（即最好安装在 C 盘）。

安装好后，若看不到软件快捷方式，可以点击：开始→程序→MELSOFT→GX Developer。

二、程序的编制

1. 进入和退出编程环境

在计算机上安装好 GX Developer 编程软件后，运行 GX Developer 软件，其界面如图 7-16 所示。

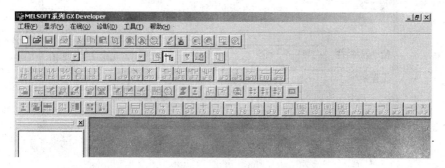

图 7-16 运行 GX Developer 后的界面

2. 创建新工程

创建新工程的操作步骤如下："工程"→"创建新工程"→创建新工程小窗口"PLC 系列"里选择 FXCPU→"PLC 类型"选择→"程序类型"选择。具体做法流程如图 7-17 所示。

工程名可以在创建新工程时设置，也可以在创建之后设置。

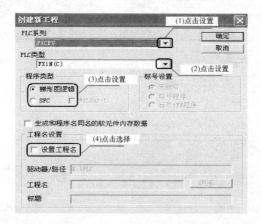

图 7-17 建立新工程画面

注意，PLC 系列和 PLC 类型设置必须与所连接的 PLC 一致，否则程序将无法写入 PLC。

3. 保存工程

当梯形图程序编制完后，必须进行变换才能保存。保存工程的操作步骤如下："变换"→"工程""保存工程"，按提示输入工程存放路径和工程名，单击"保存"即可。

4. 打开工程

读取已保存的工程文件的操作步骤如下："工程"→"打开工程"，得到如图 7-18 所示的"打开工程"对话框，输入工程存放路径和工程名，即可打开原来保存的工程。

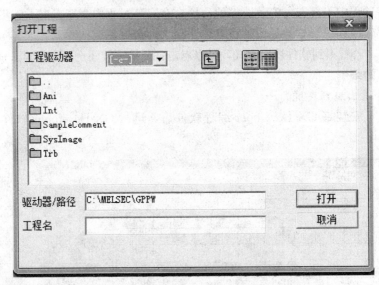

图 7-18　"打开工程"对话框

5. 软件界面

软件界面如图 7-19 所示，分菜单栏、工具栏、编辑区、工程数据列表和状态栏等。

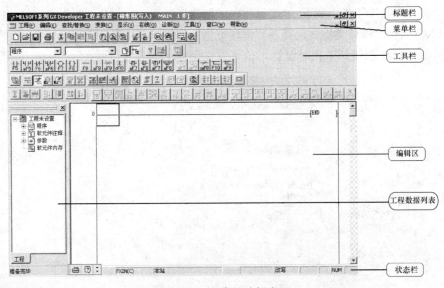

图 7-19　程序的编辑窗口

（1）菜单栏。GX Developer 编程软件有 10 个菜单项。

（2）工具栏。工具栏分为主工具、图形编辑工具、视图工具等，它们在工具栏的位置是可以拖动改变的。

（3）编辑区。编辑区是程序、注解、注释、参数等的编辑的区域。

（4）工程数据列表。工程数据列表以树状结构显示工程的各项内容，如程序、软元件注释、参数等。

（5）状态栏。状态栏显示当前的状态如鼠标所指按钮功能提示、读写状态、PLC 的型号等内容。

在编程状态下，输入梯形图。梯形图编制完后，出现如图 7-20 所示的画面，在写入PLC 或保存之前，必须进行变换。

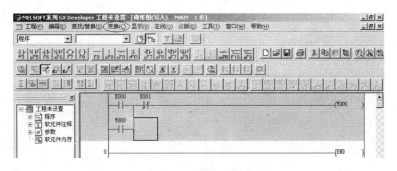

图 7-20　程序变换前的画面

三、程序的写入和读出

将计算机中用 GX Developer 编程软件编好的用户程序写入到 PLC 的 CPU，或将 PLCCPU 中的用户程序读到计算机，一般需要以下几步。

1. 进行 PLC 与计算机的连接

利用专用电缆连接计算机和 PLC，注意 PLC 接口与编程电缆头的方位不要弄错，否则容易造成损坏。

2. 进行通信设置

程序编制完后，执行"在线"菜单中的"传输设置"命令后，出现如图 7-21 所示的窗口，设置好 PCI/F 和 PLCI/F 的各项设置，其他项保持默认，单击"确定"按钮。

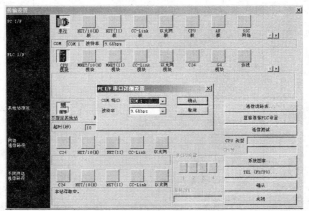

图 7-21　通信设置画面

3. 程序写入与读出

将计算机中编制好的程序写入 PLC，执行"在线"菜单中的"写入 PLC"命令，则出现如图 7-22 所示窗口。根据对话框进行操作，选中"MAIN"（主程序）后单击"开始执行"。若是将 PLC 中的程序读出到计算机，其操作与程序写入操作类似。

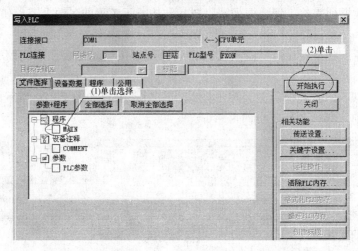

图 7-22　程序写入画面

【任务实施】

梯形图输入练习

将图 7-23 所示梯形图输入到 PLC 中，运行程序，并观察 PLC 的输出情况。

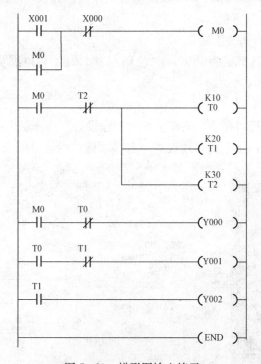

图 7-23　梯形图输入练习

【技能训练与考核】

梯形图程序输入与运行

一、任务考核

按图 7-23 输入梯形图程序，根据控制要求运行程序，观察输出指示等的变化情况。

二、考核要求与评分标准

本任务考核要求与评分标准见表 7-2。

表 7-2　　　　　　　　　　　　考核要求与评分标准

序号	内容	配分	评分要求	备注	得分
1	正确进入编程环境	10	正确进入梯形图编程状态	不能进入环境扣 10 分	
2	新建一个工程，并按路径保存	10	按要求保存文件	不能按要求完成扣 10 分	
3	正确编制梯形图程序	40	梯形图格式正确、各定时器参数设置正确，输出显示正确	每错一处扣 5 分	
4	外部接线正确	10	电源线、通信线接线正确	每错一处扣 5 分	
5	写入程序并进行调试	20	操作步骤正确，动作熟练（允许根据输出情况进行反复修改和完善）	若有违规操作，每次扣 10 分	
6	运行结果及口试答辩	10	程序运行结果正确、表述清楚，口试答辩正确	对运行结果表述不清楚者扣 5 分	
总计得分					

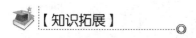

【知识拓展】

FX-20P-E 型手持编程器的使用

FX-20P-E 型手持式编程器（简称 HPP）通过编程电缆可与三菱 FX 系列 PLC 相连，用来给 PLC 写入、读出、插入和删除程序，以及监视 PLC 的工作状态等。

图 7-24 为 FX-20P-E 型手持式编程器，这是一种智能简易型编程器，即可联机编程又可脱机编程。本机显示窗口可同时显示四条基本指令。

面板的上方是一个 4 行，每行 16 个字符的液晶显示器。它的下面共有 35 个键，最上面一行和最右边一列为 11 个功能键，其余的 24 个键为指令键和数字键。

1. FX-20P-E 型手持式编程器的组成与面板布置

（1）功能键。11 个功能键在编程时的功能如下：

1）RD/WR 键：读出/写入键。其为双功能键，按第一下选择读出方式，在液晶显示屏的左上角显示是 "R"；按第二下选择写入方式，在液晶显示屏的左上角显示是 "W"；按第三下又回到读出方式，编程器当时的工作状态显示在液晶显示屏的左上角。

2）INS/DEL 键：插入/删除键。其为双功能键，按第一下选择插入方式，在液晶显示屏的左上角显示是 "I"；按第二下选择删除方式，在液晶显示屏的左上角显示是 "D"；按第三下又回到插入方式，编程器当时的工作状态显示在液晶显示屏的左上角。

3）MNT/TEST键：监视/测试键。其为双功能键，按第一下选择监视方式，在液晶显示屏的左上角显示是"M"；按第二下选择测试方式，在液晶显示屏的左上角显示是"T"；按第三下又回到监视方式，编程器当时的工作状态显示在液晶显示屏的左上角。

4）GO键：执行键。其用于对指令的确认和执行命令。在键入某指令后，再按GO键，编程器就将该指令写入 PLC 的用户程序存储器，该键还可用来选择工作方式。

5）CLEAR键：清除键。在未按GO键之前，按下CLERR键，刚刚键入的操作码或操作数被清除。另外，该键还用来清除屏幕上的错误内容或恢复原来的画面。

6）SP键：空格键。输入多参数的指令时，用来指定操作数或常数。在监视工作方式下，若要监视位编程元件，先按下SP键，再送该编程元件和元件号。

7）STEP键：步序键。如果需要显示某步的指令，先按下STEP键，再送步序号。

8）↑、↓键：光标键。用此键移动光标和提示符，指定当前软元件的前一个或后一个元件，作上、下移动。

9）HELP键：帮助键。按下 FNC 键后按HELP键，屏幕上显示应用指令的分类菜单，再按下相应的数字键，就会显示出该类指令的全部指令名称。在监视方式下按HELP键，可用于使字编程元件内的数据在十进制和十六进制数之间进行切换。

10）OTHER键："其他"键。无论什么时候按下，立即进入菜单选择方式。

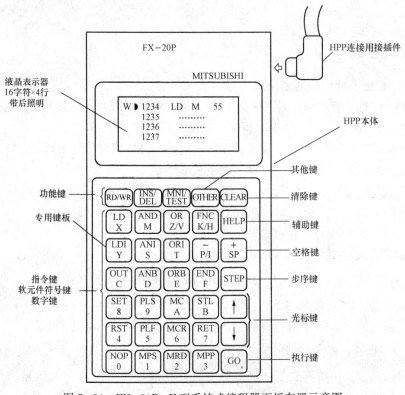

图 7-24　FX-20P-E型手持式编程器面板布置示意图

（2）指令键、元件符号键和数字键。它们都是双功能键，键的上面是指令助记符，键的下部分是数字或软元件符号，何种功能有效，是在当前操作状态下，由功能自动定义。下面的双重元件符号 Z/V、K/H 和 P/I 交替起作用，反复按键时相互切换。

（3）FX-20P-E 型编程器的液晶显示屏。在操作时，FX-20P-E 型编程器液晶显示屏的画面示意图如图 7-25 所示。

液晶显示屏可显示 4 行，每行 16 个字符，第一行第 1 列的字符代表编程器的工作方式。其中，显示"R"为读出用户程序；"W"为写入用户程序；"I"为将编制的程序插入光标"▶"所指的指令之前；"D"为删除"▶"所指的指令；"M"表示编程器处于监视工作状态，可以监视位编程元件的 ON/OFF 状态、字编程

```
R→  104  LD   M    20
    105  OUT  T     6
                K  150
    108  LDI  X   007
```

图 7-25　FX-20P-E 型
手持式编程器液晶画面

元件内的程序，以及对基本逻辑指令的通断状态及其进行监视；"T"表示编程器处于测试（Test）工作状态，可以对为编程元件的状态以及定时器和计数器的线圈强制 ON 或强制 OFF，也可以对自编程元件内的数据进行修改。

第 2 列为行光标，第 3 到第 6 列为指令步序号，第 7 列为空格，第 8 列到第 11 列为指令助记符，第 12 列为操作数或元件类型，第 13 到 16 列为操作数或元件号。

2. FX-20P-E 型手持式编程器的工作方式选择

FX-20P-E 型编程器具有在线（ONLINE，或称联机）编程和离线（OFFLINE，或称脱机）编程两种工作方式。在线编程时编程器与 PLC 直接相连，编程器直接对 PLC 的用户程序存储器进行读写操作。若 PLC 内装有 EEPROM 卡盒，则程序写入该卡盒，若没有 EE-PROM 卡盒，则程序写入 PLC 内的 RAM 中。在离线编程时，编制的程序首先写入编程器内的 RAM 中，以后再成批传送至 PLC 的存储器。

FX-20P-E 型编程器上电后，其液晶屏幕上显示的内容如图 7-26 所示。

其中闪烁的符号"■"指明编程器所处的工作方式。用 ↑ 或 ↓ 键将"■"移动到选中的方式上，然后按 GO 键，就进入所选定的编程方式。

在联机方式下，用户可用编程器直接对 PLC 的用户程序存储器进行读/写操作。在执行写操作时。若 PLC 内没有安装 EEPROM 存储器卡盒，则程序写入 PLC 的 RAM 存储器内；反之则写入 EEPROM 中。此时，EEPROM 存储器的写保护开关必须处于"OFF"位置。只有用 FX-20P-RWM 型 ROM 写入器才能将用户程序写入 EPROM。

若按下 OTHER 键，则进入工作方式选定的操作。此时，FX-20P-E 型手持编程器的液晶屏幕显示的内容如图 7-27 所示。

```
PROGRAM MODE
■ONL INE  (PC)
  OFFL INE (HPP)
```

图 7-26　在线、离线
工作方式选择

```
ONL INE   MODE    FX
■1.OFFL INE    MODE
 2.PROGRAM   CHECK
 3.DATA    TRANSFER
```

图 7-27　工作方式选定

闪烁的符号"■"表示编程器所选的工作方式，按 ↑ 或 ↓，将"■"上移或下移到所需的位置，再按 GO 键，就进入了选定的工作方式。在联机编程方式下，可供选择的工作方

式共有 7 种，它们分别是：

（1）OFFLINE MODE（脱机方式）：进入脱机编程方式。

（2）PROGRAM CHECK：程序检查。若没有错误，显示 "NO ERROR"（没有错误）；若有错误，则显示出错误指令的步序号及出错代码。

（3）DATA TRANSFER：数据传送。若 PLC 内安装有存储器卡盒，在 PLC 的 RAM 和外装的存储器之间进行程序和参数的传送。反之则显示 "NO MEM CASSETTE"（没有存储器卡盒），不进行传送。

（4）PARAMETER：对 PLC 的用户程序存储器容量进行设置，还可以对各种具有断电保持功能的编程元件的范围以及文件寄存器的数量进行设置。

（5）XYM. NO. ONV.：修改 X、Y、M 的元件号。

（6）BUZZER LEVEL：蜂鸣器的音量调节。

（7）LATCH CLEAR：复位有断电保持功能的编程元件。

对文件寄存器的复位与它使用的存储器类别有关，只能对 RAM 和写保护开关处于 OFF 位置的 EEPROM 中的文件寄存器复位。

3. 用户程序存储器初始化

在写入程序之前，一般需要将存储器中原有的内容全部清除，再按 RD/WR 键，使编程器（写）处于 W 工作方式，接着按以下顺序按键：

$$\boxed{\text{NOP}} \to \boxed{\text{A}} \to \boxed{\text{GO}} \to \boxed{\text{GO}}$$

4. 指令的读出

（1）根据步序号读出指令。读出指令基本操作如图 7-28 所示。先按 RD/WR 键，使编程器处于 R（读）工作方式，如果要读出步序号为 105 的指令，再按下列的顺序操作，该指令就显示在屏幕上。

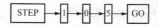

图 7-28　根据步序号读出指令的基本操作

若还需要显示该指令之前或之后的其他指令，可以按 ↑、↓ 或 GO 键。按 ↑、↓ 键可以显示上一条或下一条指令。按 GO 键可以显示下面 4 条指令。

（2）根据指令读出。先按 RD/WR 键，使编程器处于 R（读）工作方式，然后根据图 7-29 所示的操作步骤依次按相应的键，该指令就显示在屏幕上。

例如：指定指令 LD X020，从 PLC 中读出该指令。

按 RD/WR 键，使编程器处于读（R）工作方式，然后按以下的顺序按键：

$$\boxed{\text{LD}} \to \boxed{\text{X}} \to \boxed{2} \to \boxed{0} \to \boxed{\text{GO}}$$

图 7 - 29　根据指令读出的基本操作

按 GO 键后屏幕上显示出指定的指令和步序号。再按 GO 键，屏幕上显示出下一条相同的指令及其步序号。如果用户程序中没有该指令，在屏幕的最后一行显示"NOT FOUND"（未找到）。按 ↑ 或 ↓ 键可读出上一条或下一条指令。按 CLEAR 键，则屏幕显示出原来的内容。

5. 指令的写入

按 RD/WR 键，使编程器处于 W（写）工作方式，然后根据该指令所在的步序号，按 STEP 键后键入相应的步序号，接着按 GO 键，使"▶"移动到指定的步序号时，可以开始写入指令。如果需要修改刚写入的指令，在未按 GO 键之前，按下 CLEAR 键，刚键入的操作码或操作数被清除。若按了 GO 键之后，可按 ↑ 键，回到刚写入的指令，再作修改。

（1）写入基本逻辑指令。写入指令 LD X010 时，先使编程器处于 W（写）工作方式，将光标"▶"移动到指定的步序号位置，然后按以下顺序按键：

$$\boxed{LD} \rightarrow \boxed{X} \rightarrow \boxed{1} \rightarrow \boxed{0} \rightarrow \boxed{GO}$$

写入 LDP、ANP、ORP 指令时，在按对应指令键后还要按 P/I 键；写入 LDF、ANF、ORF 指令时，在按对应指令键后还要按 F 键；写入 INV 指令时，按 NOP 、 P/I 和 GO 键。

（2）写入应用指令。写入应用指令的基本操作如图 7 - 30 所示。按 RD/WR 键，使编程器处于 W（写）工作方式，将光标"▶"移动到指定的步序号位置，然后按 FNC 键，接着按该应用指令的指令代码对应的数字键，然后按 SP 键，再按相应的操作数。如果操作数不止一个，每次键入操作数之前，先按一下 SP 键，键入所有的操作数后，再按 GO 键，该指令就被写入 PLC 的存储器内。如果操作数为双字，按 FNC 键后，再按 D 键；如果是脉冲上升沿执行方式，在键入编程代码的数字键后，接着再按 P 键。

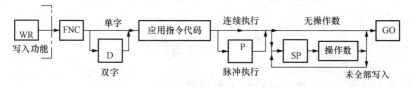

图 7 - 30　应用指令的写入基本操作

例如，写入数据传送指令 MOV　D10　D14，MOV 指令的应用指令编号为 12，写入的操作步骤如下：

$$\boxed{\text{FUN}}\to\boxed{1}\to\boxed{2}\to\boxed{\text{SP}}\to\boxed{\text{D}}\to\boxed{1}\to\boxed{0}\to\boxed{\text{SP}}\to\boxed{\text{D}}\to\boxed{1}\to\boxed{4}\to\boxed{\text{GO}}$$

又如，写入数据传送指令 (D) MOV (P) D10　D14，操作步骤如下：

$$\boxed{\text{FUN}}\to\boxed{\text{D}}\to\boxed{1}\to\boxed{2}\to\boxed{\text{P}}\to\boxed{\text{SP}}\to\boxed{\text{D}}\to\boxed{1}\to\boxed{0}\to\boxed{\text{SP}}\to\boxed{\text{D}}\to\boxed{1}\to\boxed{4}\to\boxed{\text{GO}}$$

(3) 指令的修改。

例如，将其步序号为 105 原有的指令 OUT　T6　K150 改写为 OUT　T6　K30。

根据步序号读出原指令后，按 $\boxed{\text{RD/WR}}$ 键，使编程器处于 W（写）工作方式，然后按下列操作步骤按键：

$$\boxed{\text{OUT}}\to\boxed{\text{T}}\to\boxed{6}\to\boxed{\text{SP}}\to\boxed{\text{K}}\to\boxed{3}\to\boxed{0}\to\boxed{\text{GO}}$$

如果要修改应用指令中的操作数，读出该指令后，将光标"▶"移到欲修改的操作数所在的行，然后修改该行的参数。

6. 指令的插入

如果需要在某条指令之前插入一条指令，按照前述指令读出的方式，先将某条指令显示在屏幕上，使光标"▶"指向该指令。然后按 $\boxed{\text{INS/DEL}}$ 键，使编程器处于 I（插入）工作方式。再按照指令写入的方法，将该指令写入，按 $\boxed{\text{GO}}$ 键后，写入的指令插在原指令之前，后面的指令依次向后推移。

例如，要在 180 步之前插入指令 AND M3，在 I 工作方式下首先读出 180 步的指令，然后使光标"▶"指向 180 步按以下顺序按键：

$$\boxed{\text{INS}}\to\boxed{\text{AND}}\to\boxed{\text{M}}\to\boxed{3}\to\boxed{\text{GO}}$$

7. 指令的删除

(1) 逐条指令的删除。如果需要将某条或某个指针删除，按照指令读出的方法，先将该指令或指针显示在屏幕上，令光标"▶"指向该指令。然后按 $\boxed{\text{INS/DEL}}$ 键，使编程器处于 D（删除）工作方式，再按功能键 $\boxed{\text{GO}}$，该指令或指针即被删除。

(2) NOP 指令的成批删除。按 $\boxed{\text{INS/DEL}}$ 键，使编程器处于 D（删除）工作方式，依次按 $\boxed{\text{NOP}}$ 键和 $\boxed{\text{GO}}$ 键，执行完毕后，用户程序中间的 NOP 指令被全部删除。

(3) 指定范围内的指令删除。按 $\boxed{\text{INS/DEL}}$ 键，使编程器处于 D（删除）工作方式，接着按下列操作步骤依次按相应的键，该范围内的程序就被删除：

$$\boxed{\text{STEP}}\to\boxed{\text{起始步序号}}\to\boxed{\text{SP}}\to\boxed{\text{STEP}}\to\boxed{\text{终止步序号}}\to\boxed{\text{GO}}$$

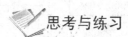 思考与练习

用编程软件完成图 7-31 所示梯形图的编辑和保存。

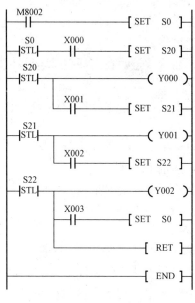

图 7 - 31

任务三　三相异步电动机单向起动电路的 PLC 控制

【任务导入】

对于小型三相交流异步电动机，一般采取直接起动控制。图 7 - 32 所示是利用继电器—接触器控制的原理图。要求用 PLC 实现控制，编写程序进行调试。

【任务目标】

（1）掌握 LD/LDI、AND/ANI、OR/ORI 以及 SET/RST 基本逻辑指令的编程方法。

（2）利用基本逻辑指令，会进行三相交流异步电动机单向起动 PLC 控制系统的设计与调试。

【相关知识】

一、PLC 控制系统设计

1. 设计的基本原则

（1）PLC 的选择除了应满足技术指标的要求外，还应重点考虑该公司产品技术支持与售后服务情况，尽量选择主流产品，最大限度地

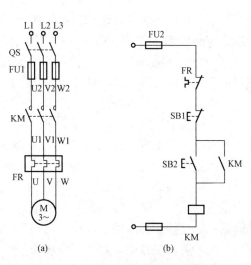

图 7 - 32　三相异步电动机的起停控制
（a）主电路；（b）控制电路

满足被控对象的控制要求。

(2) 在满足控制要求的前提下，力求使控制系统简单、经济，使用及维修方便。

(3) 保证控制系统的安全、可靠。

(4) 考虑到生产的发展和工艺的改进，在选择 PLC 容量时，应适当留有裕量。

2. 设计的主要内容

(1) 拟定控制系统设计的技术条件。技术条件一般以设计任务书的形式来确定，它是整个设计的依据。

(2) 选择电气传动形式和电动机、电磁阀等执行机构。

(3) 确定输入、输出设备，选定 PLC 的型号。

(4) 编制 PLC 的输入/输出分配表或绘制输入/输出端子接线图。

(5) 根据系统设计的要求编写程序，进行程序调试。

3. PLC 控制系统的一般步骤

PLC 控制系统设计与调试的主要步骤，如图 7 - 33 所示。

(1) 深入了解和分析被控对象的工艺条件和控制要求。被控对象就是受控的机械、电气设备、生产线或生产过程。控制要求主要是指控制的基本方式、应完成的动作、自动工作循环的组成、必要的保护和联锁等。对较复杂的控制系统，还可将控制任务分成几个独立部分，这种可化繁为简，有利于编程和调试。

(2) 确定 I/O 设备。根据被控对象对 PLC 控制系统的功能要求，确定系统所需的输入、输出设备。常用的输入设备有按钮、选择开关、行程开关、传感器等，常用的输出设备有接触器线圈、电磁阀线圈、指示灯等。

(3) 选择合适的 PLC 类型。根据已确定的 I/O 设备，统计所需的输入信号和输出信号的点数，再按实际所需总点数的 15%~20% 留出备用量选择合适的 PLC 类型。

(4) 分配 I/O 点。分配 PLC 的 I/O 点，编制出输入/输出分配表或者画出输入/输出端子的接线图。接着就可以进行 PLC 程序设计，同时可进行控制柜或操作台的设计和现场施工。

(5) 设计控制系统梯形图程序。根据功能图表或状态流程图等设计出梯形图即编程。这一步是整个应用系统设计的最核心工作，也是比较困难的一步，要设计好梯形图，首先要十分熟悉控制要求，同时还要有一定的电气设计的实践经验。

(6) 将程序输入 PLC。当使用简易编程器将程序输入 PLC 时，需要先将梯形图转换成指令助记符，以便输入。当使用可编程序控制器的辅助编程软件在计算机上编程时，可通过上下位机的连接电缆将程序下载到 PLC 中去。

(7) 进行软件测试。程序输入 PLC 后，应先进行测试工作。因为在程序设计过程中，难免会有疏漏的地方。因此将 PLC 连接到现场设备上去之前，必须进行软件测试，以排除程序中的错误，同时也为整体调试打好基础，缩短整体调试的周期。

(8) 应用系统整体调试。在 PLC 软硬件设计和控制柜及现场施工完成后，就可以进行整个系统的联机调试。如果控制系统是由几个部分组成，则应先作局部调试，然后再进行整体调试；如果控制程序的步序较多，则可先进行分段调试，然后再连接起来总调。调试中发现的问题，要逐一排除，直至调试成功。

(9) 编制系统技术文件。系统技术文件包括说明书、电气原理图、电器布置图、电气元件明细表、PLC 梯形图。

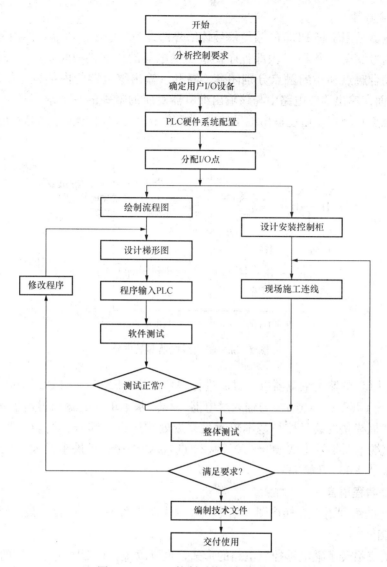

图 7 - 33　PLC 控制系统一般设计步骤

二、输入/输出继电器

1. 输入继电器

输入继电器是用于接收用户设备的输入信号。输入继电器必须由外部信号驱动，不能由程序指令驱动。因此，梯形图中只出现输入继电器的接点，而不出现输入继电器的线圈。

如果基本单元的输入继电器编号 X000～X027 （24 点），当接有扩展单元或扩展模块，则扩展的输入继电器从 X030 开始编号。输入继电器等效电路如图 7 - 34 所示。

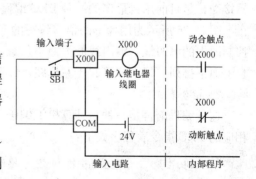

图 7 - 34　输入继电器等效电路

2. 输出继电器

输出继电器是用于将 PLC 的输出信号传给外部设备。输出继电器只能由程序指令驱动，不能由外部信号驱动。当 PLC 内部程序使输出继电器的线圈接通时，一方面该输出继电器程序内部的动合触点和动断触点分别闭合、断开（输出继电器的内部触点使用次数不受限制）；另一方面在输出等效电路中与该输出继电器对应的唯一的一个动合触点（不一定是继电器的机械触点）闭合，通过输出端子接通外部输出设备。输出继电器等效电路如图 7-35 所示。

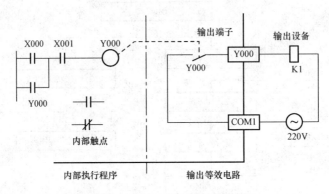

图 7-35　输出继电器等效电路

FX 系列 PLC 的输出继电器以八进制进行编号，其中 FX2N 系列 PLC 输出继电器的编号范围为 Y000～Y267（184 点）。与输入继电器一样，基本单元的输出继电器编号是固定的，扩展单元和扩展模块的编号按与基本单元最靠近处顺序进行编号。例如，基本单元 FX2N-48MR 的输出继电器编号为 Y000～Y027（24 点），如果接有扩展单元或扩展模块，则扩展的输出继电器从 Y030 开始编号。

三、PLC 编程语言

PLC 常用的编程语言有梯形图、指令表和顺序功能图等。其中使用最广泛的是梯形图。

1. 梯形图

梯形图语言沿袭了继电器控制电路的形式，也可以说，梯形图是在常用的继电器—接触器逻辑控制基础上简化了符号演变而来的，具有形象、直观、实用的特点，电气技术人员容易接受，是目前用得最多的一种 PLC 编程语言。

图 7-36 所示为用梯形图语言编写的 PLC 程序。图中左、右母线类似于继电器—接触器控制图中的电源线，输出线圈类似于负载，输入触点类似于按钮。梯形图由若干梯级组成，自上而下排列，每个梯级起于左母线，经触点—线圈，止于右母线。

2. 指令表

这种编程语言是一种与计算机汇编语言类似的助记符编程方式。与图 7-36 所示梯形图相应的 PLC 指令表程序如下：

步序号	指令助记符	操作元件号
0	LD	X001
1	OR	Y000
2	ANI	X002

3	OUT	Y000
4	LD	X000
5	OUT	Y001
6	END	

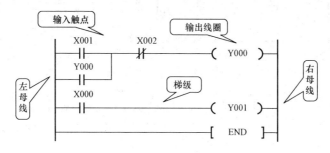

图 7-36　梯形图程序

3. 顺序功能图

顺序功能图编程语言（SFC）是一种描述顺序控制系统功能的图解表示法，主要由"步"、"转移条件"和"有向线段"等部分组成。对于复杂的顺序控制系统，内部的互锁关系非常复杂，如果用一般的梯形图来编写，其程序步往往会很长，可读性也大大降低。而用顺序功能图的形式表示机械动作，就会大大简化编程语言，所以顺序功能图特别适合于编制复杂的顺序控制程序。三菱FX2N系列 PLC 可以通过步进梯形指令（Step Ladder Instruction，STL）和 RET（复位指令）非常方便地编制顺序控制程序。

关于顺序功能图与步进梯形图，本书将在项目八中专门介绍，这里不再详述。

四、基本逻辑指令——LD/LDI、OUT、AND/ANI、OR/ORI、END 指令

1. LD/LDI、OUT 指令

（1）LD（LoaD）：取指令，用于将动合触点连接到母线（左母线、分支母线）上。操作元件有 X、Y、M、T、C、S。

（2）LDI（LoaD Inverse）：取反指令，用于将动断触点与母线（左母线、分支母线）。操作元件有 X、Y、M、T、C、S。

（3）OUT：驱动线圈的输出指令。操作元件有 Y、M、T、C、S，但不能用于输入继电器 X。OUT 指令用于 T 和 C，其后需跟常数 K，设置延时时间或计数次数。

LD/LDI、OUT 指令的用法如图 7-37 所示。

2. AND/ANI 指令

（1）AND：与指令，用于串联单个动合触点。操作元件有 Y、M、T、C、S。

（2）ANI（ANd Inverse）：与反指令，用于串联单个动断触点。操作元件有 Y、M、T、C、S。

AND 和 ANI 指令用于单个触点与前面触点的串联，可连续使用。AND 和 ANI 指令的用法如图 7-38 所示。

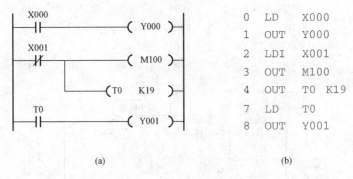

图 7-37　LD、LDI 和 OUT 指令的用法
(a) 梯形图；(b) 指令表

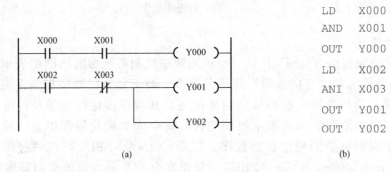

图 7-38　AND 和 ANI 指令的用法
(a) 梯形图；(b) 指令表

在 OUT 指令之后通过触点去驱动其他线圈，称为纵接输出或连续输出，其编程方法如图 7-39 所示。

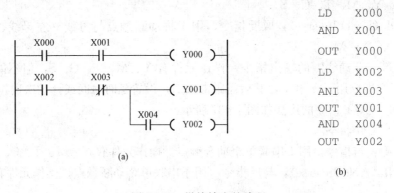

图 7-39　纵接输出的编程
(a) 梯形图；(b) 指令表

3. OR/ORI 指令

(1) OR：或指令，用于并联单个动合触点。操作元件有 Y、M、T、C、S。

(2) ORI (OR Inverse)：或反指令，用于并联单个动断触点。操作元件有 Y、M、T、C、S。

OR 和 ORI 指令用于单个触点与前面触点的并联，可连续使用。OR 和 ORI 指令的用法如图 7 - 40 所示。

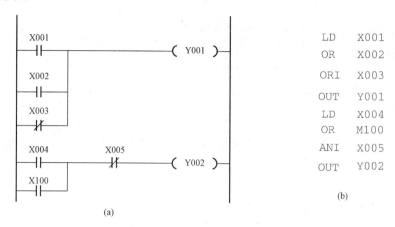

LD   X001
OR   X002
ORI   X003
OUT   Y001
LD   X004
OR   M100
ANI   X005
OUT   Y002

(b)

图 7 - 40　OR 和 ORI 指令的用法

(a) 梯形图；(b) 指令表

4. END 指令

END：程序结束指令。放在全部程序的结束处，无操作元件。PLC 执行程序时从第一步扫描到 END 指令为止，后面的程序跳过不执行。若不写 END 指令，PLC 将从用户程序存储器的第一步执行到最后一步。因此，使用 END 指令可以缩短扫描周期。

在调试程序时可以将 END 指令插在各段程序之后，从第一段开始分段调试，调试好以后再顺序删除程序中间的 END 指令，这种方法对各子程序的查错很有用处。

【任务实施】

1. 任务分析

用 PLC 进行控制时主电路仍然和图 7 - 32 所示相同，只是控制电路不一样。首先，确定选定输入/输出设备。输入设备通常是发布命令的一些控制信号，如按钮、开关、传感器、热继电器触点等；输出设备是选定执行控制任务的接触器线圈、电磁阀线圈、信号灯等。然后将这些设备与 PLC 对应相连，编制 PLC 程序，最后运行程序。

正确选择输入/输出设备对于设计 PLC 控制程序、完成控制任务非常重要。一般情况下，一个控制信号就是一个输入设备，一个执行元件就是一个输出设备。选择开关还是按钮，对应的控制程序也不一样。热继电器 FR 触点是电动机的过载保护信号，也应该作为输入设备。

根据继电器—接触器控制原理，完成本控制任务需要有起动按钮 SB2 和停止按钮 SB1、过载保护的热继电器触点作为输入设备，有执行元件（接触器）KM 线圈作为输出设备，控制电动机接通和断开，从而控制电动机的起停。

2. 分配 I/O 地址，绘制输入/输出接线图

一个输入设备原则上占用一个输入点，一个输出设备一般也是占用一个输出点。对于本任务中，I/O 地址分配见表 7 - 3。

表 7-3　　**I/O 地址分配表**

类型	名称	分配地址编号
输入信号	起动按钮 SB2	X0
	停止按钮 SB1	X1
	FR 触点	X2
输出信号	接触器 KM 线圈	Y0

根据 I/O 地址表，将选择的输入/输出设备连接到 PLC 对应的输入端和输出端上，形成 PLC 的输入/输出接线图，如图 7-41（a）所示。

3. 设计梯形图程序

根据控制要求，梯形图程序如图 7-41（b）所示。

4. 编写指令表程序

根据梯形图程序，写出对应的指令表程序如图 7-42 所示。

(a)　　(b)

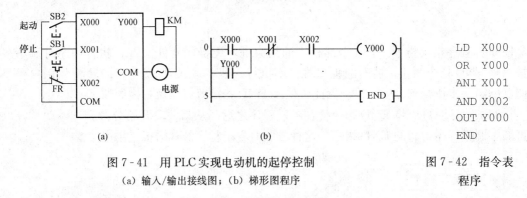

图 7-41　用 PLC 实现电动机的起停控制

（a）输入/输出接线图；（b）梯形图程序

```
LD  X000
OR  Y000
ANI X001
AND X002
OUT Y000
END
```

图 7-42　指令表程序

5. 程序调试

根据输入/输出接线图接好外部设备，输入程序，运行调试，观察结果。

【技能训练与考核】

用 PLC 实现三相异步电动机的两地控制。

一、任务考核

用 PLC 设计可以在两地控制电动机起动和停止的控制电路。要求根据控制要求，完成如下任务：

（1）画出主电路。

（2）分配 I/O 地址，绘制输入/输出接线图。

（3）编写梯形图程序，写出指令表。

运行程序，观察输出指示灯的变化情况。

二、考核要求与评分标准

本任务考核要求与评分标准见表 7-4。

表 7 - 4 考核要求与评分标准

序号	内 容	配分	评分要求	备注	得分
1	正确选择输入输出设备及地址并画出 I/O 接线图	15	设备及端口地址选择正确接线图正确、标注完整	输入输出每错一个扣 5 分，接线图每少一处标注扣 1 分	
2	正确编制梯形图程序	35	梯形图格式正确，输出显示正确	每错一处扣 5 分	
3	正确写出指令语句程序	10	各指令使用准确	每错一处扣 5 分	
4	外部接线正确	15	电源线、通信线及 I/O 信号线接线正确	每错一处扣 5 分	
5	写入程序并进行调试	15	操作步骤正确，动作熟练（允许根据输出情况进行反复修改和完善）	若有违规操作，每次扣 10 分	
6	运行结果及口试答辩	10	程序运行结果正确、表述清楚，口试答辩正确	对运行结果表述不清楚者扣 5 分	
总计得分					

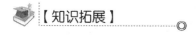 【知识拓展】

一、动断触点的输入信号处理

在实际控制中，停止按钮、限位开关及热继电器触点等都要使用其动断触点，以提高安全保障。但在 PLC 控制中，停止按钮、限位开关及热继电器触点等作为外部输入信号接到 PLC 输入端时，既可以接动合触点，也可以接动断触点。无论是接动合触点还是动断触点，运行结果都是一样的，但编制梯形图程序时有所不同，如图 7 - 43 所示。

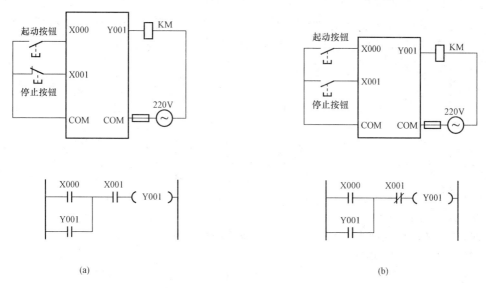

图 7 - 43　停止按钮不同触点的接线图与梯形图程序比较
（a）停止按钮为动断触点输入；（b）停止按钮为动合触点输入

从梯形图中可以看出，停止按钮等用动断触点接到输入端时，梯形图程序中使用其软继电器的动断触点，便于进行原理分析，所以 PLC 外部输入触点通常使用动合触点。

二、热继电器触点的处理

1. 热继电器触点接到输入端

热继电器触点作为输入信号，同样可以接入动合触点，也可以接入动断触点。图 7-38 所示就是将热继电器动断触点作为输入信号接到输入端的 PLC 设计。

2. 热继电器触点接到输出端

为了节省成本，应尽量少占用 PLC 的 I/O 点，因此有时也将 FR 动断触点串接在其他动断输入或负载输出回路中，如图 7-44 所示。

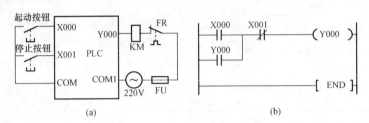

图 7-44　热继电器触点接到输出端

(a) 输入/输出接线图；(b) 梯形图程序

三、置位 SET/复位 RST 指令

1. SET 指令

SET 指令是使操作元件置位（接通并自保持），操作元件有 Y、M、S。

2. RST 指令

RST 指令使操作元件复位，操作元件有 Y、M、S、V、Z、T、C。

用 RST 指令可以对积算定时器、计数器、数据寄存器以及变址寄存器的内容清零。当 SET 和 RST 信号同时接通时，写在后面的指令有效，置位/复位指令用法如图 7-45 所示。

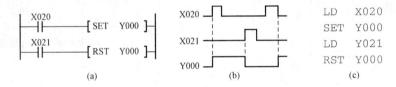

图 7-45　置位/复位指令用法

(a) 梯形图；(b) 波形图；(c) 指令表

四、LDP/LDF、ANDP/ANDF 和 ORP/ORF 指令

LDP、ANDP 和 ORP 是上升沿检测的触点指令，触点的中间有一个向上的箭头，对应的触点仅在指定位元件的上升沿（由 OFF 变为 ON）时接通一个扫描周期。

LDF、ANDF 和 ORF 是下降沿检测的触点指令，触点的中间有一个向下的箭头，对应的触点仅在指定位元件的下降沿（由 ON 变为 OFF）时接通一个扫描周期。

以上指令可以用于 X、Y、M、T、C 和 S 的继电器。图 7-46 中，在 X000 上升沿或 X001 的下降沿，Y000 仅接通一个扫描周期。

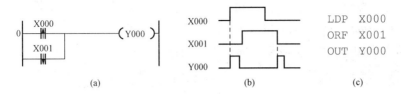

图 7-46 边沿检测触点指令用法

(a) 梯形图；(b) 波形图；(c) 指令表

思考与练习

1. 填空题

(1) PLC 的软件由系统程序和用户程序两大部分组成。PLC 为用户提供了完整的编程语言，通常有三种：_____、_____和顺序功能流程图。

(2) PLC 的内部软继电器，X 表示_____继电器，Y 表示_____继电器。

(3) PLC 的输入/输出继电器采用_____进制编码。

(4) OUT 指令是驱动线圈的输出指令，可以用于 Y、M、C、T 和 S 继电器，但不能用于_____继电器。

(5) AND 是_____触点串联连接指令，ANI 是_____触点串联连接指令；一个动合触点时采用_____指令，串联一个动断触点时采用_____指令。

2. 判断题

(1) OUT 指令是驱动线圈的输出指令，用于驱动各种 PLC 内部继电器。（   ）

(2) 梯形图是 PLC 应用最广泛的编程语言。（   ）

(3) PLC 内部继电器有无数对动合、动断触点的。（   ）

(4) OUT 指令不能用于驱动输入继电器的线圈。（   ）

(5) PLC 的输出继电器只能由程序驱动，不能由外部信号驱动。（   ）

(6) 输入继电器的线圈不可能出现在梯形图中。（   ）

3. 选择题

(1) 三菱 FX 系列 PLC 的输入和输出继电器采用（   ）进制数字编号。

A. 二   B. 八   C. 十   D. 十六

(2) SET 是（   ）指令。

A. 置位   B. 复位   C. 出栈   D. 步进

(3) FX 系列 PLC 中 OR 指令用于（   ）。

A. 动合触点的串联   B. 动断触点的串联

C. 动合触点的并联   D. 动断触点的并联

(4) FX 系列 PLC 中 ANDP，表示（   ）指令

A. 下降沿   B. 上升沿   C. 输入有效   D. 输出有效

4. 用置位、复位指令设计电动机起停控制的梯形图程序和指令表程序。

5. 用 PLC 实现三相异步电动机既能实现点动控制又能实现连续运行的控制电路。控制要求如下：

（1）按下起动按钮 SB2，电动机起动运行，按下停止按钮，电动机停止。

（2）按下点动按钮 SB3，电动机实现点动控制。

试分析输入/输出设备，分配 I/O 地址，绘制输入/输出接线图，并编写梯形图程序和指令表。

任务四 三相异步电动机正反转电路的 PLC 控制

【任务导入】

图 7-47 所示是用继电器—接触器实现的三相异步电动机正反转电路原理图。要求用 PLC 实现控制，编写程序进行调试。

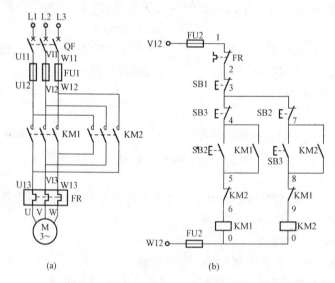

图 7-47 接触器按钮双重互锁的正反转控制电路原理图

（a）主电路；（b）控制电路

【任务目标】

（1）掌握 ANB、ORB、MPS/MRD/MPP 和 MC/MCR 逻辑指令的编程方法。

（2）利用基本逻辑指令，会进行三相交流异步电动机正反转 PLC 控制系统的设计与调试。

【相关知识】

一、电路块连接指令 ANB、ORB

（1）ANB 指令：块与指令，用于两个或两个以上电路块的串联，无操作元件。ANB 指令的用法如图 7-48 所示。

ANB 指令使用说明如下：

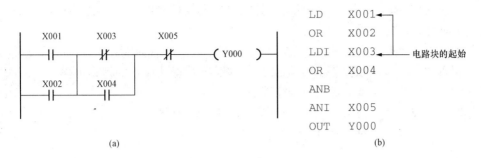

图 7-48 ANB 指令用法

(a) 梯形图；(b) 指令表

1) 每个电路块的起始触点要用 LD 或 LDI 指令，完成电路块的内部连接后，再用 ANB 指令将它与前面的电路串联。

2) 如果有多个电路块串联，依次用 ANB 指令与前面电路块串联。串联电路块的支路数量没有限制。

(2) ORB 指令：块或指令，用于两个或两个以上电路块的并联，无操作元件。ORB 指令的用法如图 7-49 所示。

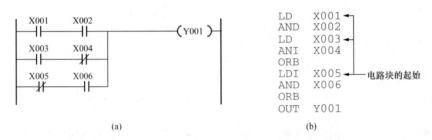

图 7-49 ORB 指令用法

(a) 梯形图；(b) 指令表

ORB 指令使用说明如下：

1) 每个电路块的起始触点要用 LD 或 LDI 指令，完成电路块的内部连接后，再用 ORB 指令将它与前面的电路并联。

2) 如果有多个电路块并联，依次用 ORB 指令与前面电路块并联。并联电路块的支路数量没有限制。

【试试看】 练习用 ANB、ORB 指令编写如图 7-50 所示梯形图的指令程序。

二、多重输出指令 MPS、MRD、MPP

MPS、MRD、MPP 指令分别为进栈、读栈、出栈指令，用于多重输出电路。

(1) MPS 指令，是将多重电路的公共触点或电路块先存储起来。在 PLC 内部有 11 个存储器，用来存储运算的中间结果，被称为栈存储器。使用一次 MPS 指令，就将此时的运算结果送入栈存储器

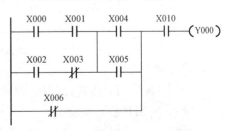

图 7-50 ANB、ORB 指令编程练习

的第 1 段，再使用 MPS 指令，又将此时运算结果送入栈存储器的第 1 段，而将原先存入第 1 段的数据移到第 2 段。以此类推。

（2）MRD 指令，是读出栈存储器最上段所存的最新数据，栈存储器内的数据不发生移动。

（3）MPP 指令，是将最上段的数据读出，同时该数据从栈存储器中消失，下面的各段数据顺序向上移动。即所谓后进先出的原则。

使用时应注意，这三条指令均无操作数。MPS、MPP 指令必须成对使用，而且连续使用应少于 11 次。多重输出指令的用法如图 7-51 所示。

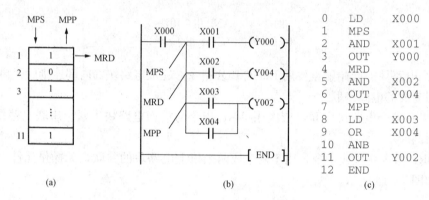

图 7-51　多重输出指令的用法
(a) 存储器；(b) 梯形图；(c) 指令表

【任务实施】

1. 任务分析

图 7-47 所示为三相异步电动机正反转运行的继电器—接触器控制电路。按下正转起动按钮 SB2，电动机正向起动运行；按下反转起动按钮 SB3，电动机反向起动运行；按下停止按钮 SB1，电动机停止运行。为了确保 KM1、KM2 主触点不会同时接通导致主电路短路，控制电路中采用了接触器 KM1、KM2 动断触点作为电气互锁；为了实现正转到反转的直接操作，控制电路中采用了接触器 SB2、SB3 动断触点作为按钮互锁。

采用 PLC 进行控制时，主电路不变，控制电路采用 PLC 实现，主要完成分析输入/输出信号、分配输入/输出地址、绘制 I/O 接线图，编写梯形图程序、输入 PLC 进行调试等工作。

根据继电器—接触器控制原理，完成本控制任务需要有正、反转起动按钮 SB2、SB3 和停止按钮 SB1 作为输入设备，有正反转接触器 KM1、KM2 线圈作为输出设备，控制电动机正反转和停止。为了节省输入点，本任务中过载保护的热继电器触点接到输出回路中。

2. 分配 I/O 地址，绘制输入/输出接线图

根据任务分析，本任务中，I/O 地址分配见表 7-5。

3. 设计梯形图程序

根据 I/O 地址表，将选择的输入/输出设备连接到 PLC 对应的输入端和输出端上，形成 PLC 的输入/输出接线图，如图 7-52 (a) 所示。图中 PLC 外部负载输出回路中串入了 KM1、KM2 的互锁触点，其作用在于即使在 KM1、KM2 线圈故障的情况下也能确保 KM1、KM2 线圈不同时接通。

表 7-5
I/O 地 址 分 配 表

类型	名称	分配地址编号
输入信号	正转起动按钮 SB2	X0
	反转起动按钮 SB3	X1
	停止按钮 SB1	X2
输出信号	正转接触器 KM1 线圈	Y0
	反转接触器 KM2 线圈	Y1

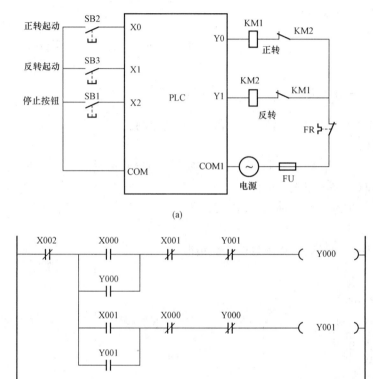

(a)

(b)

图 7-52　用 PLC 实现电动机的正反转控制
（a）输入/输出接线图；（b）利用多重输出指令编写的梯形图程序

4. 编写指令表程序

根据梯形图程序，写出对应的指令表程序如图 7-53 所示。

5. 程序调试

根据输入/输出接线图接好外部设备，输入程序，运行调试，观察结果。

【试试看】　由于 PLC 内部继电器提供无数对动合、动断触点，因此本任务中也可以不用多重输出指令编写程序，电动机正反转控制的梯形图如图 7-54 所示。将此程

```
LDI  X002        MPP
MPS              LD   X001
LD   X000        OR   Y001
OR   Y000        ANB
ANB              ANI  X000
ANI  X001        ANI  Y000
ANI  Y001        OUT  Y001
OUT  Y000        END
```

图 7-53　指令表程序

序输入 PLC 内存，运行调试，观察结果是否与图 7-52 运行结果相同。

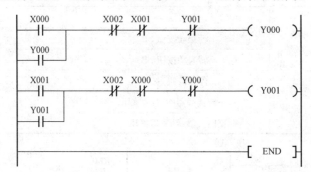

图 7-54　不用多重输出指令编写的电动机正反转控制梯形图程序

【技能训练与考核】

用 PLC 实现三相异步电动机星—三角减压起动控制。

一、任务考核

如图 7-55 所示，用 PLC 设计用按钮切换的三相异步电动机星—三角减压起动控制电路。要求根据控制要求，完成如下任务：

（1）分配 I/O 地址，绘制输入/输出接线图。

（2）编写梯形图程序，写出指令表。

（3）运行程序，观察输出指示灯的变化情况。

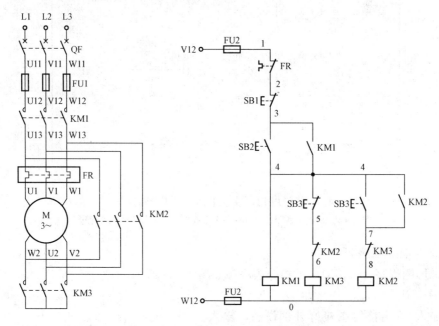

图 7-55　三相异步电动机星—三角减压起动控制电路

二、考核要求与评分标准

本任务考核要求与评分标准见表 7-6。

表 7-6　　　　　　　　　　　　　考核要求与评分标准

序号	内容	配分	评分要求	备注	得分
1	正确选择输入/输出设备及地址并画出 I/O 接线图	15	设备及端口地址选择正确，接线图正确、标注完整	输入输出每错一个扣 5 分，接线图每少一处标注扣 1 分	
2	正确编制梯形图程序	35	梯形图格式正确，输出显示正确	每错一处扣 5 分	
3	正确写出指令语句程序	10	各指令使用准确	每错一处扣 5 分	
4	外部接线正确	15	电源线、通信线及 I/O 信号线接线正确	每错一处扣 5 分	
5	写入程序并进行调试	15	操作步骤正确，动作熟练（允许根据输出情况进行反复修改和完善）	若有违规操作，每次扣 10 分	
6	运行结果及口试答辩	10	程序运行结果正确、表述清楚，口试答辩正确	对运行结果表述不清楚者扣 5 分	
总计得分					

 【知识拓展】

一、主控触点指令 MC/MCR

在编程时，经常遇到多个线圈同时受一个或一组触点控制的情况。如果在每个线圈的控制电路中都串入同样的触点，将多占用存储单元，应用主控指令可解决这个问题。使用主控指令的触点称为主控触点，它在梯形图中与一般的触点垂直。它们是与母线相连的动合触点，是控制一组电路的总开关。MC 为主控指令，用于公共串联触点的连接；MCR 为主控复位指令，即作为 MC 的复位指令。MC、MCR 指令的使用如图 7-56 所示。

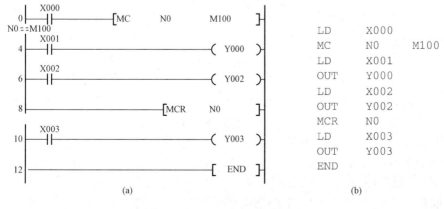

图 7-56　MC、MCR 指令用法

(a) 梯形图；(b) 指令表

1．指令使用说明

（1）主控触点以后的梯形图编程是从新母线开始，必须用 LD 或 LDI 指令，使用 MCR 指令使母线回到原来的位置。

（2）使用不同的 Y、M 元件号时，可多次使用 MC 指令。

（3）在 MC 指令内再使用 MC 指令时，嵌套级 N 的编号（0～7）顺次增大，返回用 MCR 指令，从大的嵌套级开始解除。特殊辅助继电器不能用作 MC 的操作。

2．主控指令与多重输出指令（栈操作指令）的比较

相同点：都是一个触点（或者一组触点）对一片梯形图区域的控制。

区别：栈操作指令是用"栈"建立一个分支节点（梯形图支路的分支点）；主控指令是用一个主控触点建立一个由这个触点隔离的区域。

二、梯形图编程的基本原则和简化技巧

梯形图是 PLC 最常用的一种编程语言。梯形图与继电器—接触器系统的电路图比较相似，具有直观易懂的优点，很容易被工厂电气人员掌握，特别适用于开关量逻辑控制。

梯形图两侧的垂直公共线称为母线。在分析梯形图的逻辑关系时，可以借用继电器—接触器电路的分析方法，想象在左母线和右母线之间有一个左正右负的直流电源电压，"能流"在母线之间从左向右流动。

1．梯形图编程的基本规则

（1）梯形图程序起始于左母线，终止于右母线，线圈不能与左母线直接相连，右母线通常可以省略不画，线圈和右母线之间不能有触点，线圈右侧不能有触点；线圈可以并联，但是不能串联。图 7 - 57（a）所示的梯形图都是不符合梯形图语法规范的。

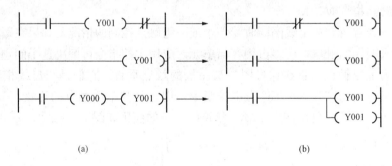

(a)　　　　　　　　　　　(b)

图 7 - 57　梯形图编程的基本规则

(a) 错误；(b) 正确

（2）输入继电器只能在 PLC 输入回路中由外部的输入设备来驱动，因此它的线圈在梯形图中是不能出现的，在梯形图中只能使用它的触点。

（3）梯形图中的触点不能画在垂直的线上（主控触点除外）。

2．梯形图编程的主要简化技巧

（1）在不降低程序"可读性"的前提下，为了节省程序内存、缩短程序步数，应当尽量按照"左重右轻、上重下轻"的原则简化梯形图结构，减少使用电路块指令和堆栈指令，如图 7 - 58～图 7 - 60 所示。

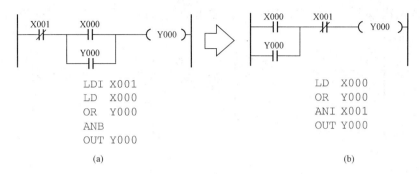

图 7-58 利用"左重右轻"的编程原则

(a) 不合理；(b) 合理

图 7-58 (a) 中，并联块串联单个触点 X001 时，应将触点多的并联支路放在梯形图的左方（即左重右轻的原则），如图 7-58 (b) 所示。这样做，程序简洁，减少了指令的扫描时间。

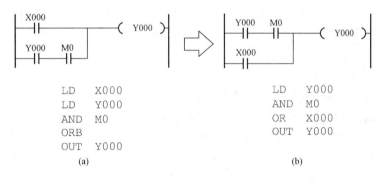

图 7-59 利用"上重下轻"的编程原则

(a) 不合理；(b) 合理

同理，图 7-59 (a) 中，因为串联触点多的支路没有放在上边，单个触点 X000 也要作为一个电路块编程，编写的指令程序，语句增多，程序也变长了。

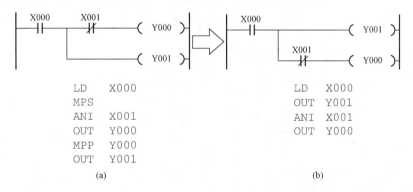

图 7-60 减少堆栈指令的使用次数

(a) 不合理；(b) 合理

（2）关于双线圈的问题及处理方法。在梯形图中，同一个软件电器的线圈如果重复使用两次或两次以上，叫做双线圈输出。输出的结果以最后一个线圈的逻辑条件为准，如图 7 - 61 所示。

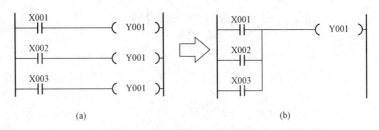

图 7 - 61　双线圈输出
(a) 错误；(b) 正确

在图 7 - 61 (a) 中，Y001 的线圈前后出现了三次，分别被 X001、X002 和 X003 动合触点驱动，其本意是 X001、X002 和 X003 中任意一个动合触点接通时都能使 Y001 接通，但 Y001 的实际输出结果只取决于 X003 动合触点的状态，即如果 X001、X002 都接通而：X003 不接通时，Y001 仍然是不接通的，这是因为 PLC 的程序是自上而下、自左至右逐行扫描的。可以将图 7 - 61 (a) 转化为图 7 - 61 (b) 的形式，既避免了双线圈输出，又实现了程序的本意。

(3) 桥式电路的转化方法。

前面已经讲过，梯形图中的触点不能画在垂直的线上，如图 7 - 62 (a) 所示的桥式电路在梯形图中是无法直接实现的，必须进行相应的转化。可以利用"能流"的概念进行变换如图 7 - 62 (b) 所示梯形图，并进一步简化成 7 - 62 (c) 所示的梯形图。

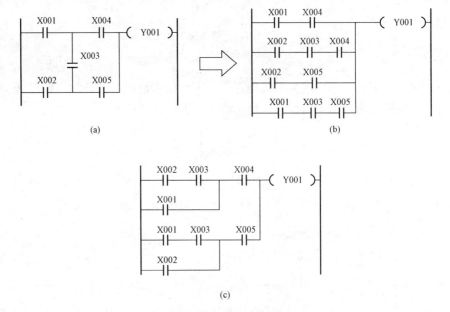

图 7 - 62　桥式电路的转化方法
(a) 桥式电路；(b) 变换后梯形图；(c) 进一步简化后的梯形图

思考与练习

1. 判断题

（1）ANB 和 ORB 指令都是独立的指令，它们不带任何操作器件。（　　）

（2）只有动合触点或动断触点与左母线直接相连接，才允许使用 LD 或 LDI 指令。（　　）

（3）在梯形图中，不允许两个线圈串联。（　　）

（4）在梯形图中，线圈必须放在所有触点的右边。（　　）

（5）在梯形图中，线圈能直接接在左边母线上。（　　）

2. 选择题

（1）在 FX 系列 PLC 的基本指令中，（　　）指令是无操作元件的。

A. ORI　　　　　　B. ORB　　　　　　C. OUT　　　　　　D. MCR

（2）在 PLC 梯形图中，两个或两个以上触点串联后再并联连接的电路称为（　　）。

A. 串联电路　　　B. 并联电路　　　C. 串联电路块　　　D. 并联电路块

（3）PLC 中的读栈指令是（　　）。

A. MPS　　　　　　B. MRD　　　　　　C. MPP　　　　　　D. MCR

（4）在梯形图中，为减少程序所占的步数，应将串联触点数多的支路排在（　　）。

A. 左边　　　　　　B. 右边　　　　　　C. 上面　　　　　　D. 下面

3. 简答题

（1）编写如图 7-63 所示梯形图的指令程序。

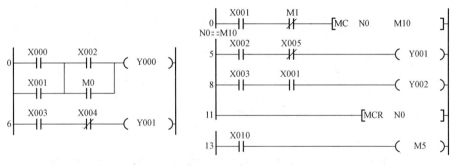

图 7-63　题 3 图

（2）化简图 7-64 所示梯形图，并写成指令表。

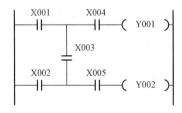

图 7-64　题 4 图

（3）图 7-65 所示是某机床工作台的自动往返控制电路图图，试用 PLC 实现其控制电路。要求：①分配输入/输出地址，画出 PLC 的 I/O 接线图；②编写 PLC 梯形图；③写出指令表。

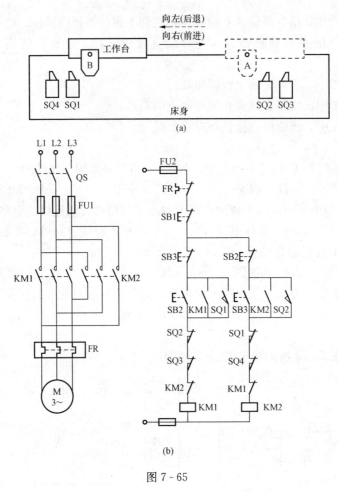

图 7-65

任务五 三相异步电动机顺序起动电路的 PLC 控制

🔍【任务导入】

用 PLC 实现两台三相异步电动机的顺序控制电路，控制要求是：电动机 M1 起动 10s后，电动机 M2 自行起动；任一台电动机过载，两台电动机均停止。

要求确定输入/输出信号，画出 PLC 的外部接线图；编写 PLC 梯形图；写出指令表。程序输入 PLC 进行调试。

📋【任务目标】

（1）掌握辅助继电器、定时器的使用。

（2）掌握长延时、振荡、延时通断等电路 PLC 实现方法。

（3）利用基本逻辑指令，会进行三相交流异步电动机顺序起动电路的 PLC 控制系统的设计与调试。

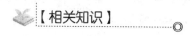
【相关知识】

一、辅助继电器 M

PLC 的辅助继电器（M）在程序中的作用类似于继电器—接触器控制电路中的中间继电器，它既不能直接引入外部输入信号，也不能直接驱动外部负载，主要用于状态暂存、辅助运算等。恰当地使用辅助继电器，还能够起到简化程序结构的作用。

FX_{2N}系列 PLC 辅助继电器 M 的编号采用十进制数，它的动合触点与动断触点在 PLC 内部编程时也没有使用次数的限制。辅助继电器分通用辅助继电器、断电保持辅助继电器和特殊辅助继电器三种类型。

1. 通用辅助继电器（M0～M499）

FX_{2N}系列 PLC 共有 500 点通用辅助继电器。通用辅助继电器没有断电保持功能。当 PLC 运行时突然断电，则全部线圈复位；当电源恢复时，除了因外部输入信号而接通的以外，其余的仍将保持断开的状态。

2. 断电保持辅助继电器（M500～M3071）

与通用辅助继电器不同，断电保持辅助继电器具有断电保持功能，即当 PLC 电源中断时保持其原有的状态，并在重新通电后再现其状态。

3. 特殊辅助继电器（M8000～M8255）

FX_{2N}系列 PLC 有 256 个特殊辅助继电器，可分成两大类：

（1）只能使用其触点，线圈由 PLC 自行驱动，如 M8000、M8002 等。

M8000：运行监视器（在 PLC 运行中接通），M8001 与 M8000 逻辑相反。

M8002：初始脉冲（仅在运行开始时瞬间接通一个扫描周期），M8003 与 M8002 逻辑相反。

M8011、M012、M8013 和 M8014 分别是产生 10ms、100ms、1s 和 1min 时钟脉冲的特殊辅助继电器。如图 7-66 所示为 M8000、M8002 和 M8012 的波形图。

（2）可以由用户驱动线圈的特殊辅助继电器。用户驱动线圈后，PLC 作特定动作。例如，M8033 线圈得电，则 PLC 停止时保持输出映像存储器和数据寄存器内容；M8034 线圈得电，则将 PLC 的输出全部禁止；M8039 线圈得电，则 PLC 按 M8039 中指定的扫描时间工作。

【应用案例 1】 路灯控制程序的设计。

要求：每晚 7 点由工作人员按下按钮（X000），点亮路灯 Y000，次日凌晨按下 X001 路灯熄灭。特别注意的是，如果夜间出现意外停电，则要求恢复来电后继续点亮路灯。

解答 图 7-67 所示是路灯的控制程序可实现此功能。M500 是断电保持型辅助继电器。出现意外停电时，Y000 断电，路灯熄灭。由于 M500 能保存停电前的状态，并在运行时再现该状态的情形，所以恢复来电时，M500 能使 Y000 继续接通，点亮路灯。

二、定时器 T

定时器（T）是用来实现延时功能的编程元件，它相当于继电器—接触器控制系统中的

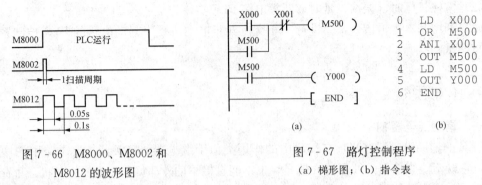

图 7-66　M8000、M8002 和　　　　图 7-67　路灯控制程序

M8012 的波形图　　　　　　　　　　(a) 梯形图；(b) 指令表

时间继电器，但是后者有通电延时和断电延时两种，而三菱 FX2N 系列 PLC 中的定时器只有通电延时功能，必须通过断电延时程序才能实现断电延时功能。

定时器由一个设定值寄存器、一个当前值寄存器、一个线圈和无数个触点组成。三菱 FX2N 系列 PLC 中的定时器分为通用定时器和积算定时器两种。它们是通过对一定周期的时钟脉冲进行累计而实现定时，时钟脉冲周期有 1、10、100ms 三种。当定时器线圈满足得电条件时，定时器开始定时，即累计时钟脉冲个数，当计数达到所设定值时定时器触点动作，其动断触点断开，动合触点闭合。定时器设定值可用常数 K（1～32767）或数据寄存器 D 的内容来设置。FX2N 系列 PLC 的定时器采用十进制编号。

1. 通用定时器

FX2N 系列 PLC 的通用定时器有 100ms 和 10ms 两种类型，不具备断电保持功能，当定时器线圈断开时，当前值和全部触点复位。

（1）100ms 通用定时器（T0～T199）：共 200 点，其延时范围为 0.1～3276.7s。

（2）10ms 通用定时器（T200～T245）：共 46 点，其延时范围为 0.01～327.87s.

图 7-68 所示为通用定时器的使用方法。当驱动定时器线圈的信号 X020 接通时。定时器 T0 的当前值对 100ms 时钟脉冲开始计数，达到设定值 30 个时钟脉冲时，T0 的动合触点闭合，使输出继电器 Y000 接通并保持。当 X020 断开时，通用定时器线圈 T0 断电，其动合触点复位，输出继电器 Y000 断开。当 X020 第二次接通时，T0 线圈再次得电又重新开始定时，由于还没达到设定值 X020 就断开了，因此 T0 触点不会动作，Y000 也不会接通。

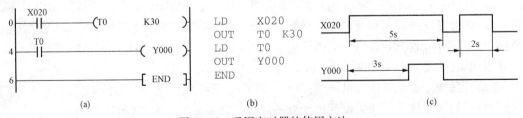

图 7-68　通用定时器的使用方法

(a) 梯形图；(b) 指令表；(c) 输入/输出波形图

2. 积算定时器

积算定时器在延时过程中，如果发生 PLC 断电或定时器线圈断开的情况，当前值寄存器能够保持当前的计数值不变，PLC 重新通电或定时器线圈重新接通后继续累积，即其当

前值具有保持功能，只有将积算定时器复位，当前值才变为 0。FX2N系列 PLC 积算定时器有 1ms 和 100ms 两种类型。

（1）1ms 积算定时器（T246～T249）：共 4 点，对 1ms 时钟脉冲进行累积计数，其延时范围为 0.001～32.767s。

（2）100ms 积算定时器（T'250～T255）：共 6 点，对 100ms 时钟脉冲进行累积计数，其延时范围为 0.1～3276.7s。

图 7-69 所示为积算定时器应用示例。当输入继电器 X000 动合触点闭合时，积算定时器 T250 接通并从 0 开始对 100ms 时钟脉冲计数，当前值寄存器的计数值未达到设定值时 X000 动合触点断开，定时器的当前值寄存器计数值保持不变，当 X000 动合触点再次闭合后，T250 当前值寄存器在原计数值的基础上累积计数，直到其计数值等于设定值，T250 动合触点闭合，接通输出继电器 Y001。当输入继电器 X001 动合触点闭合时，积算定时器 T250 被复位。

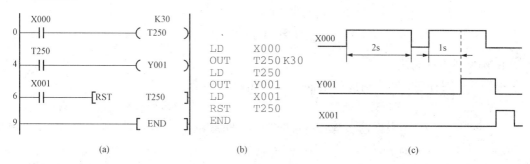

图 7-69　积算定时器应用示例
(a) 梯形图；(b) 指令表；(c) 输入/输出波形图

【任务实施】

1. 任务分析

根据控制原理，完成本控制任务需要，有起动按钮 SB2 和停止按钮 SB1 作为输入设备，控制两台电动机的接触器 KM1、KM2 线圈作为输出设备。为了节省输入点，本任务中过载保护的热继电器触点接到输出回路中。延时用 PLC 内部定时器 T0 完成，不是输入/输出信号。

2. 分配 I/O 地址，绘制输入/输出接线图

根据任务分析，本任务中，I/O 地址分配见表 7-7。

表 7-7　　　　　　　　　　　I/O 地 址 分 配 表

类型	名称	分配地址编号
输入信号	M1 起动按钮 SB2	X0
	停止按钮 SB1	X1
输出信号	接触器 KM1 线圈	Y0
	接触器 KM2 线圈	Y1

3. 设计梯形图程序

根据 I/O 地址表，将选择的输入/输出设备连接到 PLC 对应的输入端和输出端上，形成 PLC 的输入/输出接线图，如图 7-70（a）所示。图中 PLC 外部负载输出回路中 FR1、FR2 的动断触点串联在一起，实现任一台电动机过载，两台电动机都停止。

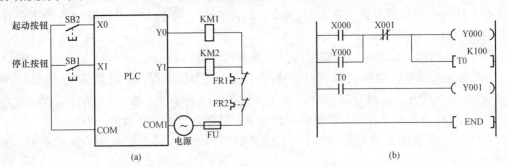

图 7-70 用 PLC 实现两台电动机的顺序控制

(a) 输入/输出接线图；(b) 梯形图程序

4. 编写指令表程序

根据梯形图程序，写出对应的指令表程序如图 7-71 所示。

5. 程序调试

根据输入/输出接线图接好外部设备，输入程序，运行调试，观察结果。

```
LD    X000
OR    Y000
ANI   X001
OUT   Y000
OUT   T0 K100
LD    T0
OUT   Y000
END
```

图 7-71 指令表程序

【技能训练与考核】

用 PLC 实现时间原则控制的三相异步电动机星—三角减压起动控制。

一、任务考核

根据控制要求，完成如下任务：

（1）画出主电路。

（2）分配 I/O 地址，绘制输入/输出接线图。

（3）编写梯形图程序，写出指令表。

（4）运行程序，观察输出指示灯的变化情况。

二、考核要求与评分标准

本任务考核要求与评分标准见表 7-8。

表 7-8　　　　　　　　　　考核要求与评分标准

序号	内容	配分	评分要求	备注	得分
1	正确选择输入输出设备及地址并画出 I/O 接线图	15	设备及端口地址选择正确接线图正确、标注完整	输入输出每错一个扣 5 分，接线图每少一处标注扣 1 分	
2	正确编制梯形图程序	35	梯形图格式正确、各定时器参数设置正确，输出显示正确	每错一处扣 5 分	
3	正确写出指令语句程序	10	各指令使用准确	每错一处扣 5 分	

续表

序号	内容	配分	评分要求	备注	得分
4	外部接线正确	15	电源线、通信线及 I/O 信号线接线正确	每错一处扣 5 分	
5	写入程序并进行调试	15	操作步骤正确，动作熟练（允许根据输出情况进行反复修改和完善）	若有违规操作，每次扣 10 分	
6	运行结果及口试答辩	10	程序运行结果正确、表述清楚，口试答辩正确	对运行结果表述不清楚者扣 5 分	
总计得分					

 【知识拓展】

一、定时范围的扩展

1. 多个定时器组合

图 7-72 (a) 所示为采用两个定时器组成的长延时电路梯形图。当 X000 闭合时，T0 线圈得电并开始延时，当到达 600s 时，T0 动合触点闭合，又使 T1 线圈得电并开始计时，再延时 500s 后，T1 的动合触点闭合，才能使 Y000 线圈得电。

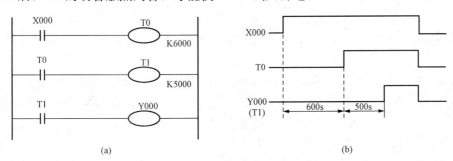

图 7-72　两个定时器组成的长延时电路
(a) 梯形图；(b) 波形图

2. 定时器与计数器组合

（1）计数器。计数器用 C 表示，它可分为内部计数器和高速计数器。

1）内部计数器。内部计数器是用 PLC 内部元件（X、Y、M、S、T 和 C）提供的信号进行计数的。计数脉冲为 ON/OFF 的持续时间应大于 PLC 的扫描周期，其响应速度通常小于数十赫兹。内部计数器可为 16 位加计数器、32 位双向计数器，按功能可分为通用型和断电保持型。FX$_{2N}$ 系列 PLC 的内部计数器见表 7-9。

表 7-9　　　　　　　　　　　　　　FX$_{2N}$ 系列 PLC 的内部计数器

16 位计数器		32 位加/减计数器	
通用型	断电保持型	通用型	断电保持型
C0~C99（100 点）	C100~C199（100 点）	C200~C219（20 点）	C220~C234（15 点）

16 位计数器设定值 K 的范围为 1～32767。图 7-73 所示为 16 位加计数器的工作过程。图中 X003 的动合触点接通后，C0 被复位，它对应的位存储单元被置"0"，其动合触点断开，动断触点接通，同时其计数当前值被置为"0"。X004 用来提供计数输入信号，当计数器的复位输入电路断开，计数输入电路由断开变为接通（即计数脉冲的上升沿）时，计数器的当前值加 1，在 6 个计数脉冲之后，C0 的当前值等于设定值 6，它对应的位存储单元的内容被置"1"，其动合触点接通，动断触点断开。再来计数脉冲时当前值不变，直到复位输入电路接通，计数器的当前值被置为"0"。

断电保持型的计数器在电源断电时可保持其状态信息，重新送电后能立即按断电时的状态恢复工作。

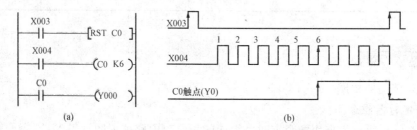

图 7-73　16 位加计数器的工作过程
(a) 梯形图；(b) 波形图

32 位加/减计数器的设定值范围为 -2147483648～+2147483647，其加/减计数方式由特殊辅助继电器 M8200～M8234 设定，对应的特殊辅助继电器为 ON 时，为减计数；反之为加计数。

32 位加/减计数器的设定值除了可由常数 K 设定外，还可通过指定数据寄存器来设定，32 位设定值存放在元件号相连的两个数据寄存器中，如果指定的是 D0，则设定值存放在 D1 和 D0 中。

如图 7-74 所示，由常数 K 设定 C200 的计数值为 5。当 X010 断开时，M8200 为 OFF，此时 C200 为加计数，若计数器的当前值由 4 到 5，计数器的输出触点为 ON，当前值等于 5 时，输出触点仍为 ON；当 X010 接通时，M8200 为 ON，此时 C200 为减计数，若计数器的当前值由 5 到 4 时，计数器的输出触点为 OFF，当前值小于等于 4 时，输出触点仍为 OFF。

图 7-74 所示的复位输入 X011 的动合触点接通时，C200 被复位，其动合触点断开，动断触点接通，当前值被置为"0"。

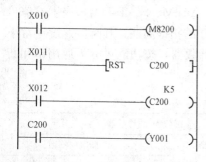

图 7-74　32 位加/减计数器示例

2) 高速计数器。高速计数器均为 32 位加/减计数器。但适用于高速计数器输入的 PLC 输入端只有 6 个（X000～X005），如果这 6 个输入端中的一个已被某个高速计数器占用，它就不能再有其他用途了。也就是说，只有 6 个高速计数输入端，最多只能有 6 个高速计数器同时工作。高速计数器的选择并不是任意的，它取决于所需计数器的类型及高速输入端子。

高速计数器的类型有一相无起动/复位端子高速计数器（C235～C240），一相带起动/复位端子高速计数器

（C241～C245），一相双计数输入（加/减脉冲输入）高速计数器（C246～C250），两相（A-B相型）双计数输入高速计数器 C251～C255。

（2）采用定时器与计数器组成的长延时电路。图 7-75（a）所示为采用定时器与计数器组成的长延时电路。当 X000 闭合时，定时器 T0 产生周期为 100s 的脉冲序列，作为计数器 C0 的计数输入，当 C0 计数到达 400 次，其动合触点闭合使 Y001 接通。

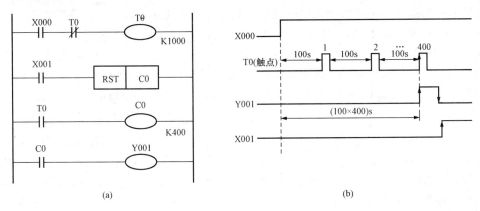

图 7-75 定时器和计数器组合的长延时电路
(a) 梯形图；(b) 波形图

3. 两个计数器组合

图 7-76（a）所示为采用两个计数器组成的长延时电路。M8012 给 C0 提供周期为 0.1s 的计数输入脉冲。X000 接通时，C0 开始计数，计满 500 次（50s）时，C0 的动合触点闭合，使 C1 计数 1 次，同时又使 C0 自己复位，重新开始计数。C0 是产生周期为 50s 的脉冲序列，送给 C1 计数。当 C1 计满 100 次时，C0 动作，Y000 得电接通。

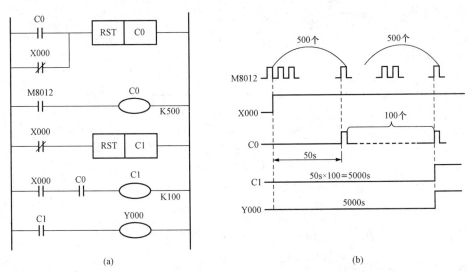

图 7-76 两个计数器组合的长延时电路
(a) 梯形图；(b) 波形图

思考案例 1 设计梯形图完成定时功能，当将选择开关置于 ON 状态，过 1h 后，电铃响起。(提示：输入信号为选择开关 X0，输出信号为电铃 Y0)。

二、振荡电路

振荡电路又称闪烁电路，可以产生特定的通断时序脉冲，它应用在脉冲信号源或闪光报警电路中。

1. 先断后通的振荡电路

先断后通的振荡电路梯形图及输出波形图如图 7 - 77 所示。输入信号 X000 接通后，输出 Y000 断 0.5s 通 0.5s 交替。图 7 - 77 (a) 所示梯形图是两个定时器分别计时，图 7 - 77 (b) 所示梯形图是定时器 T1 累计计时。

图 7 - 77 (a) 所示梯形图中，当输入信号 X000 接通时，定时器 T0 开始定时，0.5s 后定时时间到，T0 定时器动合触点闭合，接通定时器 T1 线圈，同时输出 Y000 接通；定时器 T1 开始定时，0.5s 后定时时间到，T1 的动断触点断开定时器 T0 线圈，T0 动合触点复位，定时器 T1 线圈和输出 Y000 断开。T1 动断触点复位使定时器 T0 线圈接通，定时器 T0 再次开始定时，重复上述动作过程。即图 7 - 77 (a) 所示梯形图是利用定时器 T0 控制输出 Y000 的断电时间、定时器 T1 控制输出 Y000 的接通时间，实现输入信号接通后，输出设备交替断开接通的动作。

图 7 - 77 (b) 所示梯形图与图 7 - 77 (a) 所示梯形图，实现的功能是相同的，只是输入信号 X000 接通时，两只定时器 T0 和 T1 线圈同时得电开始定时，因此定时器 T1 的定时时间减去定时器 T0 的定时时间，才是输出 Y000 接通的时间。动作过程自行分析。

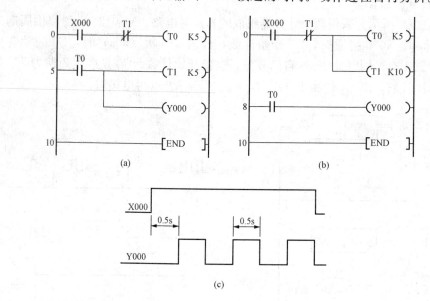

图 7 - 77　先断后通的振荡电路梯形图及输出波形图
(a) 方法 1 定时器分别计；(b) 方法 2 定时器累计计时；(c) 波形图

2. 先通后断的振荡电路

先通后断的振荡电路梯形图及输出波形图如图 7 - 78 所示，当输入信号 X001 接通时，输出 Y000 通 1s 断 1.5s 交替。

思考案例 2　设计梯形图完成当某控制系统发生故障后，指示灯闪烁报警电路。要求指

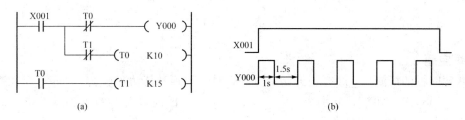

图 7-78 先通后断的振荡电路梯形图及输出波形图
(a) 梯形图；(b) 波形图

示灯每隔 3s 闪烁 1 次，其中亮 2s，灭 1s。（提示：输入信号为故障发生信号 X000，输出信号为报警灯 Y000 采用先通后断或先断后通的振荡电路都可以实现。）

三、延时接通/断开电路

1. 得电延时接通

得电延时接通电路的梯形图及时序图如图 7-79 所示。当 X000 闭合 2s 后，Y000 得电动作。当 X002 断开时，Y000 断电。

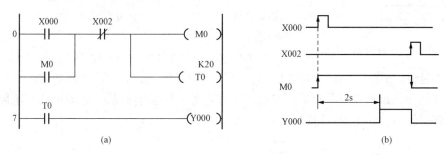

图 7-79 得电延时接通电路的梯形图及时序图
(a) 梯形图；(b) 时序图

2. 断电延时断开

断电延时断开电路的梯形图及时序图如图 7-80 所示。当 X000 闭合后，Y000 得电动作。当 X000 断开时，Y000 延时 10s 后断电。

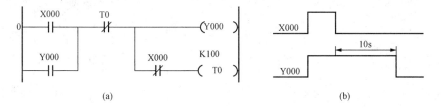

图 7-80 断电延时断开电路的梯形图及时序图
(a) 梯形图；(b) 时序图

思考案例 3 设计梯形图完成电动机控制，要求将选择开关置于 ON 状态时，10s 后，电动机起动。当将选择开关置于 OFF 状态时，过 5s 后电动机停止运行。（提示：输入信号为选择开关 X000，输出信号为控制电动机的接触器线圈 Y000。）

思考与练习

1. 填空题

（1）定时器的线圈_____时开始定时，定时时间到时其动合触点_____，动断触点_____。M8012、M8013 分别为_____、_____的时钟脉冲特殊辅助继电器。（在 10ms、100ms、1s、1min 中选）

（2）三菱 FX 系列 PLC 定时器的设定值范围为_____。

2. 综合题

（1）利用多个定时器设计一 PLC 控制的长延时电路。具体要求是：当输入信号 X0 接通时，输出信号 Y0 要延时 2h 后才接通。

（2）设计满足如图 7-81 输入输出关系要求的梯形图。

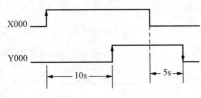

图 7-81　综合题图

（3）设计三人竞赛抢答器。1、2、3 号选手进行竞赛抢答，要求先按下抢答按钮者输出点亮对应的指示灯，且蜂鸣器发声 1s，同时锁住其他选手的抢答权。答题完毕，待主持人按下复位按钮后方可进入下一轮抢答。

（4）试设计两台电动机的控制电路：M1 先起动，才允许 M2 起动；M2 先停止，延时 10s 后，M1 才自动停止，且 M2 可以单独停止；两台电动机均有短路保护、长期过载保护；绘出采用继电器—接触器控制的电动机控制电路；PLC 控制的安装接线图；绘出 PLC 梯形图。

项目八　工业控制系统的 PLC 设计

三菱 FX 系列 PLC，除了提供 20 条基本逻辑指令之外，还有 2 条步进指令和上百条功能指令。步进指令用于编制顺序控制程序，功能指令用于数据的运算、转换及其他控制功能。本项目主要通过一些工程实例，介绍步进指令和部分常用功能指令的使用方法。

任务一　自动台车往返控制系统的 PLC 设计

 【任务导入】

顺序控制是指按照工艺过程预先规定的顺序，在各个输入信号的作用下，根据内部状态和时间的顺序，让生产过程的各个执行机构自动有序的进行操作。对于一个顺序控制，需要首先将生产过程划分为几个状态（步），分析每一步做什么事，由一步向另外一步转化时需要哪些条件，这就是顺序功能图，再利用步进指令可以方便编制程序。

本任务要求用步进指令设计自动台车往返控制系统，完成输入/输出地址分配，绘制外部接线图，绘制顺序功能图，编写步进梯形图。

【任务目标】

（1）学会步进顺序控制程序设计思维和方法。
（2）能将工艺流程图转换为顺序功能图。
（3）能运用置位、复位指令，实现状态转移控制。
（4）学会将功能图程序转换为梯形图程序。
（5）学会单流程功能图步进控制。

【相关知识】

一、顺序功能图（状态转移图）SFC

在编程中，对于一个复杂的控制系统，尤其是顺序控制系统，由于内部的联锁、互动关系极其复杂，其梯形图程序往往长达数百行，编制的难度较大，而且这类程序的可读性也大大降低。顺序功能图（SFC）编程是一种较新的编程方法，用"功能图"来表达一个顺序控制过程，是一种图形化的编程方法。顺序功能图作为一种步进顺序控制语言，为顺序控制类程序的编制提供了很大的方便。用这种语言可以对一个复杂的控制过程进行分解，用多个相对独立的程序段来代替一个长的梯形图程序，还能使用户看到某个给定时间机器处于什么状态。SFC 语言是一种通用的流程图语言。

顺序功能图是一种用于描述顺序控制系统控制过程的图形，它由步、转换条件、有向线段及状态输出（驱动负载）组成。每个步（状态）表示顺序工作的一个操作，需完成一个特定的动作。状态的转换（步进）条件需得到满足。每一状态提供三个功能：驱动负载、指定转换条件、置位新状态（同时转移源自动复位）。

1. 步（状态）

一个复杂的控制过程可分为若干个相对稳定的阶段，这些阶段称为"步"。"步"是控制过程中的一个特定状态，分为初始步和工作步，在每一步中要完成一个或多个特定的动作。初始步表示一个控制系统的初始状态，所以，一个控制系统至少要有一个初始步，初始步可以没有具体要完成的动作。

初始步符号用双线框表示，工作步用单线框表示，方框内是步的元件号或步的名称。

当系统正处于某一步时，则该步称"活动步"。

2. 转换条件

步与步之间用有向线段连接，在有向线段上用一个或多个垂直短线表示一个或多个转换条件。当条件满足时，转移得以实现。即上一步的动作结束，而下一步的动作开始，因此，不会出现步的动作重叠。为了确保控制严格地按照顺序执行，步与步之间必须要有转换条件分隔。

3. 有向线段

步与该步状态输出或步与步间由有向线段连接，从上到下和从左到右的有向线段，其上箭头省去不画。

4. 功能图的结构

根据步与步进展的不同情况，顺序功能图有四种结构。

（1）单序列。单序列反映按顺序排列的步相继激活这样一种基本的进展情况，如图 8-1 所示。

（2）选择序列。一个活动步之后紧接着有几个后续步可供选择的结构形式叫作选择序列。如图 8-2 所示，选择序列的各个分支都有各自的转换条件。

（3）并行序列。当转换的实现导致几个分支同时激活时，采用并行序列。其有向连线的水平部分用一双线表示，如图 8-3 所示。

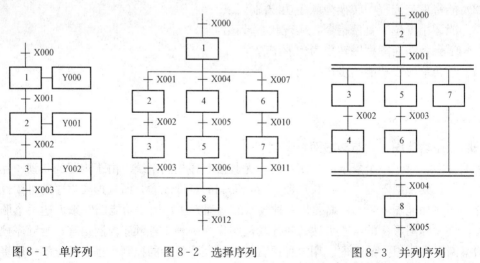

图 8-1　单序列　　　　图 8-2　选择序列　　　　图 8-3　并列序列

（4）跳步、重复和循环序列。在实际系统中经常采用跳步、重复和循环序列。这些序列实际都是选择序列的特殊形式。图 8-4（a）所示为跳步序列。当步 3 为活动步时，若转换条件 X005 成立，则跳过步 4 和步 5 直接进入步 6。图 8-4（b）所示为重复序列。当步 6 为活动步时，若转换条件 X004 不成立而 X005 成立，重新返回步 5，重复执行步 5 和步 6，直到转换条件 X004 成立，转入步 7。图 8‐4（c）所示为循环序列。在序列结束后，用重复的方式，直接返回初始步 0，形成序列的循环。

二、步进指令

运用 SFC 语言编制复杂的顺控程序，初学者可以很容易掌握，另外也为调试、试运行带来了方便。SFC 语言是一种通用的流程图语言，有些大型或中型 PLC，可直接用功能图进行编程。现在多数 PLC 产品都有专为使用功能图编程所设计的指令，使用起来十分方便。中、小型 PLC 程序设计时，如采用功能图法，首先根据控制要求设计顺序功能图，然后将其转化为梯形图程序。

三菱 PLC 在基本逻辑指令之外增加了两条简单的步进指令（Step Ladder，STL），同时辅之以大量的状态元件，因此可以用类似于 SFC 语言的顺序功能图方式编程。步进指令的助记符、功能、梯形图和程序步等指令要素见表 8‐1。

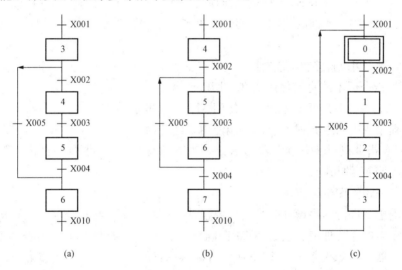

图 8‐4　跳步　重复和循环序列

（a）跳步序列；（b）重复序列；（c）循环序列

表 8‐1　　　　　　　　　　　　　步　进　指　令

符号、名称	功能	梯形图表示及操作元件		程序步
STL	步进开始	⊣⊢⊣⊢◯	操作元件：S	1
RET	步进结束	─── RET ──	操作元件：无	1

步进指令（STL）只有与状态继电器 S 配合时才具有步进功能。FX2N 系列的状态继电器（S）是 PLC 内部"软继电器"的一种，它和输入继电器（X）和输出继电器（Y）一样，有无数对动合触点和动断触点，如不作步进状态软元件，可作一般的辅助继电器（M）使用。FX 系列内部共有状态继电器 1000 个，S0～S9 主要应用在状态转移图（SFC）的初始状态，S10～S19 主要应用在状态转移图（SFC）的状态回零，S20～S499 主要应用在状态

转移图（SFC）的中间状态，S500～S899 与 S900～S999 分别用在停电保持和信号报警。使用 STL 指令的状态继电器的动合触点称为 STL 触点，用符号"—⎤⎢⎢⎡—"表示，软件梯形图中用"｜STL｜"表示。STL 没有动断触点。

STL 指令使用特点如下：

（1）使用 STL 指令使新的状态置位，前一状态自动复位。当 STL 触点接通后，与此相连的电路被执行；当 STL 触点断开时，与此相连的电路停止执行。如要保持普通线圈的输出，可使用具有自保持功能的 SET 和 RST 指令。

（2）STL 触点与左母线相连，与 STL 触点右侧相连的其他继电器触点用 LD 或 LDI 指令。即 STL 触点有建立子母线的功能，当某个状态被激活时，步进梯形图上的母线就移到子母线上，所有操作均在子母线上进行。

（3）状态编程的最后，必须使用 RET 指令使 LD、LDI 点返回左母线。

（4）同一状态继电器的 STL 触点只能使用一次（并行序列的合并除外）。

（5）梯形图中同一元件的线圈可以被不同的 STL 触点驱动，即使用 STL 指令时，允许双线圈输出。

（6）STL 触点可以直接驱动或通过别的触点驱动 Y、M、S、T 等元件的线圈和功能指令。

（7）STL 指令后不能直接使用入栈（MPS）指令。

（8）在 STL 和 RET 指令之间不能使用 MC、MCR 指令。

（9）子程序或中断服务程序中，不能使用 STL 指令。

（10）STL 指令仅对状态继电器 S 有效，当 S 不作为 STL 指令的目标元件时，就具有一般辅助继电器 M 的功能。

三、单流程功能图步进控制

使用步进指令进行程序设计时，首先要设计状态转移图，再根据状态转移图转化成步进梯形图或指令表，这三种表示法如图 8-5（a）～（c）所示。动作过程是当步进接点 S20 闭合时，输出继电器 Y1 线圈接通。当 X001 闭合新状态置位（接通），步进接点 S21 也闭合。这时原步进接点 S20 自动复位（断开），这就相当于把 S20 的状态转到 S21，这就是步进转换作用。其他状态继电器之间的状态转移过程，依此类推。

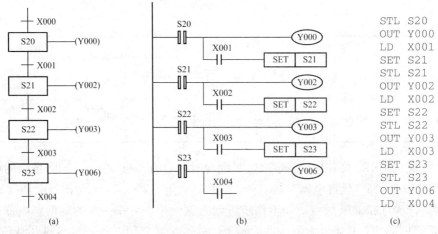

图 8-5　单流程 SFC
(a) 单流程 SFC；(b) 步进梯形图；(c) 部分指令表

1. 单流程 SFC

单流程 SFC 是状态转移图中最基本的结构流程。图 8-5（a）所示就是一个单流程的结构，是由顺序排列、依次有效的状态序列组成，每个状态的后面只跟一个转移条件，每个转移条件后面也只连接一个状态。

2. 状态编程的规则

（1）初始状态的编程。初始状态一般是指一个顺控工艺过程最开始的状态。状态转移图起始位置的状态就是初始状态，初始状态编程必须在其他状态之前。状态继电器 S0～S9 专用作初始状态。程序首次开始运行时，初始状态必须用其他方法预先驱动，使它处于工作状态，否则状态流程就不可能进行。一般利用系统的初始条件实现，如利用 PLC 从 STOP 向 RUN 切换瞬间的初始脉冲，使特殊辅助继电器接通，来驱动初始状态。FX$_{2N}$系列 PLC 产生初始化脉冲的特殊辅助继电器为 M8002。

每一个初始状态下面的分支数总和不能超过 16 个，这是对总分支数的限制，而对总状态数则没有限制。从每一个分支点上引出的分支不能超过 8 个。

（2）一般状态的编程。除了初始状态外，一般状态必须在其他状态后加入 STL 指令来进行驱动。一般状态编程时，必须先负载驱动，再转移处理。状态继电器不可重复使用。

（3）相邻两个状态中不能使用同一个定时器，否则会导致定时器没有复位机会，而引起混乱。在非相邻的状态中可以使用同一个定时器。

（4）连续转移用 SET 指令，非连续转移用 OUT 指令。若状态向相邻的下一状态连续转移，可使用 SET 指令，但若向非相邻的状态转移，则应用 OUT 指令。

【任务实施】

图 8-6 所示为自动台车控制示意图，台车在起动前位于导轨的中部。一个工作周期的控制要求如下：

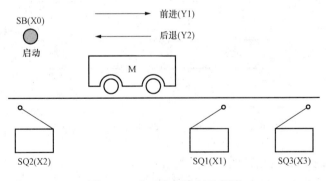

图 8-6 自动台车控制示意图

1. 控制要求

（1）按下起动按钮 SB，台车电动机 M 正转，台车前进，碰到行程开关 SQ1 后，台车电动机 M 反转，台车后退。

（2）台车后退碰到行程开关 SQ2 后，台车电动机停转，台车停车，停 5S 后，第二次前进，当碰到行程开关 SQ3，再次后退。

（3）当后退再次碰到行程开关 SQ2 时，台车停止。

2. I/O 分配

为设计本控制系统的程序，先进行地址定义，即安排输入/输出口及机内器件。如图 8-6 所示，台车由电动机 M 驱动，正转（前进）由 PLC 的输出点 Y1 控制，反转（后退）由输出点 Y2 控制。选用定时器 T0，解决延时 5S 的控制要求。起动按钮 SB 及行程开关 SQ1、SQ2、SQ3 分别接到输入点 X0、X1、X2、X3。

3. 顺序功能图设计

（1）将整个控制系统过程按任务要求分解，台车自动往返控制系统工艺流程图如图 8-7 所示。

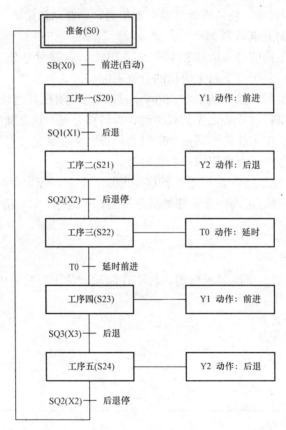

图 8-7 台车自动往返控制系统工艺流程图

从工艺流程图中可以看出该图的特点如下：

1）将复杂的任务或过程分解成若干个工序（状态）。无论多么复杂的过程均能分解为小的工序，这非常有利于程序的结构化设计。

2）相对于某一具体的工序而言，控制任务得到了简化，给局部程序的编制带来了方便。

3）整个程序是局部程序的综合，只要弄清各工序成立的条件、工序转移的条件和转移的方向，就可进行工艺流程图的设计。

4）工艺流程图可读性强，容易理解，能清晰地反映工艺控制的全过程。

（2）分配、确定状态继电器元件，弄清每个被分配状态继电器的功能。自动台车的工序、状态继电器及功能对应见表 8-2。需要注意的是，S20 与 S23、S21 与 S24 功能相同，但它们是工艺流程图中的不同工序，也就是不同状态，故编号也不相同。

（3）找出每个状态的转移条件。

顺序功能图是状态和状态转移条件及转移方向构成的流程图，所以，弄清转移条件是十分必要的。本任务设计中各状态的转移条件是：

1）S20 转移条件——SB（X0）；

2）S21 转移条件——SQ1（X1）；

3）S22 转移条件——SQ2（X2）；

4）S23 转移条件——定时器（T0）；

5）S24 转移条件——SQ3（X3）。

表 8-2　　　　　　　　　　自动台车的工序、状态继电器及功能对应表

工序名称	状态器地址号	功　能
准备	S0	PLC 上电做好工作准备（初态）
前进	S20	前进（Y1 输出，驱动电机 M 正转）
后退	S21	后退（Y2 输出，驱动电机 M 反转）
延时 5s	S22	延时 5s（定时器 T0 设置为 5s）
再前进	S23	同 S20
再后退	S24	同 S21

（4）顺序功能图设计。将工艺流程图中的"工序"更换为"状态"，"准备"更换为"初始状态"，则得到顺序功能图，如图 8-8（a）所示。

顺序功能图（状态转移图）是状态编程的重要工具。状态编程的一般思想为：将一个复杂的控制过程分解为若干个工作状态，弄清各状态的工作内容（状态的功能、转移条件及转移方向）；根据总的控制顺序要求，将各独立状态联系起来，即形成顺序功能图。

当然，对于中、小型 PLC 而言，需将顺序功能图程序转化为梯形图程序或语句表程序，才能写入 PLC，如图 8-8（b）、（c）所示。

 【技能训练与考核】

交通信号灯简易控制系统的 PLC 设计

1. 训练目标

（1）能正确设计步进、计数控制交通灯的 PLC 程序。

（2）能正确地将顺序功能图程序转化为指令表程序，并写入 PLC。

（3）能够完成交通信号灯 PLC 控制电气系统的安装、接线。

（4）按规定进行通电调试，出现故障时，应能根据设计要求进行调试，使之正常工作。

2. 任务要求

交通信号灯控制系统如图 8-9 所示。控制要求如下：某十字路口，南北向和东西向

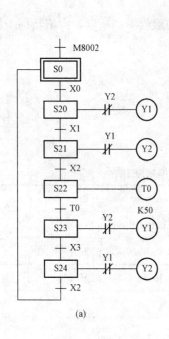

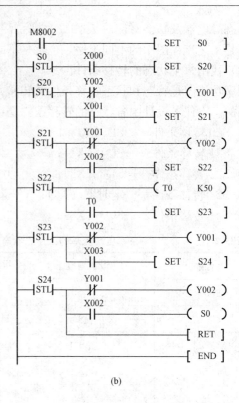

(a)   (b)

步序	指令		步序	指令		步序	指令	
0	LD	M8002	14	LDI	Y001	28	OUT	Y001
1	SET	S0	15	OUT	Y002	29	LD	X003
3	STL	S0	16	LD	X002	30	SET	S24
4	LD	X000	17	SET	S22	32	STL	S24
5	SET	S20	19	STL	S22	33	LDI	Y001
7	STL	S20	20	OUT	T0	34	OUT	Y002
8	LDI	Y002			K50	35	LD	X002
9	OUT	Y001	23	LD	T0	36	OUT	S0
10	LD	X001	24	SET	S23	38	RET	
11	SET	S21	26	STL	S23	39	END	
13	STL	S21	27	LDI	Y002			

(c)

图 8-8　台车自动往返控制系统程序

(a) 顺序功能图；(b) 梯形图；(c) 指令表

分别有绿、黄、红各两组信号灯。开关合上后，东西绿灯亮 4s 后闪两次（0.5s 亮，0.5s 灭）→黄灯亮 2s 灭→南北接着绿灯亮 4s 后闪两次（0.5s 亮，0.5s 灭）→黄灯亮 2s；如此循环。当东西绿灯亮、绿灯闪、黄灯亮时，对应南北红灯亮。而当南北绿灯亮、绿灯闪、黄灯亮时，对应东西红灯亮。

3. 训练内容与步骤

（1）设计 PLC 程序。

1）PLC 输入、输出分配。PLC 输入、输出 I/O 分配见表 8-3。

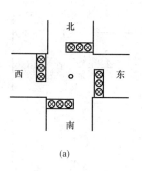
(a)

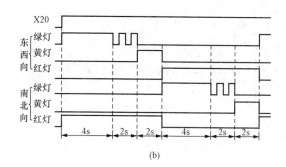
(b)

图 8-9　十字路口交通灯模拟图和信号灯时序波形图

(a) 模拟图；(b) 信号波形图

表 8-3　　　　　　　　　　　　PLC 其 他 软 元 件 分 配

输　入		输　出	
名称	输入点	名称	输出点
起停开关 SB12	X20	东西向绿灯	Y20
		东西向黄灯	Y21
		东西向红灯	Y22
		南北向绿灯	Y23
		南北向黄灯	Y24
		南北向红灯	Y25

2）根据交通灯的步进、计数控制要求设计交通灯顺序功能图。

3）根据顺序功能图，写出梯形图或指令表程序。图 8-10 为交通灯梯形图参考图。

（2）输入 PLC 程序，并写入 PLC。

（3）系统安装与调试。

1）PLC 按图 8-11 所示的 PLC 接线图接线。

2）PLC 上电，使 PLC 处于运行状态。

3）按下起停开关 SB12，观察 PLC 的输出点 Y20～Y25 的状态变化。

4）观察所有定时器的变化，记录各灯点亮的时间及绿灯闪烁的次数。

5）起停开关 SB12 复位，观察 PLC 的输出点 Y20～Y25 的状态、所有定时器的计时值及交通灯的变化。

4．考核

根据每组学生任务完成情况，酌情考核。

【知识拓展】

多流程功能图步进控制

在顺序控制系统中，经常遇到选择序列、并行序列和跳转/循环序列以及它们三者的组合，这些情况统称为多流程步进控制。

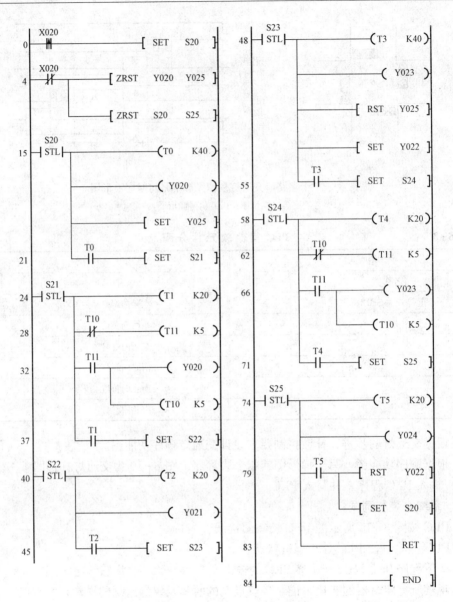

图 8-10　交通灯梯形图参考图

1. 选择序列

(1) 选择性分支的编程。当某个状态的转移条件超过一个时，需要用选择性分支编程。与一般状态编程一样，先进行驱动处理，然后设置转移条件，编程时要由左至右逐个编程，如图 8-12 所示。

(2) 选择性汇合编程。图 8-13 中，设三个分支分别编审到状态 S29、S39、S49 时，汇合到状态 S50，其用户程序编制时，先进行汇合前状态的输出处理，然后向汇合状态转移，此后由左至右进行汇合转移，这是为了自动生成 SFC 画面而追加的规则。分支、汇合的转移处理程序中，不能用 MPS、MRD、MPP、ANB、ORB 指令。

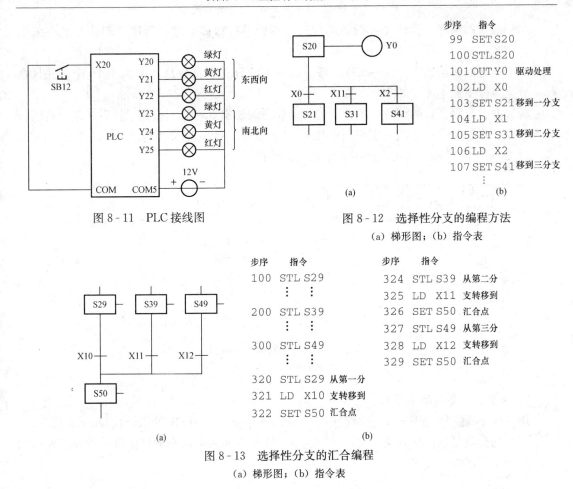

图 8 - 11　PLC 接线图

图 8 - 12　选择性分支的编程方法

（a）梯形图；（b）指令表

图 8 - 13　选择性分支的汇合编程

（a）梯形图；（b）指令表

2. 并行序列

（1）并行分支编程。如果某个状态的转移条件满足，在将该状态置 0 的同时，需要将若干状态置 1，即有几个状态同时工作。这时，可采用并行分支的编程方法，其用户程序如图 8 - 14 所示。

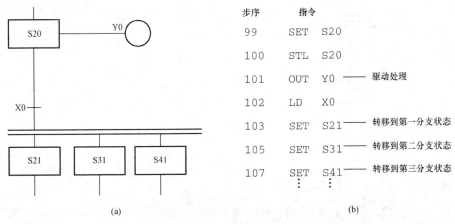

图 8 - 14　并行分支的编程方法

（a）梯形图；（b）指令表

与一般状态编程一样，先进行驱动处理，然后进行转移处理，转移处理从左到右依次进行。

对于所有的初始状态（S0～S9），每一状态下的分支电路数总和不大于 16 个，并且在每一分支点分支数不大于 8 个。

（2）并行支路汇合的编程。汇合前先对各状态的输出处理分别编程，然后从左到右进行汇合处理。设三条并行支路分别编制到状态 S29、S39、S49，需要汇合到 S50，相当于 S29、S39、S49 相与的关系。其用户程序如图 8-15 所示。

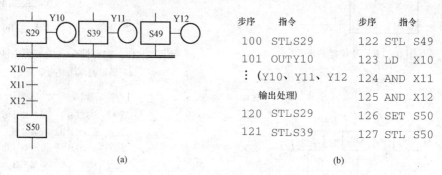

步序	指令	步序	指令
100	STL S29	122	STL S49
101	OUT Y10	123	LD X10
⋮（Y10、Y11、Y12		124	AND X11
输出处理）		125	AND X12
120	STL S29	126	SET S50
121	STL S39	127	STL S50

(a)　　　　　　　　　　　　　　　(b)

图 8-15　并行支路的汇合编程
(a) 梯形图；(b) 指令表

3. 跳步　重复和循环序列

用 SFC 编制用户程序时，有时程序需要跳转或重复，则用 OUT 指令代替 SET 指令。

（1）部分重复的编程方法。在一些情况下，需要返回某个状态重复执行一段程序，可以采用部分重复的编程方法，如图 8-16 所示。

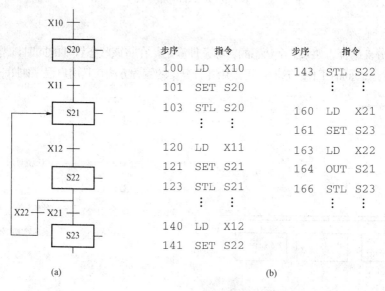

步序	指令	步序	指令
100	LD X10	143	STL S22
101	SET S20	⋮	⋮
103	STL S20	160	LD X21
⋮	⋮	161	SET S23
120	LD X11	163	LD X22
121	SET S21	164	OUT S21
123	STL S21	166	STL S23
⋮	⋮	⋮	⋮
140	LD X12		
141	SET S22		

(a)　　　　　　　　　　　　　　　(b)

图 8-16　部分重复的编程
(a) 梯形图；(b) 指令表

（2）同一分支内跳转的编程方法。在一条分支的执行过程中，由于某种需要跳过几个状态，执行下面的程序。此时，可以采用同一分支内跳转的编程方法，如图 8‑17 所示。

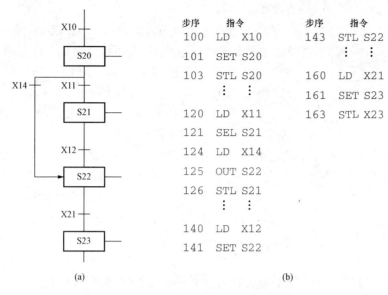

图 8‑17　同一分支内跳转的编程

（a）梯形图；（b）指令表

（3）跳转到另一条分支的编程方法。在某种情况下，要求程序从一条分支的某个状态跳转到另一条分支的某个状态继续执行。此时，可以采用跳转到另一条分支的编程方法，如图 8‑18 所示。

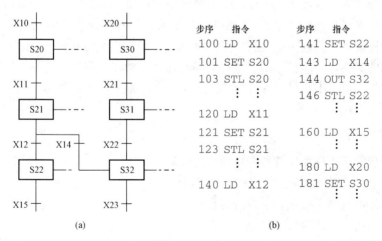

图 8‑18　跳转到另一条分支的编程

（a）梯形图；（b）指令表

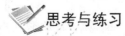 思考与练习

1. 什么是功能图？功能图主要由哪些元素组成？

2. 如图 8‑19 所示是某控制状态转移图，请绘出其步进梯形图。

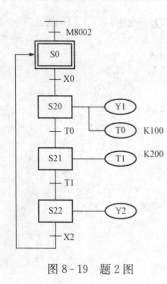

图 8-19　题 2 图

3. 设计一个控制 3 台电动机 M1～M3 顺序起动和停止的 SFC 程序。

（1）当按下起动按钮 SB2 后，M1 起动；M1 运行 2s 后，M2 也一起起动；M2 运行 3s 后，M3 也一起起动。

（2）按下停止按钮 SB1 后，M3 停止；M3 停止 2s 后，M2 停止；M2 停止 3s 后，M1 停止。

要求步骤：1）输入/输出端口设置；2）接线图；3）状态转移图；4）步进梯形图和指令表。

4. 用步进阶梯指令编一简单的直流电动机控制程序，要求达到的功能如下：直流电动机能够首先正向运行 10s，停 5s 后，反向运行 10s，如此循环 5 次，自动停机。（X000、X001 分别接直流电动机起、停按钮，Y000、Y001 分别接直流电动机正、反向电源。）

任务二　气动机械手工件传送控制系统的 PLC 设计

🔍【任务导入】　　　　　◎

基本逻辑指令和步进指令主要用于逻辑处理。作为工业控制用的计算机，仅仅进行逻辑处理是不够的，现代工业控制在许多场合需要进行数据处理，许多功能指令有很强大的功能，往往一条指令就可以实现几十条基本逻辑指令才可以实现的功能，还有很多功能指令具有基本逻辑指令难以实现的功能。FX 系列的功能可分为程序流程、传送与比较、算术与逻辑运算、触点比较等。目前 FX$_{3U}$ 系列 PLC 的功能指令已经达到 209 种，由于应用领域的扩展，制造技术的提高，功能指令的数量还将不断增加，功能也将不断增强。

本任务以气动机械手工件传送控制系统为例，介绍部分常用功能指令的用法和编程。

📑【任务目标】　　　　　◎

（1）进一步熟悉步进顺序控制程序设计思维和方法。
（2）了解 FX 系列 PLC 功能指令，学会程序流向控制指令。
（3）学会气动机械手传送控制系统的设计。
（4）学会应用模块化程序设计思想。
（5）进一步熟悉 PLC 与其他设备的装接，构成自动化系统，进行软硬件调试。

📖【相关知识】　　　　　◎

PLC 的基本指令是基于继电器、定时器、计数器等软元件，主要用于逻辑处理的指令。作为工业控制计算机，PLC 仅有基本指令是远远不够的。FX 系列 PLC 除了基本指令、步进指令外，还有 200 多条功能指令，可分为程序流向控制、数据传送与比较、算术与逻辑运算、数据移位与循环、数据处理、高速处理、方便指令、外部设备通信（I/O 模块、功能模块）、浮点运算、定位运算、时钟运算及触点比较等几大类。功能指令实际上就是许多功能不同的子程序。

一、FX 系列 PLC 功能指令的通用表达形式

FX 系列功能指令编号：FNC00～FNC246，各指令行表示其内容的助记符符号。有些功能指令仅有功能编号，但更多情况下是将功能编号与操作数组合在一起使用。功能指令格式采用梯形图和指令助记符相结合的形式，如图 8 - 20 所示。为了更形象地表达出助记符和操作数，其通用表达式如图 8 - 21 所示。

图 8 - 20　FX 系列功能指令格式

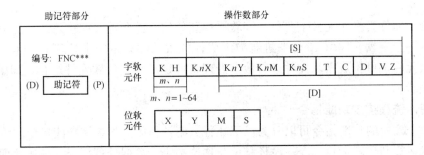

图 8 - 21　FX 系列功能指令通用表达式

1. 助记符部分

由图 8 - 21 可知，功能指令中的助记符部分包括功能指令的功能编号 FNC＊＊＊、助记符、数据长度和功能指令的执行类型四部分。

（1）功能指令的功能编号 FNC＊＊＊。每条功能指令都有确定的功能编号，FX 系列 PLC 的功能指令由功能编号 FNC00～FNC249 指定，在使用简易编程器时，若用到功能指令，首先输入的就是功能编号。如：功能指令中的子程序调用指令 CALL，其功能编号就是 FNC01 中的 01。

（2）助记符。每条功能指令都有表示其内容的助记符，助记符就是功能指令功能的英文缩写词，如：比较指令"COMPARE"简写为 CMP；减法指令"SUBTRATION"简写为 SUB。采用这种简写方式使读者很容易了解指令的功能。

（3）数据长度。功能指令可处理 16 位数据和 32 位数据，助记符中没有符号（D）表示该指令处理 16 位数据。助记符中有符号（D）则表示该指令可以处理 32 位数据［为了书写简单，符号（D）直接写为 D 即可］，如 MOV 指令处理 16 位数据，而 DMOV 指令处理 32 位数据。处理 32 位数据时，用元件号相邻的两元件组成元件对。元件对的首地址用奇数、偶数均可，建议元件对的首地址统一用偶数编号。

（4）功能指令的执行类型。FX 系列 PLC 的功能指令的执行类型有连续执行型和脉冲执行型两种形式。这两种类型的不同之处在于助记符后面标有 P 的就是脉冲执行型，脉冲执行型指令在执行条件满足时仅执行一个扫描周期，在不需要每个扫描周期都执行时，用脉冲执行方式可缩短程序执行时间。这点对数据处理有重要的意义。

2. 操作数部分

由图 8-21 可知，操作数部分包括操作数类型和操作元件两部分。

（1）操作数。有的功能指令只需指定功能编号即可，但更多的功能指令在指定功能编号的同时还需要指定操作数。操作数是功能指令涉及或产生的数据，其可分为源操作数、目标操作数和其他操作数三类，具体说明如下所述。

源操作数是指令执行后不改变其内容的操作数，用 [S] 表示。若使用变址功能，用 [S·] 表示。当源操作数不止一个时，可用 [S1·]、[S2·] 等表示。

目标操作数是指令执行后改变其内容的操作数，用 [D] 表示。若使用变址功能，用 [D·] 表示。当目标操作数不止一个时，可用 [D1·]、[D2·] 等表示。

其他操作数常用来表示常数或作为源操作数和目标操作数的补充说明，用 m 和 n 表示。表示常数时，用十进制（K）和十六进制（H）。需注释的项目较多时可采用 m1、m2 等方式。

（2）操作元件。操作元件主要分为字软元件和位软元件两种。字软元件只是用来处理数据的元件，一个字软元件由 16 位二进制数组成；位软元件只是用来处理 ON//OFF 状态的元件，位软元件也可构成字软元件进行数据处理，但是必须是位软元件组合，即由 Kn 加首元件号来表示。

二、程序流程控制功能指令

FX 系列 PLC 的功能指令可以分为以下几种类型：程序流程控制功能指令、传送与比较指令、算术运算和逻辑运算指令、循环移位与移位指令、数据处理指令、高速处理指令、方便指令、外部 I/O 设备指令、外围设备 SER 指令、浮点数指令、定位指令、时钟运算指令和触点比较指令等。

程序流程控制功能指令 FNC00～FNC09 主要用于程序的结构及流程控制。这类功能指令含有跳转、子程序、中断和循环等指令，程序流程控制功能指令一览表见表 8-4。

1. 条件跳转指令 CJ、CJP

CJ、CJP 指令用于跳过顺序程序中的某一部分，可以缩短运算周期及使用双线圈。和其他指令不同之处是：条件跳转指令和后述的子程序调用指令都需要跳转指针 P（Point）。FX1N、FX2N 有 128 点指针，即 P0～P127。在梯形图中，指针放在左母线的左边，如图 8-22 中的标识 P9 和 P10。条件跳转指令 CJ 的使用说明如图 8-22 所示。

一般不要将指针放在对应的跳转指令之前，因为反复跳转的时间一旦超过监控定时器的设定时间，就会引起监控定时器出错。

表 8-4　　　　　　　程序流程控制功能指令一览表

FNC NO.	助记符	指令名称	功能	操作数	程序步
00	CJ	条件跳转	转移到指针所指的位置	[D·]　有效指针范围 P0～P127	CJ、CJP：3 步 跳转指针 P：1 步
01	CALL	子程序调用	调用执行子程序	[D·]　指针 P0～P127 可嵌套 5 层	CALL：3 步 P：1 步
02	SRET	子程序返回	从子程序返回运行	无（不需要驱动触点的单独指令）	SRET：1 步

FNC NO.	助记符	指令名称	功能	操作数	程序步
03	IRET	中断返回	从中断子程序返回	无	IRET：1 步
04	EI	允许中断	开中断	无	EI：1 步
05	DI	禁止中断	关中断	无	DI：1 步
	I	中断指针	中断子程序入口	对应各中断输入的 3 位数字代码	I：1 步
06	FEND	主程序结束	指示子程序结束	无	FEND：1 步
07	WDT	看门狗监视定时器	在程序运行期间刷新监视定时器	无	WDT：1 步 WDTP：1 步
08	FOR	循环开始	表示循环的开始和执行循环的次数	[S·] K、H、KnX、KnY、KnM、KnS、T、C、D、VZ	FOR：3 步
09	NEXT	循环结束	表示循环的结束	无	NEXT：1 步

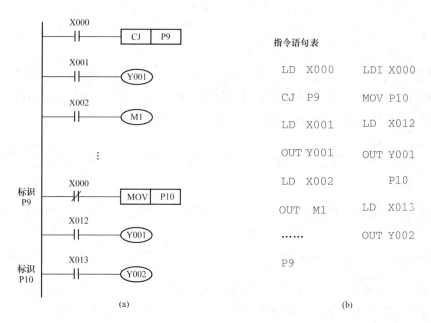

图 8-22　条件跳转指令 CJ 的应用

(a) 梯形图；(b) 指令表

注：如果 X000：ON，则从第 1 步跳转到标识 P9 指定的那一步；反之，则从第 1 步依次向下移动，不执行跳转指令。

图中 Y001 为双线圈，X000 为 OFF 时，采用 X001。X000 为 ON 时，采用 X012 动作。因条件跳转，即使是同一线圈编成 2 个以上程序时，也是当作一般的双线圈用。

在程序中，两条跳转指令可以使用相同的指针标号，如图 8-23 所示。但同一程序中指针标识唯一，若出现多于一次则会出错。

执行CJ后,对不被执行的指令,即使输入元件状态发生改变,输出元件的状态也维持不变。CJ指令可转移到主程序的任何地方,或主程序结束指令FEND后的任何地方。该指令可以向前跳转,也可以向后跳转。若执行条件使用M8000,则为无条件跳转。

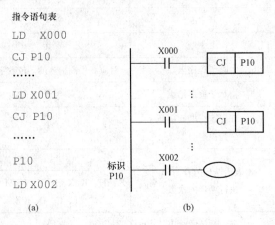

图 8-23   CJ 使用相同指针标号

注:如果 X000=ON,第一条跳转指令生效,从这一步跳到指针
P10 处。如果 X000=OFF,X001-ON,则执行第二条跳转指令,程序
从此处开始跳到指针 P10 处。

如果采用指令CJP,则X022由OFF变为ON后,才执行跳转指令,如图8-24所示。跳转指针中P63表示程序转移到END指令执行,不能对指针P63进行编程,若给它编程,PLC将显示出错码6507(标识定义不正确)并停止,如图8-25所示。

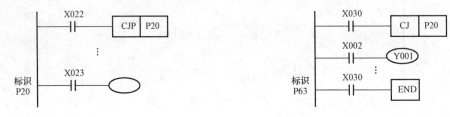

图 8-24   指令 CJP 的应用说明   图 8-25   跳转指针 P63 的应用

2. 子程序调用指令 CALL 和子程序返回指令 SRET

子程序应写在主程序之后,即子程序的标号应写在指令FEND之后,且子程序必须以SRET指令结束。这里也需要用到跳转指针P(P0—P127),跳转指针中的P63不需要编程。指令CALL和SRET的应用说明如图8-26所示。

在子程序中可以再次使用CALL子程序,形成子程序嵌套。含第一条CALL指令在内,子程序的嵌套层数不能大于5。指令CALL子程序嵌套使用如图8-27所示。

这里需要注意的是:在子程序中可以采用定时器T192~T199或T246~T249。

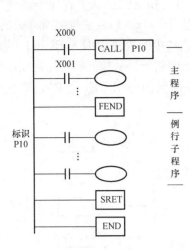

图 8-26　指令 CAIL 和 SRET 的应用

注：如果 X000＝ON，则执行指令
CALL 跳转到标识 P10 处，执行子程序
后，在子程序中通过执行指令 SRET 后
程序返回到指令 CALL 的下一步。

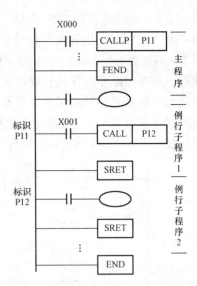

图 8-27　指令 CALL 子程序嵌套的应用

注：X001 由 OFF 变到 ON 时，执行
CALLP P11 指令 1 次后向标识 P11 跳转。

在执行 P11 的子程序的过程中，如果执行
P12 的调用指令，则执行 P12 的子程序，通过
SRET 指令向 P11 的子程序跳转。

在此整体上用了 2 层嵌套。

3. 中断返回指令 IRET、允许中断指令 EI 和禁止中断指令 DI

FX 系列 PLC 可设置 9 个中断点，中断信号从 X000～X005 输入，有的定时器也可以作中断源。中断子程序的标号为 I＊＊＊。另外，中断指针中的 6 点的编号为 I□O□，编号中的前一个□代表按输入 X000～X005 相应为 0～5，后一个代表 0（下降沿中断）或 1（上升沿中断），见表 8-5。

表 8-5　　　　　　　　　　　　中断指针的编号

输入编号	指针编号		禁止中断指令
	中升中断	下降中断	
X000	I0O1	I0O0	M8050
X001	I1O1	I1O0	M8051
X002	I2O1	I2O0	M8052
X003	I3O1	I3O0	M8053
X004	I4O1	I4O0	M8054
X005	I5O1	I5O0	M8055

PLC 一般处在禁止中断状态。指令 EI—DI 之间的程序段为允许中断区间，而 DI～EI 之间为禁止中断区间。当程序执行到允许中断区间并且出现中断请求信号时，PLC 停止执行主程序，去执行相应的中断子程序，遇到中断返回指令 IRET 时返回断点处继续执行主程序。不需要中断禁止区间时，不必对 DI 指令编程。中断子程序的使用说明如图 8-28 所示。这里需要注

意的是，中断子程序应写在主程序之后，且必须以 IRET 结束，如图 8-29 所示。

在中断子程序中，当有关的特殊辅助继电器置 1 时，相应的中断子程序不能执行。例如，若 M805*（*=0～8）为 1 时，相应的中断子程序 I*xx（xx 是与中断有关的数字）不能执行。一个中断子程序执行时，其他中断被禁止。在中断程序中编入 EI 和 DI 指令时，可实现两级中断嵌套。如果多个中断条件同时满足，则中断指针号较低的有优先权。中断信号的脉宽必须超过 $200\mu s$。如果中断信号产生在禁止中断区间（DI～EI 范围），则这个中断信号被存储，并在 EI 指令之后被执行。

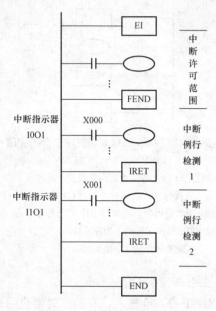

图 8-28　中断子程序的应用

注：PLC 平时处于禁止中断状态。现在用 EI 指令允许中断，则在扫描程序的过程中：如果 X000=ON 或 X001=ON，则执行中断例行程序 1、2，回复初始主程序。

I0O1 代表 X000 脉冲上升沿检测。

I1O1 代表 X001 脉冲上升沿检测。

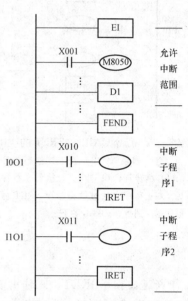

图 8-29　中断子程序中 IRET 的应用

中断程序具有很多功能，可以实现很多功能，如定时器、高速计数器等的中断处理，如图 8-30 所示高速环形计数器的中断处理。

4. 主程序结束指令 FEND

主程序结束指令 FEND 表示主程序的结束，子程序的开始。程序执行到主程序结束指令 FEND 时，进行输出处理、输入处理、监视定时器刷新，完成后返回第 0 步。主程序结束指令 FEND 的使用说明如图 8-31 所示。

主程序结束指令 FEND 通常与 CJ-P-FEND、CALL-P-SRET 和 I-IRET 结构一起使用（P 表示程序指针、I 表示中断指针）。CALL 指令的指针及子程序、中断指针及中断子程序都应放在 FEND 指令之后。CALL 指令调用的子程序必须以子程序返回指令 SRET 结束。中断子程序必须以中断返回指令 IRET 结束。

在 CALL 指令执行后，SRET 指令执行之前，如果执行了 FEND 指令，或者在 FOR 指

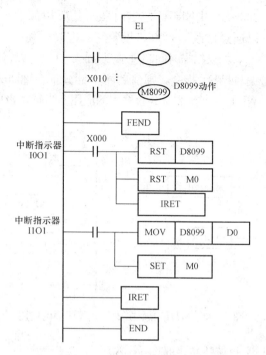

图 8-30 高速环形计数器的中断处理

注：①利用 EI 指令开中断，编写主程序。②使环形计数器 D8099 动作。③X000＝ON 时，环形计数器被复位，测定开始。④X001＝OFF 时，将环形计数器的值传送到 D0 中测定结束。⑤这类特殊数据寄存器在 M8099 被驱动后，从下一个扫描周期开始，以 0.1ms 时钟累计计算。当此值超过 32767 时，从 0 开始重新计算。

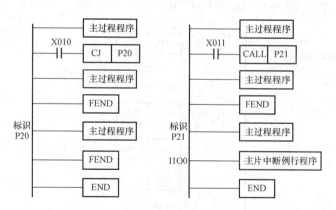

图 8-31 主程序结束指令 FEND 的应用

令执行后，NEXT 指令执行前执行了 FEND 指令，则程序会出错。

在使用多个 FEND 指令的情况下，应在最后的 FEND 指令与 END 指令之间编写子程序或中断子程序。

5. 监视定时器指令 WDT

监视定时器又称看门狗。在执行 FEND、END 指令时，监控定时器被刷新（复位）。如果从第 0 步到 END 或 FEND 的扫描时间超过 200ms，PLC 则停止运行。这是由于监视定时器定时时间默认值为 200ms。在这种情况下，可将 WDT 指令插入到合适的程序步（扫描时间不超过

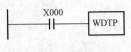

图 8-32 监视
定时器指令 WDT 的应用

200ms）中刷新监控定时器，其应用如图 8-32 所示。当然，也可以通过修改 D8000 来设定它的定时时间。

如果扫描时间超过了 200ms，这里可以将程序一分为二。在这中间编写 WDT 指令，则前后两个部分都在 200ms 以下。如图 8-33 所示 WDT 指令在 240ms 程序中的应用。当然，也可以通过修改 D8000 来设定它的定时时间。

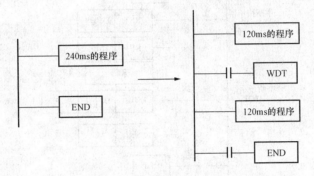

图 8-33 WDT 指令在 240ms 程序中的应用

6. 循环开始指令 FOR 和循环结束指令 NEXT

FOR～NEXT 之间的程序重复执行 n 次（由操作数指定）后再执行 NEXT 指令后的程序。循环次数 n 的范围为 1～32767。若 n 的取值范围为 -32768～0，循环次数作 1 处理。

FOR 与 NEXT 总是成对出现，且应 FOR 在前，NEXT 在后。FOR～NEXT 循环指令最多可嵌套 5 层。利用 CJ 指令可以跳出 FOR—NEXT 循环体，如图 8-34 所示。

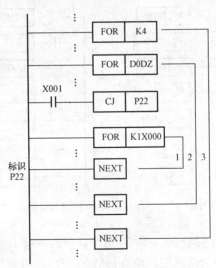

图 8-34 FOR～NEXT 循环体的应用

注：3 的程序执行 4 次后向第 3 个 NEXT 指令以后的程序转移。若在 3 的程序执行一次的过程中，数据寄存器 D0Z0 的内容为 6，则 2 的程序执行 6 次。因此 2 的程序合计一共被执行了 24 次。若不想执行 FOR～NEXT 间的程序时，用 CJ 指令，使之跳转（X001=ON）。当 X001=OFF 时，例如，K1X000 的内容为 7，则在 2 的程序执行一次的过程中，1 被执行了 7 次。总计被执行 4×6×7=168 次，一共可以嵌套 5 层。值得注意的是当循环次数多时扫描周期会延长，有可能出现监视定时器错误。

NEXT 指令在 FOR 指令之前，或无 NEXT 指令，或在 FEND、END 指令以后有 NEXT 指令，或 FOR 指令与 NEXT 指令的个数不一致等，都会出错。

【任务实施】

图 8-35 所示为气动机械手工件传送的动作示意图。

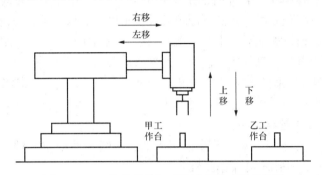

图 8-35 工件传送的气动机械手的动作示意图

图 8-36 所示为机械手的具体动作示意图。气动机械手的升降和左右移动分别由两个具有双线圈的两位电磁阀驱动气缸来完成，其中上升与下降对应电磁阀的线圈分别为 YV1 与 YV2，左行、右行对应电磁阀的线圈分别为 YV3 与 YV4。一旦电磁阀线圈通电，就一直保持现有的动作，直到相对的另一线圈通电为止。气动机械手的夹紧、松开的动作由只有一个线圈的两位电磁阀驱动的气缸完成，线圈（YV5）断电夹住工件，线圈（YV5）通电，松开工件，以防止停电时的工件跌落。机械手的工作臂都设有上、下限位和左、右限位的限位开关 SQ1、SQ2 和 SQ3、SQ4，夹持装置不带限位开关，它是通过一定的延时来表示其夹持动作的完成。机械手在最上面、最左边且除松开的电磁线圈（YV5）通电外其他线圈全部断电的状态为机械手的原位。

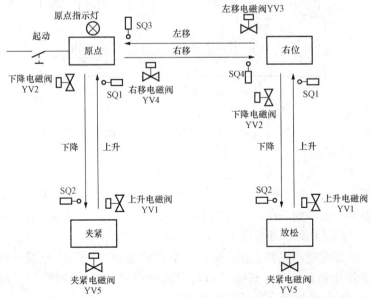

图 8-36 机械手的动作示意图

机械手的工作按着从原点、下降、夹紧、上升、右移、下降、放松、上升、左移、原点的过程进行。具体操作过程是：从原点开始，按下起动按钮，下降电磁阀通电，机械手下降，下降到底时，碰到下限位开关，下降电磁阀断电，下降停止；同时夹紧电磁阀断电，机械手夹紧；夹紧后，上升电磁阀通电，机械手上升，上升到顶时，碰到上限位开关，上升电磁阀断电，上升停止；同时接通右移电磁阀，机械手右移，右移到位时，碰到右限位开关，右移电磁阀断电，右移停止；若此时乙工作台上无工件，则光电开关接通，下降电磁阀通电，机械手下降，下降到底时，碰到下限位开关，下降电磁阀断电，下降停止；同时夹紧电磁阀通电，机械手放松；放松后，上升电磁阀通电，机械手上升，上升到顶时，碰到上限位开关，上升电磁阀通电，上升停止；同时接通左移电磁阀，机械手左移，左移到原点时，碰到左限位开关，左移电磁阀断电，左移停止。至此，机械手经过 9 步动作完成另一个周期的工作。机械手的每次循环动作均从原位开始。

1. 根据工艺过程分析控制要求

机械手的操作方式分为手动、单步、单周期、连续和回原位五种，用开关 SA 进行选择。如图 8 - 37 所示为机械手的操作面板。

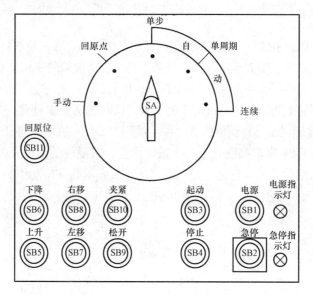

图 8 - 37　机械手的操作面板

（1）手动工作方式时，用各操作按钮（SB5、SB6、SB7、SB8、SB9、SB10、SB11）来点动执行相应的各动作。

（2）单步工作方式时，每按一次起动按钮（SB3），向前执行一步动作。

（3）单周期工作方式时，机械手在原位，按下起动按钮 SB3，自动地执行一个工作周期的动作，最后返回原位（如果在动作过程中按下停止按钮 SB4，机械手停在该工序上，再按下起动按钮 SB3，则又从该工序继续工作，最后停在原位）。

（4）连续工作方式时，机械手在原位，按下起动按钮（SB3），机械手就连续重复进行工作（如果按下停止按钮 SB4，机械手运行到原位后停止）。返回原位工作方式时，按下"回原位"按钮 SB11，机械手自动回到原位状态。

2. 确定所需的输入/输出设备及 I/O 点数

（1）输入设备。

1）操作方式转换开关。该开关应有手动、单步、单周期、连续和回原位五种可供选择。

2）手动时的运动选择开关。该开关有上/下、左/右、夹紧/放松等三个位置可供选择。

3）起动、停止按钮。

4）位置检测元件，机械手的动作是按行程原则进行控制的。其上限、下限、左限、右限的位置分别用限位开关来检测。

（2）输出设备。下降电磁阀、上升电磁阀、右移电磁阀、左移电磁阀、夹紧电磁阀。为了对机械手处于原点进行指示，还配置了一个原点指示灯。

系统共需要 18 个输入设备和 6 个输出设备分别占用 PLC 的 18 个输入点和 6 个输出点。

3. 选择 PLC 的型号

根据所需的用户输入/输出设备及 I/O 点数，选择 FX2N-48MR 型 PLC 就可以满足控制系统的要求。为了保证在紧急情况下（包括 PLC 发生故障时），能可靠地切断 PLC 的负载电源，设置了交流接触器 KM。在 PLC 开始运行时按下"电源"按钮 SB1，使 KM 线圈得电并自锁，KM 的主触点接通，给输出设备提供电源；出现紧急情况时，按下"急停"按钮 SB2，KM 触点断开电源。

4. I/O 点的编号分配和 PLC 外部接线图

I/O 点的编号分配见表 8-6。

表 8-6　　　　　　　　I/O 点的编号分配

输　入		输　出	
手动操作方式	X000		
回原位操作方式	X001		
单步	X002		
单周期	X003		
连续	X004		
起动按钮 SB3	X005		
停止按钮 SB4	X006	上升电磁阀 YV1	Y000
回原位 SB11	X007	下降电磁阀 YV2	Y001
上限位开关 SQ1	X010	左移电磁阀 YV3	Y002
下限位开关 SQ2	X011	右移电磁阀 YV4	Y003
左限位开关 SQ3	X012	夹紧电磁阀 YV5	Y004
右限位开关 SQ4	X013	原点指示灯 YV6	Y005
上升 SB5	X014		
下降 SB6	X015		
左移 SB7	X016		
右移 SB8	X017		
松开 SB9	X020		
夹紧 SB10	X021		

在编程过程中除了需要用到 I/O 继电器外，还用到了 M1～M4、M10～M18 辅助继电

器。PLC 的 I/O 接线图如图 8-38 所示。

5. 程序设计

这里采用基本指令编程方法对该控制系统进行程序设计。

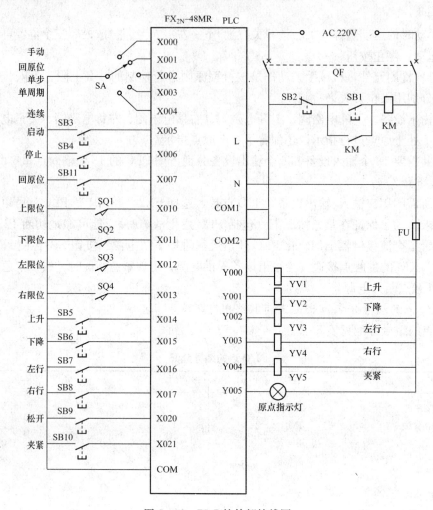

图 8-38　PLC 的外部接线图

根据系统工艺分析，这里将程序分为公用程序、自动程序、手动程序和回原位程序四部分，其中自动程序包括单步、单周期和连续工作的程序，这是因为它们的工作都是按照同样的顺序进行，所以将它们合在一起编程更加简单。

（1）程序的总体结构。程序的总体结构采用了基本指令中的跳转指令 CJ，目的是使得自动程序、手动程序和回原位程序不会同时执行。假设选择"手动"方式，则 X000 为 ON、X001 为 OFF，此时 PLC 执行完公用程序后，将跳过自动程序到 P0 处，由于 X000 动断触点为断开，故执行"手动程序"，执行到 P1 处，由于 X001 动断触点为闭合，所以又跳过回原位程序到 P2 处；假设选择"回原位"方式，则 X000 为 OFF、X001 为 ON，跳过自动程序和手动程序执行回原位程序；假设选择"单步"或"单周期"或"连续"方式，则 X000、X001 均为 OFF，此时执行完自动程序后，跳过手动程序和回原位程序。机械手系统的 PLC

梯形图的总体结构如图 8-39 所示。

（2）各部分程序的设计。

1）公用程序。公用程序是程序设计中的第一步，其梯形图如图 8-40 所示，左限位开关 X012、上限位开关 X010 的动合触点和表示机械手松开的 Y004 的动断触点的串联电路接通时，原点指示灯 Y005 变为 ON，表示机械手在原位。

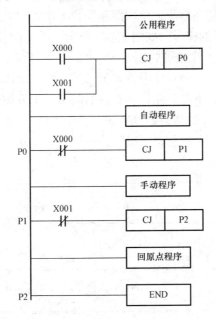

图 8-39　机械手系统 PLC 梯形图的总体结构

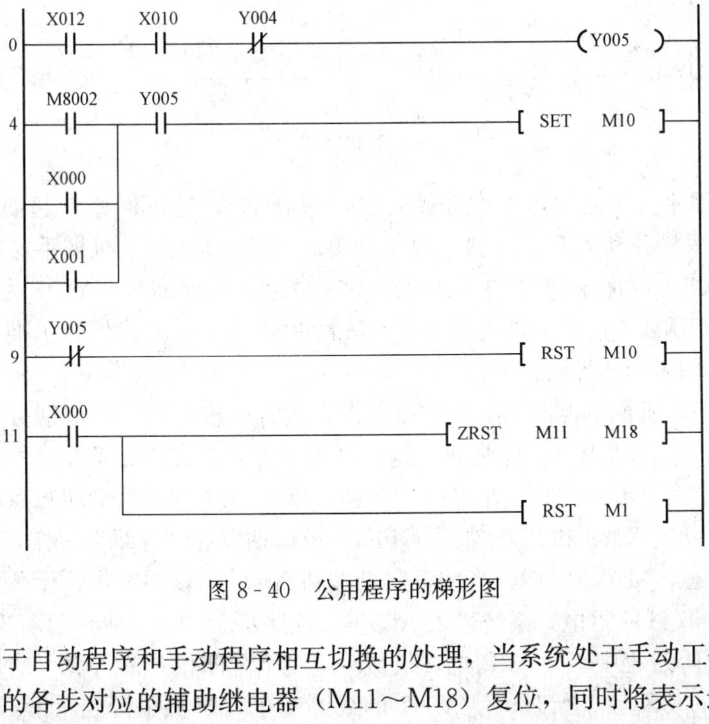

图 8-40　公用程序的梯形图

公用程序用于自动程序和手动程序相互切换的处理，当系统处于手动工作方式时，必须将除初始步以外的各步对应的辅助继电器（M11～M18）复位，同时将表示连续工作状态的

M1 复位，否则当系统从自动工作方式切换到手动工作方式，然后又返回自动工作方式时，可能会出现同时有两个活动步的异常情况，引起错误的动作。

当机械手处于原点状态（Y005 为 ON），在开始执行用户程序（M8002 为 ON）、系统处于手动状态或回原点状态（X000 或 X001 为 ON）时，初始步对应的 M10 将被置位，为进入单步、单同期和连续工作方式做好准备。如果此时 Y005 为 OFF 状态，M10 将被复位，初始步为不活动步，系统不能在单步、单周期和连续工作方式下工作。

2）手动程序。手动程序的梯形图如图 8-41 所示。手动工作时用 X014、X015、X016、X017、X020 和 X021 对应的 6 个按钮控制机械手的上升、下降、左行、右行、松开和夹紧。为了保证系统的安全运行，在手动程序中设置了一些必要的联锁，例如上升与下降之间、左行与右行之间的互锁；上升、下降、左行、右行的限位；上升限位开关 X010 的动合触点与控制左、右行的 Y003 和 Y002 的动断触点串联（见梯形图 8-41 中的程序步 12 和 17），这使得机械手升到最高位置才能左右移动，以防止机械手在较低位置运行时与别的物体碰撞。

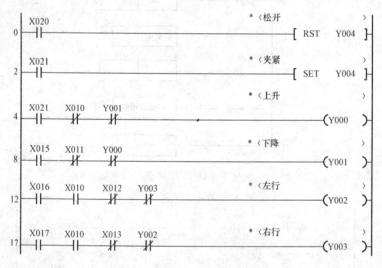

图 8-41 手动程序的梯形图

3）回原点程序。在回原点工作方式（X001 为 ON），按下回原点起动按钮 X007，M3 变为 ON，机械手松开和上升，升到上限位开关时 X010 为 ON，机械手左行，到左限位处时，X012 变为 ON，左行停止并将 M3 复位。这时原点条件满足，Y005 为 ON，在公用程序中，初始步 M10 被置位，为进入单周期、连续和单步工作方式作好了准备。自动回原点程序的梯形图如图 8-42 所示。

4）自动程序。机械手控制系统的自动工作方式有单步方式、单周期方式、连续方式三种。自动程序的梯形图如图 8-43 所示。这三种工作方式的详细的工作过程介绍如下所述。

a）系统工作为单步方式时，在程序步 5 处，X002 为 ON，其动断触点断开，辅助继电器 M2 为 OFF。此时 X003 和 X004 都为 OFF，"单周期"和"连续"工作方式被禁止。假设系统处于初始状态，M10 为 ON，当按下起动按钮 X005 时，M2 由 OFF 变成了 ON，使得 M11 为 ON，Y001 线圈得电，系统进入下降步（程序步 15 处）。放开起动按钮后，M2 马上变为 OFF。在下降过程中，Y001 得电，机械手降到下降限位开关 X011 处时，与 Y001 的线圈串联的 X011 的动断触点断开，使 Y001 的线圈断电，机械手停止下降（程序步 72 处）。

此时，M11 和 X011 均为 ON，其动断触点接通，再按下起动按钮 X005 时，M2 又变成了 ON，M12 得电并自保持，机械手进入夹紧状态，同时 M11 变成了 OFF。在完成某一步动作后，必须按一次起动按钮系统才能进入下一步。

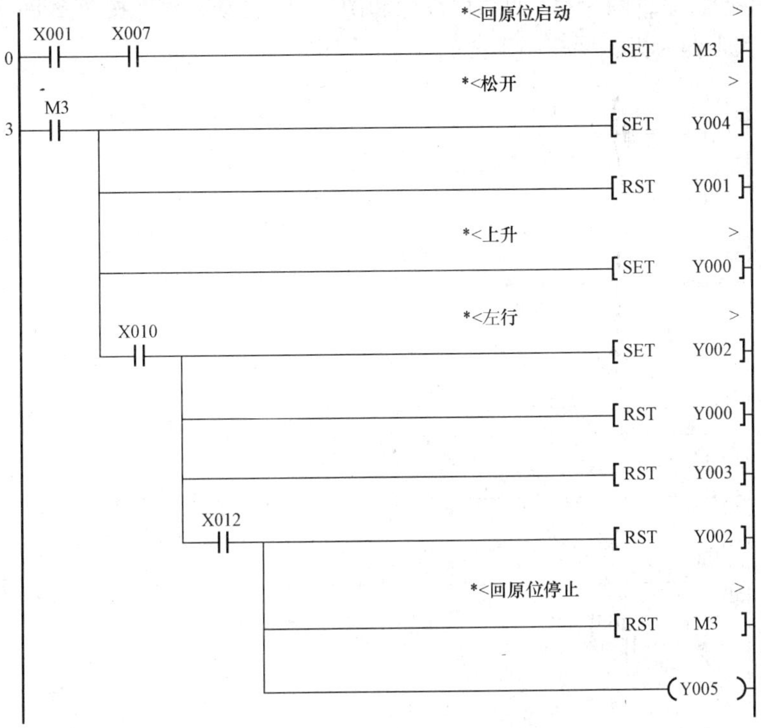

图 8-42　回原位程序的梯形图

　　在输出程序部分，X010～X013 的动断触点是为单步工作方式设置的。以下降为例，当小车碰到下限位开关 X011 后，与下降步对应的辅助继电器 M11 不会马上变为 OFF，如果 Y000 的线圈不与 X011 的动断触点串联，机械手不能停在下限位开关 X011 处，还会继续下降，这种情况下可能造成事故。

　　b）系统工作在单周期工作方式时，此时 X003 为 ON，X001 和 X002 的动断触点闭合，M2 为 ON，允许转换。在初始步时按下起动按钮 X005，在程序步 13 处，M10、X005、M2 的动合触点和 X012 的动断触点均接通，使 M11 为 ON，系统进入下降步，Y001 为 ON，机械手下降；机械手碰到下限位开关 X011 时，M12 变为 ON，转换到夹紧步，Y004 被复位，工件被夹紧；同时 T0 得电，2s 以后 T0 的定时时间到，其动合触点接通，使系统进入上升步。系统将这样一步一步地往下工作，当机械手在程序步 61 处返回最左边时，X004 为 ON，因为此时不是连续工作方式，M1 处于 OFF 状态，因此机械手不会连续运行。

　　c）系统工作在连续方式时，X004 为 ON，在初始状态按下起动按钮 X005，M1 得电自保持，选择连续工作方式，其他工作过程与单周期方式相同。按下停止按钮 X006，M1 变为 OFF，但系统不会立即停止，在完成当前的工作周期后，机械手最终要停在原位。系统工作在连续、单周期（非单步）工作方式时，X002 的动断触点接通，使 M2（转换允许）ON，串联在各步电路中的 M2 的动合触点接通，允许某步工作与某步工作之间的转换。

　　由于在分部程序设计时已经考虑各部分之间的相互关系，因此只要将图 8-40 公用程序、图 8-41 手动程序、图 8-42 回原位程序和图 8-43 自动程序，按照图 8-39 机械手程序总体结构综合起来即为机械手控制系统的 PLC 程序。

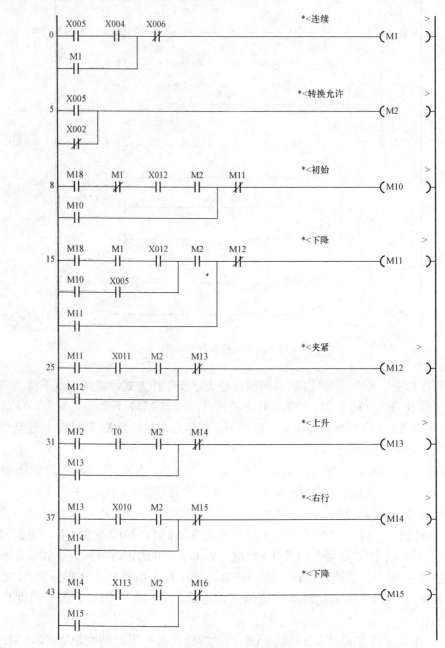

图 8-43　自动程序的梯形图（一）

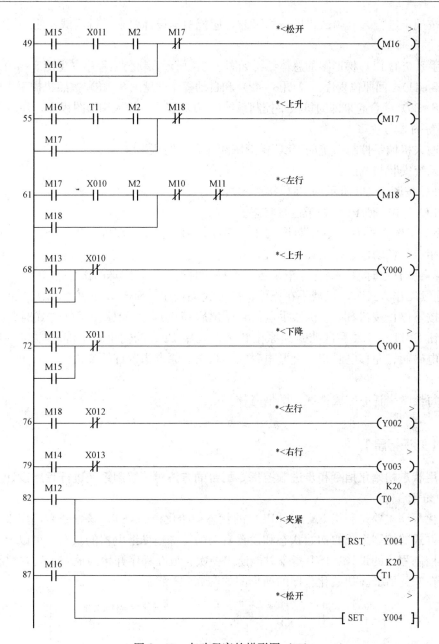

图 8-43　自动程序的梯形图（二）

【技能训练与考核】

手动程序、回零点程序和自动程序的模拟调试

1. 训练目标

（1）能熟悉模块化程序设计思想。

（2）能正确地将系统梯形图程序输入，并写入 PLC。

（3）如图 8-38 所示，能够完成机械手 PLC 控制电气系统的安装、接线。

（4）按规定进行通电调试，出现故障时，应能根据设计要求进行调试，使之正常工作。

2. 任务要求

机械手系统的 PLC 梯形图的总体结构如图 8-39 所示，将公用程序（见图 8-40）、手动程序（见图 8-41）、回原位程序（见图 8-42）和自动程序（见图 8-43）按照机械手程序总体结构（见图 8-39）综合起来即为机械手控制系统的 PLC 程序，输入梯形图程序，并通电调试。

3. 训练内容与步骤

（1）输入机械手控制系统的 PLC 梯形图程序，并写入 PLC。

（2）系统安装与调试。

1）PLC 按图 8-38 所示的 PLC 接线图接线。

2）PLC 上电，使 PLC 处于运行状态。

3）手动工作方式时，用各操作按钮（SB5、SB6、SB7、SB8、SB9、SB10、SB11）来点动执行相应的各动作。

4）观察所有定时器的变化，记录各灯点亮的时间及绿灯闪烁的次数。

5）连续工作方式时，机械手在原位，按下起动按钮（SB3），机械手就连续重复进行工作（如果按下停止按钮 SB4，机械手运行到原位后停止）。返回原位工作方式时，按下"回原位"按钮 SB11，机械手自动回到原位状态。观察 PLC 的输出点下降电磁阀、上升电磁阀、右移电磁阀、左移电磁阀、夹紧电磁阀的状态、原点指示灯的变化。

4. 考核

根据每组学生任务完成情况，酌情考核。

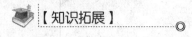 【知识拓展】

一、用状态初始化指令和步进顺控指令配合的方法对该控制系统进行程序设计

1. 初始化程序

初始化程序主要是利用 FX 系列 PLC 的状态初始化指令 IST，该指令专门用来设置具有多种工作方式的控制系统的初始状态和设置有关的特殊辅助继电器的状态，可以大大简化复杂的顺序控制程序的设计。IST 指令只能使用一次，放在程序开始的地方，被它控制的 STL 电路应放在它的后面。初始化程序的梯形图如图 8-44 所示。

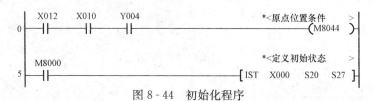

图 8-44　初始化程序

对应的指令语句表如下：

```
        LD    X012
        AND   X010
        AND   Y004
        OUT   M8044
        LD    M8000
        IST   X000    S20    S27
```

初始化程序设置了初始状态和原点位置条件。指令中的 S20 和 S27 用来指定在自动操作中用到的最小和最大状态继电器的元件号，IST 指令的源操作数 X000 用来指定与工作方式有关的输入继电器的首元件，它实际上指定的是 X000～X007 这 8 个输入继电器，见表 8‑5 (I/O 点的编号分配)。

IST 指令的执行条件满足时，初始状态继电器 S0～S2 和下列特殊辅助继电器被自动指定为以下功能，见表 8‑7。以后即使是 IST 指令的执行条件变为 OFF，这些元件的功能仍保持不变。

表 8‑7　　　　　　　　　　　　　辅 助 元 件 表

特殊辅助继电器 M	功能	状态继电器 S	功能
M8040	禁止转换	S0	手动操作初始状态继电器
M8041	转换起动	S1	回原点初始状态继电器
M8042	起动脉冲	S2	自动操作初始状态继电器
M8043	回原点完成		
M8044	原点条件		
M8047	STL 监控有效		

使用了 IST 指令，系统的手动、自动、单周期、单步、连续和回原点这几种工作方式的切换是系统程序自动完成的，但必须按照 IST 指令中指定的控制工作方式 X000～X007 的元件号顺序进行控制。若要改变当前选择的工作方式，在"回原点方式"标志 M8043 变为 ON 之前，所有的输出继电器都将变为 OFF。

2. 手动方式程序

S0 为手动方式的初始状态。手动方式的夹紧、松开、上升、下降、左行和右行是由相应的按钮来完成的。其梯形图和指令表如图 8‑45 所示。

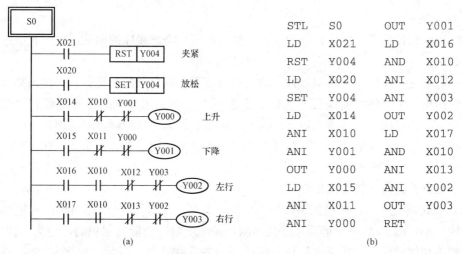

(a)　　　　　　　　　　　　　　　　(b)

图 8‑45　手动方式程序

(a) 手动方式梯形图；(b) 指令表程序

3. 回原点方式程序

回原点方式的状态转移图和对应的指令表如图 8-46 所示。图中的 S1 为回原点方式的初始状态，S10～S12 为状态转移图中的步，上升限位开关 X010 和左行限位开关 X012 为转换条件。当自动返回原点结束后，M8043 置 ON。

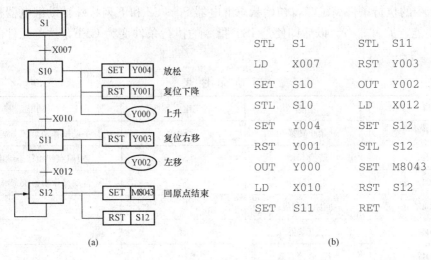

STL	S1	STL	S11
LD	X007	RST	Y003
SET	S10	OUT	Y002
STL	S10	LD	X012
SET	Y004	SET	S12
RST	Y001	STL	S12
OUT	Y000	SET	M8043
LD	X010	RST	S12
SET	S11	RET	

图 8-46　回原点方式的状态转移图和指令表

(a) 回原点方式状态转移图；(b) 指令表程序

4. 自动方式程序

自动方式的状态转移图如图 8-47 所示。图中的 S20～S27 为状态转移图中的步，特殊辅助继电器 M8041 和 M8044 是从自动程序的初始步 S2 转换到下一步 S20 的转换条件，M8044 是在初始化程序中设定的，在程序运行中不再改变。

该编程方法是只要将这四部分合起来即可，这主要是因为手动程序、回原点程序、自动程序均采用的是步进顺控指令法。

5. 程序调试

模拟调试时各部分程序可先分别调试，然后再进行全部程序的调试，也可直接进行全部程序的调试。

通过对机械手控制的两种编程方法的比较得：对于较复杂的系统而言，状态初始化指令和步进顺控指令配合使用的编程方法要比方法一中单纯采用基本指令的编程方法要简单得多，采用顺序功能图按着顺序一步一步的向下转换，思路比较清晰，容易理解；而采用基本指令编起程序来就比较复杂，尽管在自动方式的程序中采用的常见的单元电路（起—保—停电路）。

二、数据传送与比较功能指令

PLC 系统具有一切计算机控制系统的功能，大型的 PLC 系统就是当代最先进的计算机控制系统。小型的 PLC 由于运算速度及存储容量的限制。功能自然稍弱，但为了使 PLC 在其基本逻辑功能顺序步进功能之外具有更进一步的特殊功能。以尽可能多地满足 PLC 用户的特殊要求，从 20 世纪 80 年代开始 PLC 制造商就逐步地在小型 PLC 是加入一些功能指令或称为应用指令。随着芯片技术的进步，小型 PLC 的运算速度、存储量不断增加，其功能

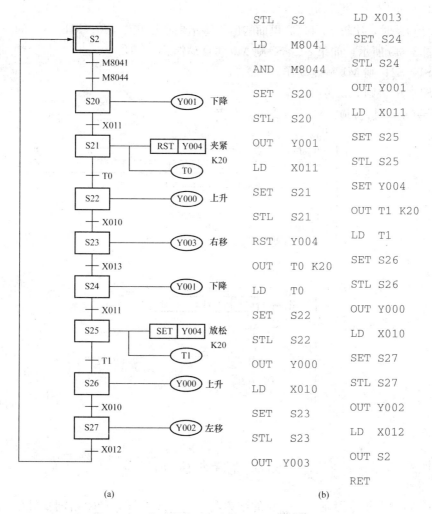

STL S2	LD X013
LD M8041	SET S24
AND M8044	STL S24
SET S20	OUT Y001
STL S20	LD X011
OUT Y001	SET S25
LD X011	STL S25
SET S21	SET Y004
STL S21	OUT T1 K20
RST Y004	LD T1
OUT T0 K20	SET S26
LD T0	STL S26
SET S22	OUT Y000
STL S22	LD X010
OUT Y000	SET S27
LD X010	STL S27
SET S23	OUT Y002
STL S23	LD X012
OUT Y003	OUT S2
	RET

(a) (b)

图 8-47 自动方式的状态转移图及其指令语句表

(a) 自动方式状态转移图；(b) 指令表程序

指令的功能也越来越强，许多技术人员梦寐以求甚至以前不敢想象的功能，通过功能指令就成为极容易实现的现实。从而大大提高了 PLC 的实用价值。

1. 传送指令

当 X0 接通的时候，将源数据传送到指定数据存储器，如图 8-48 所示。

图 8-48 传送指令

2. 比较指令

当 X0＝ON 时，比较 S1 和 S2 里面的值，将结果存放在以 M0、M1、M2 的三个寄存器里面，如图 8-49 所示。如果 S1＞S2 则 M0 触点动作。

如果 S1＝S2，则 M1 触点动作。

如果 S1＜S2，则 M2 触点动作。

当 X0＝OFF 时，M0、M1、M2 状态不变。

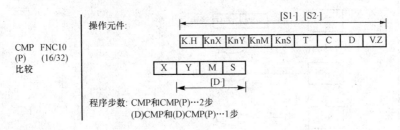

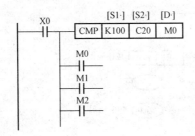

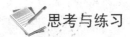

图 8-49　比较指令

思考与练习

1. FEND 功能指令用在＿＿＿＿＿的结束与＿＿＿＿＿的开始，输出刷新发生在＿＿＿＿＿时刻。

2. 条件跳转指令中，＿＿＿＿＿用于指示分支和跳步程序。

3. 条件跳转指令、子程序调用，使用＿＿＿＿＿指针；中断指令用＿＿＿＿＿指针。

4. 程序循环指令中，＿＿＿＿＿和＿＿＿＿＿必须成对使用；可循环嵌套为＿＿＿＿＿层；指令＿＿＿＿＿应放在指令＿＿＿＿＿之前，＿＿＿＿＿应在 FEND 与 END 之前。

5. FX 系列 PLC 的功能指令实际上是什么？请写出功能指令格式。

6. 从第 0 步到 END 或 FEND 的扫描时间超过 200ms，PLC 则停止运行。这是为什么？应采取何种措施？

7. CJ 中用过的指针，在子程序中可否再次使用？

参 考 文 献

［1］许翏，王淑英．电气控制与 PLC 应用．4 版．北京：机械工业出版社，2009．

［2］吕爱华．电气控制与 PLC 应用技术．北京：电子工业出版社，2011．

［3］赵红顺．电气控制技术与应用项目式教程．北京：机械工业出版社，2012．

［4］阮友德．电气控制与 PLC．北京：人民邮电出版社，2009．

［5］陈金艳，王浩．可编程序控制器技术及应用．北京：机械工业出版社，2010．

［6］黄中玉．PLC 应用技术．北京：人民邮电出版社，2009．

［7］肖明辉．三菱 FX 系列 PLC 应用技能实训．北京：中国电力出版社，2010．

［8］殷庆纵，李洪群．可编程控制器原理与实践（三菱 FX2N 系列）．北京：清华大学出版社，2010．